U0416112

江西省地质局科研项目“赣南小坑高岭土矿矿床成因及找矿方向研究”资助

赣南印支期花岗岩风化残积型高岭土矿床成矿作用及开发应用

——以小坑大型矿床为例

Mineralization and development of the Indosinian granite-weathered Kaolin deposits in southern Jiangxi Province: A case study of the Xiaokeng large-scale deposit

吴俊华　龚　敏　周雪桂
李艳军　李　牟　王小明　著

内容摘要

本书在充分吸取国内外有关高岭土矿成矿理论及开发利用新理论、新技术和新方法的基础上，系统研究了赣南地区新发现和探明的资源量达大型规模的小坑高岭土矿床的成矿作用及开发利用前景。根据矿床地质特征，确定该矿床为含电气石白云母花岗岩风化形成的优质高岭土矿。在成矿作用方面，本书通过锆石和独居石 U-Pb 年代学、白云母 K-Ar 和 Ar-Ar 定年、岩石学和 Sr-Nd-Hf 同位素等分析，系统确定了中三叠世—早侏罗世岩浆活动期次、成因及构造背景，首次精确限定了华南地区与晚三叠世岩浆岩有关的优质高岭土成矿事件，并实现了印支期花岗岩中找寻优质高岭土矿的重大突破。此外，本书分析总结了花岗岩风化壳元素迁移和物质组分的变化规律，探讨了优质高岭土成矿的地质、物理化学和环境条件，建立了小坑风化残积型高岭土矿成矿模式，并总结了江西优质高岭土矿成矿规律。在开发利用方面，本书对小坑高岭土矿进行了白度、可塑性、干燥收缩性、耐火度等物理性能及提纯、增白和超细等加工技术工艺试验，日用陶瓷和建筑陶瓷成瓷试验及尾矿石英高晶硅提纯试验等研究，确定了石英精矿能满足光伏玻璃用石英砂二级品和晶质玻璃石英砂要求。

本书可作为科研院所、生产单位等高岭土矿科研和勘查人员的参考书，同时也可作为高岭土矿开发及加工企业的专业参考书。

图书在版编目(CIP)数据

赣南印支期花岗岩风化残积型高岭土矿床成矿作用及开发应用：以小坑大型矿床为例/吴俊华等著. —武汉：中国地质大学出版社，2023.6

ISBN 978-7-5625-5605-3

Ⅰ.①赣…　Ⅱ.①吴…　Ⅲ.①印支地壳运动-花岗岩化-高岭土-残积土-非金属矿床-成矿作用-研究-江西　Ⅳ.①P619.23

中国国家版本馆 CIP 数据核字(2023)第 103469 号

赣南印支期花岗岩风化残积型高岭土矿床成矿作用及开发应用——以小坑大型矿床为例

吴俊华　龚　敏　周雪桂　李艳军　李　牟　王小明　著

责任编辑：李焕杰　唐然坤　　选题策划：唐然坤　　责任校对：杜筱娜

出版发行：中国地质大学出版社(武汉市洪山区鲁磨路 388 号)　　邮编：430074

电　话：(027)67883511　　传　真：(027)67883580　　E-mail：cbb@cug.edu.cn

经　销：全国新华书店　　http://cugp.cug.edu.cn

开本：787 毫米×1092 毫米　1/16　　字数：287 千字　　印张：11.5

版次：2023 年 6 月第 1 版　　印次：2023 年 6 月第 1 次印刷

印刷：湖北新华印务有限公司

ISBN 978-7-5625-5605-3　　定价：128.00 元

前　言

高岭土作为一种重要的战略性非金属矿产，因具有良好的可塑性、高白度、易分散性、高黏结性和优良的电绝缘性等特性，被广泛应用于陶瓷、电子、造纸、橡胶、塑料、搪瓷、石油化工、涂料和油墨等行业。我国是陶瓷消费和生产大国，提供了世界陶瓷出口量的80%以上。但是，我国高岭土产业发展存在着优质高岭土资源日趋紧张、产品以中低端为主等问题，亟须开展优质高岭土矿成矿理论、找矿勘查和开发利用等方面的研究，在扩大资源量的同时提升产品质量，增强市场竞争力。

华南是我国重要的风化残积型高岭土矿的重要产地，区内的广东茂名土、福建龙岩土、江苏苏州土、广西合浦土已成为我国具有代表性的优质高岭土资源。普遍认为这些高岭土矿的形成与加里东期和燕山期白云母花岗岩或花岗伟晶岩有关。这些地区优质高岭土资源日益减少，甚至部分地区优质高岭土矿已近枯竭。江西省陶瓷文化历史悠久，极负盛名。景德镇高岭村高岭土的应用使陶瓷制品质量出现质的飞跃，也使陶瓷制品成为中国最早向国外传播的重大科学技术成果之一。江西省高岭土品质差异较大，优质高岭土矿主要分布于赣东北景德镇地区、赣西宜春地区和赣南崇义、南康等地区。崇义县小坑高岭土矿是江西省近十年来新发现及探明的资源量达大型规模的优质高岭土矿床，其发现在一定程度上扭转了江西省内优质高岭土资源短缺的局面。小坑高岭土矿床成矿条件优越、规模巨大，同时也是华南地区首例报道的由晚三叠世S型花岗岩风化而成的优质大型高岭土矿床，具有重要的理论研究和开发价值。

本书在充分利用前期地质勘查成果和矿山开发的基础上，广泛吸取国内外有关高岭土矿成矿理论及开发利用新理论、新技术和新方法，对小坑矿区高岭土及主要侵入岩开展了锆石和独居石U-Pb年代学、成矿母岩（含电气石钠长石化白云母花岗岩）云母K-Ar和Ar-Ar定年、岩石学和Sr-Nd-Hf同位素分析，厘定了岩浆活动期次、成因及构造背景；分析总结了花岗岩风化壳元素迁移和物质组分的变化规律，探讨了优质高岭土成矿的地质、物理化学和环境条件，建立了小坑风化残积型高岭土矿成矿模式，并对小坑高岭土矿石进行了工艺性能、工业应用和尾矿利用试验研究。本次研究取得了一批重要创新性成果：

（1）利用锆石和独居石LA-ICP-MS U-Pb法精确限定高岭土矿石成矿原岩形成时代为（231±2）～（230±1）Ma。这是华南地区首次精确厘定的由晚三叠世花岗岩风化而成的优质高岭土矿事件，突破了以往华南地区优质高岭土矿与加里东期和燕山期岩浆岩有关的认识，同时实现了在江西乃至华南印支期花岗岩中找寻优质高岭土矿的重大突破。

（2）锆石U-Pb定年法厘定小坑高岭土矿区内黑云母二长花岗岩成岩时代为240±2Ma，黑云母正长花岗岩形成时代为229±2Ma，采坑中的细晶岩脉形成时代为190±3Ma。成矿母岩白云母花岗岩锆石U-Pb年龄为231±2Ma，而白云母K-Ar和$^{40}Ar/^{39}Ar$表观年龄和坪年龄分别为212.2±3.9Ma和212.8±1.52Ma。这些年代学数据表明小坑矿区内侵入岩形成于中—晚三叠世和中侏罗世。

(3)小坑高岭土矿区内主要侵入岩均具有高硅、富铝、低镁铁特征，A/CNK比值高(>1.10)，富集轻稀土元素(LREE)和大离子亲石元素(LILE)，亏损重稀土元素(HREE)和高场强元素(HFSE)，具有强—中等程度的Eu负异常。岩相学和岩石学特征表明这些花岗质岩石均为S型花岗岩。黑云母二长花岗岩$\varepsilon_{Nd}(t)$和T_{DM2}值分别为−10.0～−9.2和1.82～1.76Ga，白云母花岗岩$\varepsilon_{Nd}(t)$和T_{DM2}值分别为−12.2～−10.6和2.00～1.87Ga。中—晚三叠世花岗岩类$\varepsilon_{Hf}(t)$为−13.9～−3.1，T_{DM2}为1901～1303Ma，Hf同位素组成位于华夏新元古代基底锆石范围中上部，表明其主要由基底物质部分熔融而成，但有部分幔源物质的加入。中—晚三叠世黑云母二长花岗岩、白云母花岗岩和黑云母正长花岗岩具有同碰撞-后碰撞花岗岩性质，形成于伸展构造背景。这种伸展背景与东古特提斯构造演化有关，是由印支板块北向华南板块俯冲-碰撞形成的北东向局部伸展。

(4)小坑大型优质高岭土矿床的发现使江西形成了多旋回S型花岗岩高岭土成矿系列，为指导高岭土找矿提供了理论基础。江西省优质高岭土矿床分布与S型多旋回浅色花岗质侵入岩分布范围吻合。

(5)系统总结了江西省风化残积型高岭土时空分布规律与成矿条件，提出在内生岩浆分异作用、岩浆期后热液蚀变作用和后期表生风化作用等多期地质因素作用下于风化壳上部形成具有工业价值的含电气石型高岭土矿体，并建立了风化残积型高岭土矿的成矿模式；总结了优质高岭土矿床的岩浆岩、矿化蚀变类型、地表露头及土壤地球化学异常等找矿标志，明确了印支期和燕山期S型淡色花岗岩出露地段是江西省寻找风化残积型优质高岭土矿的有利地段。

(6)首次对小坑高岭土矿石进行了多角度、多方法的测试研究和工艺试验，取得了丰富的科学数据。试验表明，小坑高岭土精矿高铝(>38%)、富锂(>0.04%)、低铁钛(<0.3%)、高白度(>90)，是江西省首个以叠片状为主的高岭土矿床。产品达到最优等级的TC-0级陶瓷原料和TL-1级涂料原料要求，也可用于橡胶、搪瓷和造纸等行业，具有广泛的用途和巨大的经济价值。

(7)在矿石物质组分研究的基础上，对矿石中含铁暗色矿物的赋存状态进行研究并开展提纯试验，取得了良好的除铁、增白效果。岩体在蚀变交代过程中发生电气石化，铁质主要集中在以磁铁矿为主的氧化物和以电气石为主的铝硅酸盐矿物中，采用磁-重联合选别技术可剔除主要含铁矿物，实现大幅度降低高岭土矿石中铁含量，提升产品附加值。

(8)确定的“Ⅲ段强磁+Ⅱ段浮选+Ⅱ次擦洗”方案可从尾矿中获得高质量的石英精矿(SiO_2含量为99.75%，$Fe_2O_3^t$含量为0.008 1%)，能满足光伏玻璃用石英砂二级品和晶质玻璃石英砂要求。

本书是集崇义县小坑高岭土矿近十年来地质勘查、成矿理论研究及开发利用成果的系统总结，为今后江西省乃至华南地区高岭土理论研究、地质找矿、产业推广和科普教学提供了一份翔实的基础资料。小坑高岭土矿找矿突破是在江西省地质局陈祥云局长、原总工程师杨明桂教授级高级工程师等相关领导的指导下，由江西省地矿资源勘查开发有限公司全体工作人员取得的重大成果，成矿理论研究方面则由江西省地矿资源勘查开发有限公司和中国地质大学（武汉）合作完成。在此，对参与小坑高岭土矿勘查及成矿理论研究的相关科研和生产单位的人员表示感谢！

本专著共分九章，第一章由吴俊华和龚敏完成，第二章由吴俊华完成，第三章由龚敏和李艳军完成，第四章由李艳军完成，第五章由龚敏完成，第六章由周雪桂完成，第七章由周雪桂和李牟完成，第八章由王小明完成，第九章由吴俊华和李艳军完成，最后由吴俊华和李艳军统稿并系统修订。另外，本研究进行期间，江西省地矿资源勘查开发有限公司熊立、钟俊靖、张也、罗青和孔令俊等为野外地质资料收集及采样提供了帮助，中国地质大学（武汉）硕士研究生王川、杨紫文、季浩、席金萍、熊佳杰和陈志康等参与了野外地质调查、室内测试分析及部分测试数据处理与制图工作。

由于作者水平有限，书中可能存在诸多不妥或不完善之处，敬请批评指正。

著者

2022年12月

目　录

第一章　高岭土资源概况及研究进展

第一节　高岭土矿产用途及分布

高岭土是世界上第一种以中国原产地为通用名称的矿物，因最早发现于景德镇市浮梁县瑶里镇东埠村高岭山而得名。1896 年，德国著名地质学家李希霍芬在景德镇考察高岭土采掘矿洞遗址后，著文专门介绍了景德镇高岭土情况，并根据高岭土一词的中文读音，将其译成国际通用术语 Kaolin，从此高岭之名传播海外并沿用至今。高岭土作为一种重要的战略性非金属矿产，因具有良好的可塑性、高白度、易分散性、高黏结性和优良的电绝缘性等特性，被广泛应用于陶瓷、电子、造纸、橡胶、塑料、搪瓷、石油化工、涂料和油墨等行业。此外，高岭土还具有抗酸溶性、低阳离子交换性和较高的耐火度等理化性能。随着产品种类的开发，高岭土的应用也扩展到光学玻璃、玻璃纤维、化纤、砂轮、建筑材料、化肥、农药杀虫剂载体及耐火材料等领域，产品呈现多样化，应用市场更加广阔。当前国际市场高岭土消费主要集中在造纸和陶瓷领域，随着涂布纸消费量的增长，造纸涂布级高岭土将会是企业竞争的焦点。

全球高岭土矿资源丰富，主要产地在欧洲、美洲、亚洲、大洋洲 60 余个国家或地区。其中，已发现的大型高岭土矿床分布在美国、英国、中国、巴西、印度等国家。美国以 717 500 万 t 的高岭土资源量居世界首位，其次为中国(339 000 万 t)和印度(270 000 万 t)(表 1-1)。美国佐治亚州是世界上高岭土最主要出产地，该地区高岭土矿粒度细、纯度高，为含铁低的片状高岭石，属优质涂布级高岭土矿床。英国高岭土资源集中在英格兰西南地区的花岗岩体中，圣奥斯特尔花岗岩体是英国高岭土矿最重要的产区，属热液蚀变类型。巴西拥有世界上最优质的层状沉积型高岭土资源，其白度高、粒度细、结晶完整，非常适用于造纸。从近几年国外高岭土产业的发展与变化来看，美国、英国、巴西仍是世界高岭土的资源与生产大国。

我国高岭土矿分布广泛，据自然资源部 2019 年矿产资源量报告，国内探明高岭土资源量约 35 亿 t，主要分布在全国 26 个省(自治区、直辖市)(吴宇杰等，2021)。其中，江西、福建、广东、广西、江苏、陕西等省查明资源量 24.8 亿 t，约占比 71%。从空间分布看，大型以上高岭土矿多集中在粤西-桂东南成矿带，查明资源量 11.9 亿 t，约占比 34%，而武功山-杭州湾成矿带查明高岭土矿床数量最多，约 111 处，规模多为小型(图 1-1)。

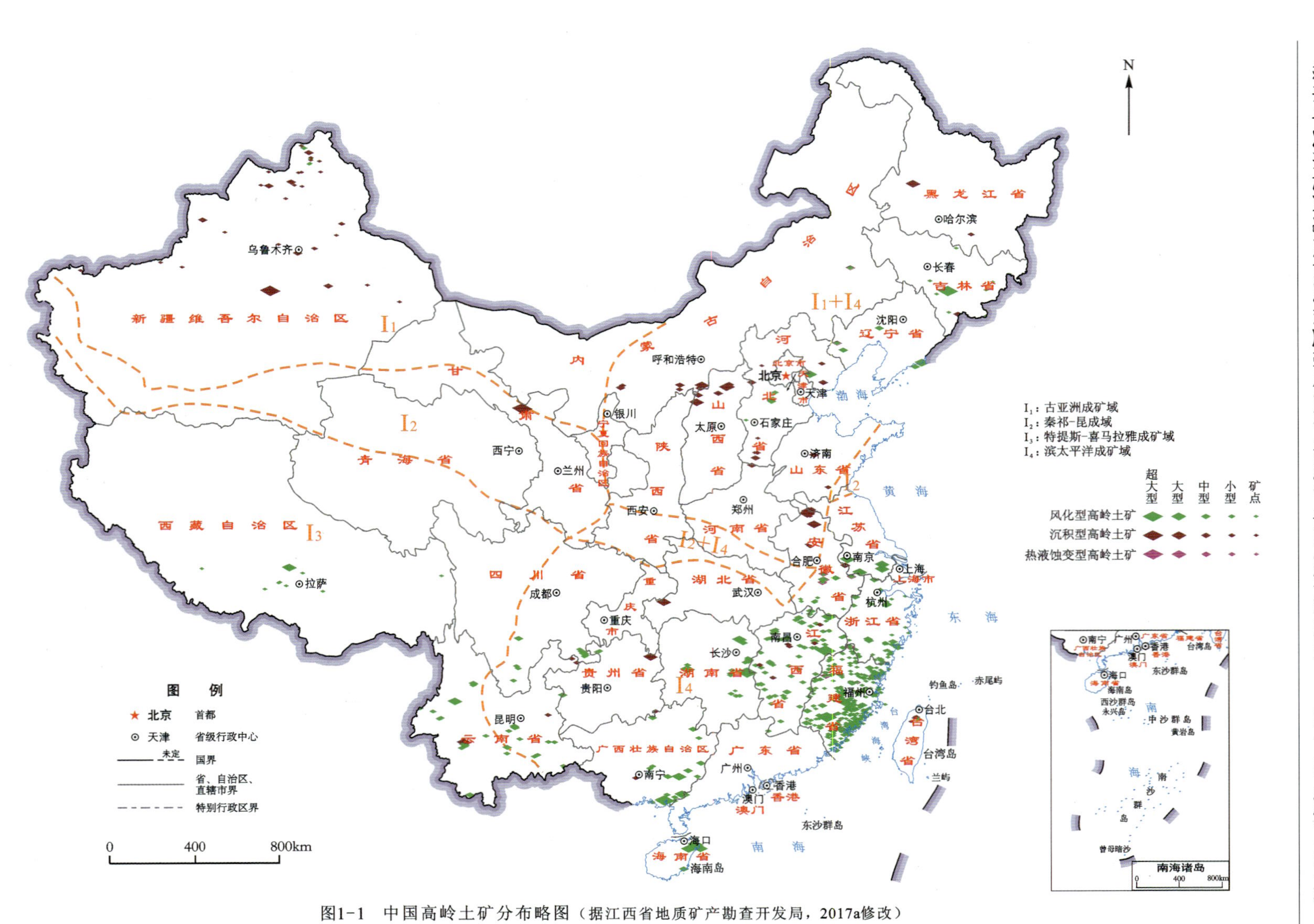

图1-1　中国高岭土矿分布略图（据江西省地质矿产勘查开发局，2017a修改）

表 1-1　世界主要高岭土资源已查明矿产资源量　　单位：万 t

国家	查明资源量	国家	查明资源量
美国	717 500	乌克兰	52 318
中国	339 000	澳大利亚	45 500
印度	270 000	南非	25 500
英国	181 500	加拿大	15 000
巴西	130 000	西班牙	9377
捷克	73 110	波兰	7192
保加利亚	70 000	斯洛伐克	2216

数据来源：魏博等，2019。

第二节　高岭土矿床类型、特征及开发利用

一、国内高岭土矿床类型及特征

近年来，国内众多学者（吴铁轮，2001；卢党军，2009；吴宇杰等，2021）通过开展高岭土矿床学研究，在高岭土成矿时代、矿床成因及成矿规律等方面取得了系列成果。我国高岭土矿床成矿时代集中在新生代（图 1-2），其次为晚古生代—中生代，寒武纪及以前形成的矿床较少。高岭土矿按成因类型可分为风化型、煤系沉积型和热液蚀变型三大类，各成矿时代与矿床类型关系密切。

（1）风化型高岭土矿：可分为风化残积型和淋滤沉积型两个亚类，多形成于第四纪且分布与华南中、新生代花岗岩出露范围相吻合。此类矿床主要集中在华南成矿省的杭州湾-武功山、浙闽粤沿海和江南隆起东段高岭土成矿带（吴宇杰等，2021），是我国主要的高岭土矿成因类型，此类矿床埋藏浅、易于露天开采。目前，该类型高岭土矿查明矿床数量 304 处，资源量 21.3 亿 t，占全国高岭土查明资源量的 61%。

（2）煤系沉积型高岭土矿：石炭纪—二叠纪是我国煤系沉积型高岭土的重要成矿期，其厚度大、层位多、质量好、储量可观、开发利用价值巨大，主要分布在山西、内蒙古、宁夏等北方地区，矿体常与煤层夹层产出。

（3）热液蚀变型高岭土矿：三叠纪—侏罗纪剧烈的火山活动为热液蚀变型高岭土矿的形成提供了良好条件。该类型高岭土矿受构造条件控制，多产在断裂带附近，具层控特征，主要分布在我国东北和华东地区。矿床形成多与侏罗系火山岩有关，常与叶蜡石矿共伴生。

中国高岭土矿床成因类型及矿集区划分实际情况见表 1-2。

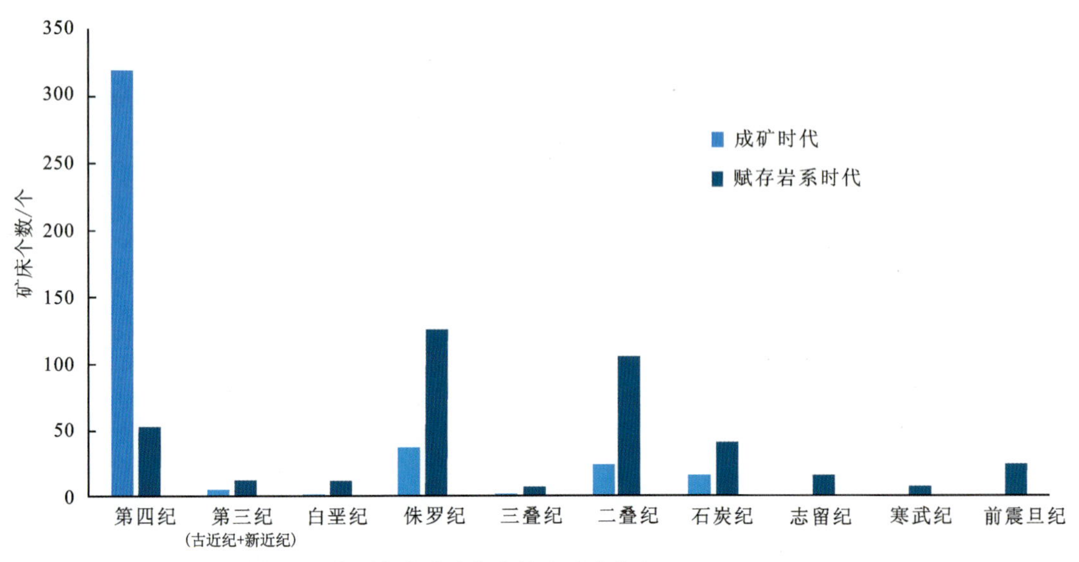

图 1-2　中国各个成矿期高岭土矿床分布(据吴宇杰等,2021)

表 1-2　中国高岭土矿床成因类型及矿集区划分

序号	矿集区名称	主要成矿时代	矿床成因类型	区内典型矿床
1	内蒙古清水河-准格尔煤系沉积型高岭土矿集区	晚石炭世—早中侏罗世	海陆交互相煤系沉积亚型,陆相煤系沉积亚型	清水河龙泉沟高岭土矿、清水河桑林坡高岭土矿、准格尔旗脑包湾沟高岭土矿
2	陕西榆林煤系沉积型高岭土矿集区	晚石炭世	煤系沉积型	府谷海则庙高岭土矿、段寨高岭土矿、沙川沟高岭土矿
3	江苏苏州热液蚀变型高岭土矿集区	晚侏罗世—白垩纪	中低温热液蚀变-次生改造型	苏州阳山高岭土矿、苏州阳东高岭土矿、苏州观山高岭土矿
4	安徽淮北煤系沉积型高岭土矿集区	石炭纪—二叠纪	以煤系沉积型为主	淮北岱河高岭土矿、淮北朔里高岭土矿、宿州芦岭高岭土矿
5	江西景德镇风化残积型高岭土矿集区	第四纪	以风化残积型为主,少数煤系沉积型	昌江鹅湖高岭土矿、浮梁汤家坞高岭土矿、浮梁鹅湖矿区高岭土矿
6	湖北恩施沉积型高岭土矿集区	二叠纪	煤系沉积型	恩施花石板高岭土矿、恩施三河村高岭土矿、鹤峰沙园高岭土矿
7	湖北通城风化残积型高岭土矿集区	第四纪	风化残积型	通城古木坑高岭土矿、通城四庄高岭土矿、通城关刀高岭土矿
8	湖南衡阳界牌风化残积型高岭土矿集区	第四纪	风化残积型	衡阳界牌高岭土矿、衡阳二斗皂高岭土矿、衡阳江柏堰高岭土矿

续表 1-2

序号	矿集区名称	主要成矿时代	矿床成因类型	区内典型矿床
9	湖南醴陵风化残积型高岭土矿集区	第四纪	风化残积型	醴陵马劲坳高岭土矿、醴陵赵家段高岭土矿、醴陵斗米冲及烂泥坡高岭土矿
10	福建龙岩风化残积型高岭土矿集区	第四纪	风化残积型	同安东坑高岭土矿、同安郭山高岭土矿
11	广东茂名风化和沉积型高岭土矿集区	上新世	风化残积型	茂名上垌高岭土矿区西段、茂名高岭土矿区山阁矿段、高州沙田高岭土矿
12	广东湛江风化残积型高岭土矿集区	第四纪	风化残积型	湛江山岱高岭土矿、湛江山岱高岭土矿区外围及龙头和岭头矿段、廉江那榕尾高岭土矿
13	广西合浦风化残积型高岭土矿集区	第四纪	风化残积型	合浦中城高岭土矿、合浦十字路高岭土矿、合浦新屋面-那车垌-双珠垌高岭土矿
14	海南东部风化残积型高岭土矿集区	第四纪	风化残积型	文昌龙楼镇伯候村高岭土矿、万宁礼纪镇三星村砂质高岭土矿、万宁礼纪镇道流村砂质高岭土矿

国内有六大高岭土产区，产量占全国总产量的80%以上，且在资源类型方面也有代表性（王浩，2013）：①湖南衡阳界牌大牌岭高岭土矿集区，单矿蕴藏量雄居亚洲之冠，达8000万t，全区年采矿量在50万t以上，供应全国数百家陶瓷厂；②广东茂名地区高岭土矿集区，矿床成因类型属（沉积岩）风化残积型，其石英等砂质含量大于50%，故称为砂质高岭土矿，茂名高岭土风化完全、晶片以单片状为主、粒度细，主要为造纸涂料原料；③福建龙岩高岭土矿集区，属风化残余型高岭土矿床，由于含铁量低于0.3%，钛低于0.02%，并含有低含量的Li_2O，是电瓷、高档日用、美术瓷的理想原料；④江苏苏州阳山高岭土矿集区，为国内热液蚀变型高岭土矿的代表，质地纯净的苏州阳山泥，其化学成分十分接近高岭石的理论成分，Al_2O_3含量高达39.0%，颜色洁白、颗粒细腻，主要用于催化剂载体及化工原料；⑤广西合浦高岭土矿集区，属风化残积型高岭土矿床，主要用于建筑陶瓷原料；⑥北方煤系高岭土采区，为沉积型高岭土，主要分布于陕西榆林和内蒙古清水河-准格尔等产煤区域，可用于建筑、涂料、油漆及造纸涂料。

二、国内高岭土矿开发利用现状

世界高岭土消费主要在造纸和耐火材料领域，而我国高岭土产品主要是作为陶瓷原料使用。我国是陶瓷消费和生产大国，陶瓷出口量占世界总出口量的80%以上。我国高岭土产业发展存在着优质高岭土资源日趋紧张，高岭土企业规模小、产业集中度低，且科研能力相对薄弱、产品以中低端为主等劣势。20世纪80年代我国高岭土工业进入一个飞速发展时期，高效的选矿提纯方法得到了广泛应用，同时引进和借鉴国外成熟的先进技术和专用设备，加快了高岭土矿精选、深加工和先进设备的研制与开发，为我国高岭土工业带来了新的发展机遇。广西合浦高岭土、广东茂名高岭土、福建龙岩高岭土、江苏苏州高岭土是我国具有代表性的优质高岭土资源。随着科技的发展、市场格局的变化，以及资源逐步的合理利用，这些优质高岭土的消费结构由传统陶瓷工业转向造纸、涂料、化工等领域。高岭土结构形式、淘洗率、含铁量、白度等因素决定了产品的利用方向，如合浦高岭土呈片状和六角片状结构，含铁量高、白度低，适合生产填料级、中低档陶瓷土；茂名高岭土为片状结构、白度高，适合生产造纸级涂料和填料；龙岩高岭土呈管状结构，含铁量低、白度高，最适合用于高档陶瓷土；苏州高岭土质地纯净、吸附性高，适用于陶瓷、橡胶、分子筛和耐火材料等行业。

高岭土“一矿多用”是综合利用高岭土矿产资源的发展趋势，随着国内低端陶瓷制品生产因高能耗低附加值而被逐步淘汰，应对未来造纸用高岭土需求增加以及寻求替代进口高岭土，成为业内重要的任务。高岭土作为纸张的涂敷和填充料，除可取代钛白粉降低成本外，还可能增加纸张的白度、不透明度、光滑度、光泽度及可印刷性，极大地改善纸张的质量。粤西(茂名)高岭土以片状高岭石为主，是我国少数适于用作造纸涂料与填料的高岭土。国产高岭土80%来自茂名，茂名现已成为全国纸张涂布高岭土的主要生产基地。同时，茂名高岭土是国内唯一能够替代进口材料的产品，市场需求量巨大。在高档日用、美术瓷原料领域，龙岩高岭土大部分产品为原矿，其原矿价格甚至高于其他产地水洗陶瓷产品价格，企业经济效益在同行业独占鳌头。此外，龙岩高岭土矿石质量优良，经技术加工可获得造纸气刀涂料、填料、白水泥等高岭土系列产品，尾矿石英可作玻璃原料。

随着优质高岭土资源的日益减少，国内能够稳定供应优质高岭土的企业仅有少数几家，同时部分地区的优质高岭土矿已近枯竭。为适应高岭土行业发展趋势，结合江西省高岭土资源禀赋特点，崇义县小坑高岭土矿山开展除铁、磨剥、配矿等深加工技术研究和产业化应用，不断改进产品白度、细度、可塑性等理化性指标。小坑高岭土矿结晶矿物呈叠片状，产品富铝、低铁钛、白度高，在品质和工业用途上完全可以与茂名、龙岩高岭土媲美。同时，赣南地区优质高岭土的开发，将有利于本地区承接广东佛山等地的陶瓷产业转移，促进高岭土矿及其附属产业集群发展，增强区域经济实力，为国家精准扶贫和江西省振兴苏区战略作出贡献。

第三节　江西高岭土资源概况

一、资源概况

江西省陶瓷文化历史悠久，极负盛名。江西产瓷地区景德镇历史最长，明清两代御窑均设于此地，所产瓷器以“白如玉、明如镜、薄如纸、声如磬”的风格著称，驰名中外。据《浮梁县志》记载，“新平冶陶，始于汉世”，景德镇制瓷始于汉、起于唐、兴于宋、盛于明清。明清时期，皇室在景德镇设立御窑，不惜工本代价烧造御器，“天下至精至美之器，皆饶郡浮梁之产也”。景德镇全国瓷业中心的地位得到巩固，成就了“匠从八方来，器成天下走”的盛景，被中外人士誉为“瓷都”。

高岭土是制造瓷胎的重要原料，它不仅与瓷器的质量息息相关，而且与瓷器制造业的命运紧密相连。高岭土的发现，成就了景德镇高品质陶瓷开发盛景。宋代以前，景德镇陶瓷的胎土采用单一瓷石，烧制温度一般在1200℃左右，以此种方式制作大器时，会出现瓷胎韧性不佳、易变形开裂的问题，成瓷率较低。宋末元初，在景德镇以东60km的东埠高岭村发现质地极纯的优质高岭土矿，因其含铁量极低，成为配制高级细瓷坯和釉的最好原料。制瓷工匠潜心研制瓷石加高岭土的“二元配方”，高岭土以其优异性能被引入瓷胎，从而提高了瓷胎的耐火性(烧成温度1700℃以上)，降低了瓷器变形率，制造的瓷器白度高，色调白中带青、莹缜如玉，陶瓷的耐酸碱度、硬度远高于其他产地的陶瓷。明代以后，“二元配方”逐渐在各地普及，瓷器的品种也日渐扩大。青花瓷、粉彩瓷、玲珑瓷、颜色釉(图1-3)，深受朝廷、官府、民间青睐。此后景德镇瓷器久盛不衰，扬名于世。人们形象地把瓷石比作陶瓷的“肌肉”，而高岭土则是“筋骨”。高岭土的应用使陶瓷制品质量出现质的飞跃，并在元、明、清3个历史时期得到了巨大发展，大大推动了欧亚乃至世界制瓷原料与工艺的进步，是中国最早向国外传播的重大科学技术成果之一。

青花瓷

粉彩瓷

玲珑瓷

颜色釉

图1-3 景德镇四大名瓷

(图片来源：https://www.sohu.com/a/165060305_654037)

江西省高岭土矿产分布遍及全省 60 个县(市),查明资源量矿产地主要分布于九江-景德镇、上饶-抚州、宜春-萍乡 3 个矿带,铜鼓、兴国、信丰、永新和宁冈等地亦有分布。截至 2019 年,江西省查明高岭土矿产地 107 处,其中大型 7 处、中型 15 处、小型 85 处,累计查明资源量 22 131.7 万 t(表 1-3)。《矿业资源工业要求手册》(2014)将精矿成分含量达到 $Al_2O_3 \geqslant 37\%$、$TiO_2 \leqslant 0.1\%$、$Fe_2O_3^t + TiO_2 \leqslant 0.6\%$,且具有高白度、强黏性、良好可塑性等物性指标的高岭土定义为优质高岭土。江西省高岭土品质差异较大,优质高岭土矿主要见于赣东北景德镇地区、赣西宜春地区和赣南崇义、南康等地区(图 1-4)。

表 1-3　江西省大中型高岭土矿资源量情况一览表

序号	矿区名称	累计查明矿石量/$\times 10^3$ t	规模
1	上犹县小寨背高岭土矿	103 228	大型
2	崇义县小坑矿区高岭土矿	7394	大型
3	赣州市南康区龙岭高岭土矿	8220	大型
4	吉安县岭下高岭土矿	6 042.9	大型
5	宜丰县白水洞高岭土矿	8 538.86	大型
6	兴国县上垄高岭土矿床	22 592	大型
7	宜春市王仔冲高岭土矿	5 733.77	大型
8	浮梁县鹅湖矿区高岭土矿	3706	中型
9	乐平市丰源高岭土矿	1 147.1	中型
10	乐平市下程高岭土矿	1 111.8	中型
11	贵溪市芦甸高岭土矿	1 528.4	中型
12	上犹县兰屋高岭土矿	1511	中型
13	兴国县风岭背高岭土矿	2898	中型
14	兴国县永丰乡高岭土矿	2289	中型
15	会昌县文武坝镇白竹高岭土矿	1 399.23	中型
16	峡江县黑虎高岭土矿	3 109.1	中型
17	井冈山市长坪乡岭头高岭土矿	2 416.97	中型
18	赣县泉湖高岭土矿	2 238.32	中型
19	宜春市雅山高岭土矿	2 822.35	中型
20	宜春市何家坪高岭土矿	2293	中型
21	铜鼓县西向高岭土矿	3 363.4	中型
22	吉安县竹马桥高岭土矿	2 721.4	中型

注:数据统计时间截至 2019 年。

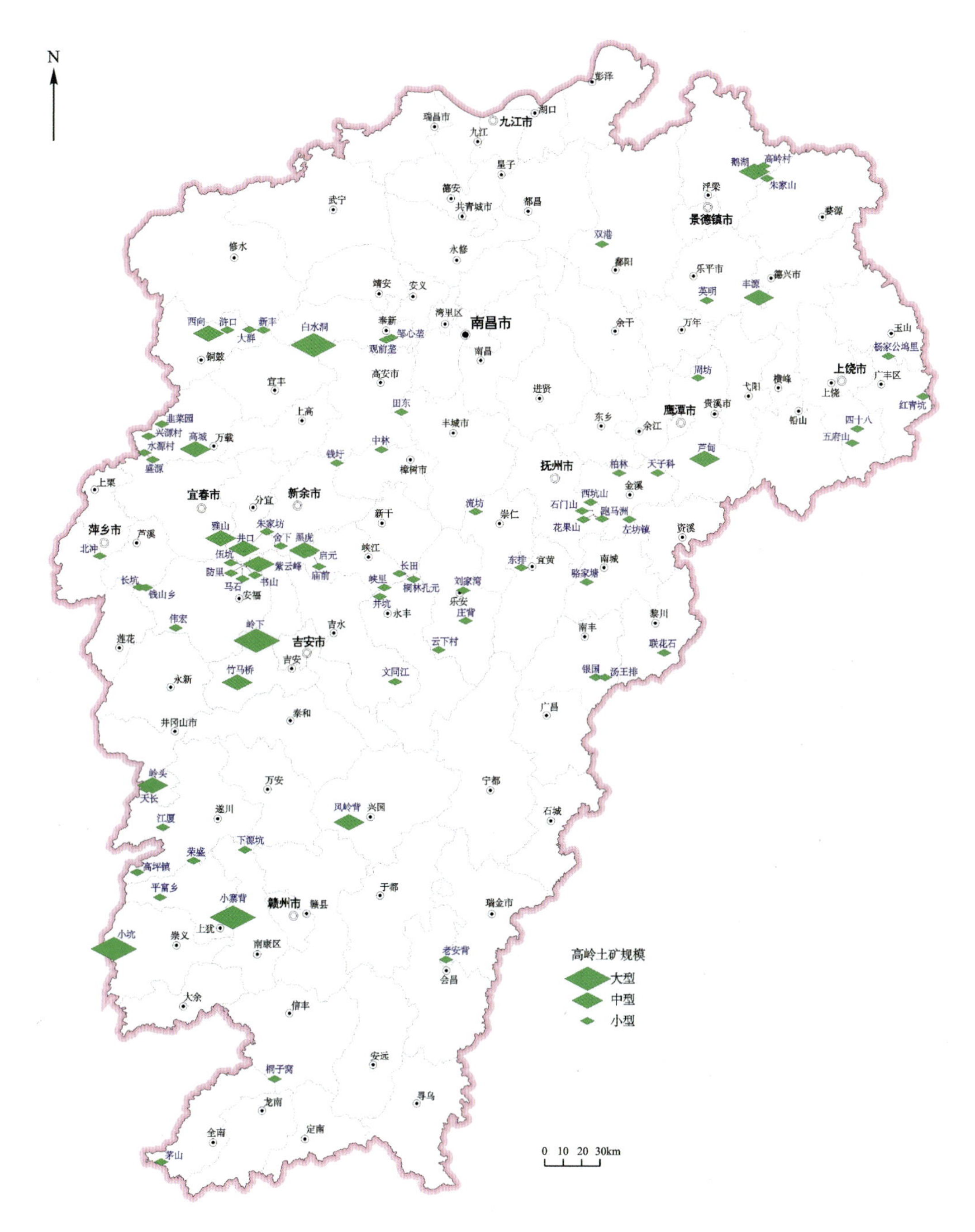

图 1-4　江西省高岭土矿床分布图

二、典型高岭土矿床简介

1. 浮梁县高岭村高岭土矿床

高岭村高岭土矿位于江西省东北部，属景德镇市浮梁县鹅湖乡管辖，是花岗岩风化残积型矿床的典型代表。高岭土产于早白垩世鹅湖杂岩体晚期淡色花岗岩、正长岩脉、伟晶岩脉的风化壳中，矿体呈似层状、漏斗状和透镜状分布于岩体/脉表面，深度20～40m。矿体4个，沿断裂分布，长750～1000m、宽20～300m、厚5～30m。矿石近地表以高岭石为主，潜水面以下以埃洛石为主，含矿率15%～50%。矿石分砂状土、块状土和脉状土3类，以砂状土为主。砂状土由晶形不完整、碎片状的无序高岭石(56%)和伊利石(23%)组成，含少量埃洛石(0.7nm)、石英、云母和长石。化学组成以FeO、TiO_2、MnO低为其特征，$w(SiO_2)$=46.18%～54.28%、$w(Al_2O_3)$=27.66%～36.22%、$w(Fe_2O_3)$=0.55%～3.15%，烧失量为7.09%～13.10%。烧后白度为86.9，淘洗率均值为15%(最高达50%)。矿石的缺陷是成型性能较差、干燥和烧成收缩率不匀，与其成分复杂有关。块状土和脉状土以1nm的埃洛石为主，部分脉状土是在裂隙中经地下水渗滤淀积而成，质地细腻纯净。

该矿床自明朝万历三十七年(1609年)始采延续360年开采历史，至1969年因资源枯竭而闭矿，累计采出高岭土超过200万t。高岭村的高岭土目前虽已采空，但曾作为陶瓷工业的主要原料，为后来景德镇瓷业生产时代繁衍和腾飞作出了巨大贡献。高岭村与中国文明史、中国矿业开发史、中外文化交流史都有着紧密联系。高岭土作为一种宝贵资源，在中国经济发展史和地质矿物学方面均有着重要的地位(图1-5)(《中国矿床发现史·江西卷》编委会，1996)。

图1-5　高岭瓷土矿遗址

2. 宜春市雅山高岭土矿床

雅山高岭土矿位于宜春市东南新坊乡境内，出露面积95km²，为雅山钠长石花岗岩型钽铌矿床共生的高岭土矿床。矿区从北面至南东依次由何家坪、王仔冲、雅山和高富岭4个矿段组成。该矿床位于武功山隆起西北缘，成矿与侵入于新元古代变质岩中的燕山早期雅山花岗岩体有关。岩体分相明显，内部相为细粒白云母花岗岩，过渡相为中粒二云母花岗岩，边缘相为中粗粒黑云母花岗岩，有燕山晚期花岗岩脉和花岗斑岩侵入。高岭土由钠长石化中细粒二长花岗岩和白云母花岗岩风化而成，呈面形分布，分4个矿段9个矿体。单矿体长180～380m，宽200～350m，矿体上部一般有厚1～3m的坡积层覆盖。矿石分砂状高岭土和粉状高岭土两类。矿物成分中黏土矿物以高岭石为主，其次为三水铝石、埃洛石及水云母，非黏土矿物有石英、云母和残留长石。精矿化学成分 $w(SiO_2)=43.72\%\sim47.69\%$、$w(Al_2O_3)=35.85\%\sim38.73\%$、$w(Fe_2O_3{}^t)=0.28\%\sim0.60\%$、$w(TiO_2)=0.03\%\sim0.05\%$、$w(K_2O)=0.55\%\sim1.95\%$、$w(Na_2O)=0.05\%\sim6.50\%$，烧失量为5.86%～26.00%。矿石工艺性能相对可塑性指数0.582、干燥抗折强度10.63kg/cm²、干燥收缩率7.42%、白度63～82，成瓷试验效果良好，矿石淘洗率为17.54%～26.66%，平均为22%。

雅山高岭土矿目前有7个采矿企业开采加工，年开采能力约5万t，由于其着色氧化物($Fe_2O_3+FeO+TiO_2+MnO$)含量极低，且含有一定量的低温熔剂元素(Li_2O)，是陶瓷工业部门的理想高岭土原料，经精制加工也可作造纸工业的填料或涂料。大面积分布的含砂高岭土，可供作白水泥、玻璃工业的原料。雅山高岭土矿是可供多种工业部门使用的优质高岭土矿床。

第四节　小坑高岭土矿床开发现状

小坑高岭土矿于2014年6月完成储量评审备案，矿山2015年正式取得采矿证。以小坑高岭土矿为龙头，4家选矿加工企业组成了高岭土产业联盟。着眼于延伸产业链条、开发深加工项目，江西省地矿资源勘查开发有限公司(以下简称资源公司)按照绿色矿山标准，通过引资合作，经过两年多的建设，把小坑高岭土矿建设成为江西省目前唯一的储量规模和开采规模均属大型的优质高岭土矿山(图1-6)。建成投产的深加工企业——崇义县华明高岭土有限公司(图1-7、图1-8)，定位为集高岭土科研、深加工、销售于一体的现代化高新技术企业，生产高白超细、铁和钛含量低、烧成亮度和强度高、成瓷性能好的优质高岭土。精矿以高铝(>38%)、含锂(0.04%)、低铁钛(<0.3%)为特点，可达到TC-0级陶瓷原料、TL-1级涂料产品、XT-2级橡塑填料产品的工业要求，属新型优质高岭土矿。采用小坑高岭土生产的瓷器成品，具有

图1-6　崇义县丰达矿业有限公司小坑高岭土采场

高亮度、高白度、色泽柔和、釉面纯净的特点(图 1-9)。各项化学物理指标高于国标最优级高岭土标准,这标志着江西省高岭土再次刷新品质纪录,成为当前市场青睐的优质资源。

图 1-7 崇义县华明高岭土有限公司生产车间

图 1-8 崇义县华明高岭土有限公司车间生产线

图 1-9 小坑高岭土瓷器产品

第五节　研究区交通及地理概况

崇义县小坑高岭土矿位于江西省赣州市崇义县城以西(272°方向)直距约31km处，属崇义县丰州乡管辖。区内属亚热带东南季风气候，温暖潮湿，区域呈中低山丘陵地貌且水系发育，地形总体北西高、南东低。矿区距崇义县运输距离50km，距大广高速、京九铁路赣州站运输距离140km，交通较为便利(图1-10)。

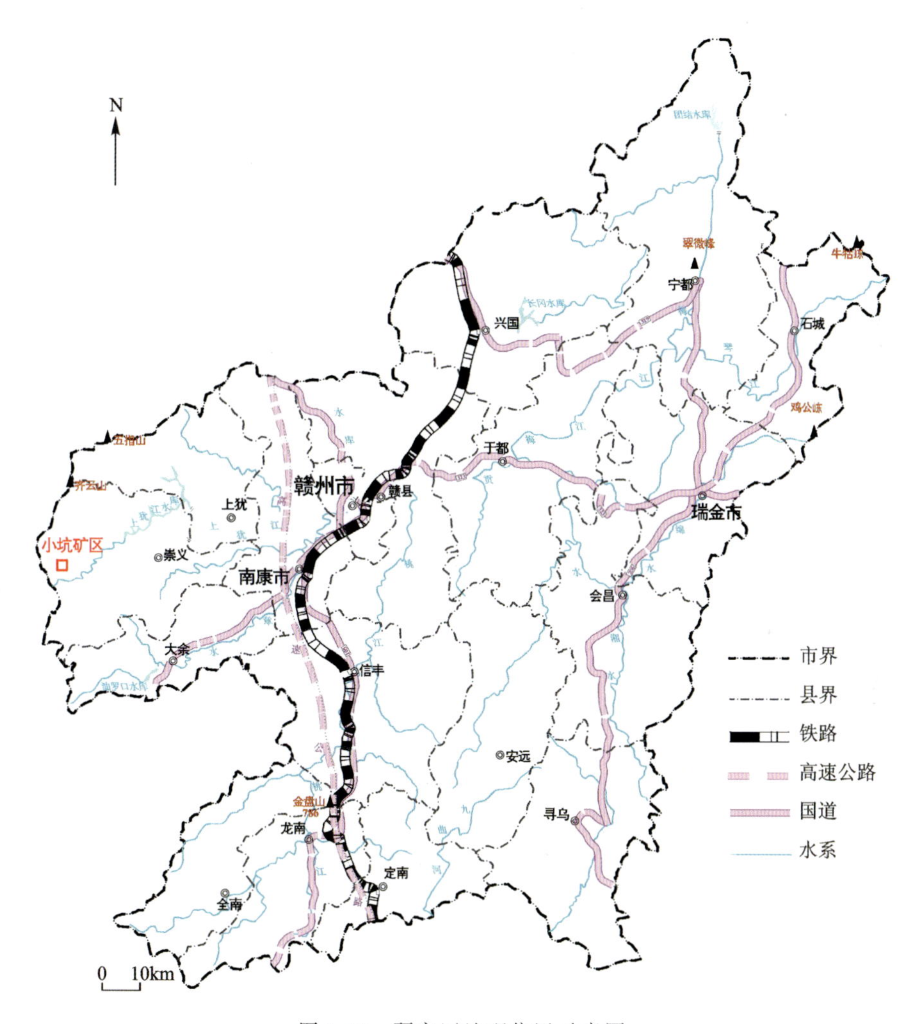

图1-10　研究区地理位置示意图

第二章 区域地质背景

赣南地区处于南岭东西向构造带东段与武夷山北东—北北东向构造带南段的接合部位(图 2-1)。它经历了新元古代—早古生代、晚古生代—中生代初和早三叠世—晚侏罗世 3 个重要地史发展阶段,地层由海相类复理石沉积建造经海陆交替相碳酸盐岩及碎屑岩沉积逐渐转化为内陆断陷盆地沉积,并伴生不同时期的岩浆活动(陈郑辉等,2006)。尤其是晚中生代阶段发育大规模的岩浆活动,形成丰富的钨、锡和稀土等战略性矿产,并构成了赣南地区著名的"崇-余-犹"矿集区、于都矿集区和"三南"矿集区等(苏慧敏和蒋少涌,2017;蒋少涌等,2020)。

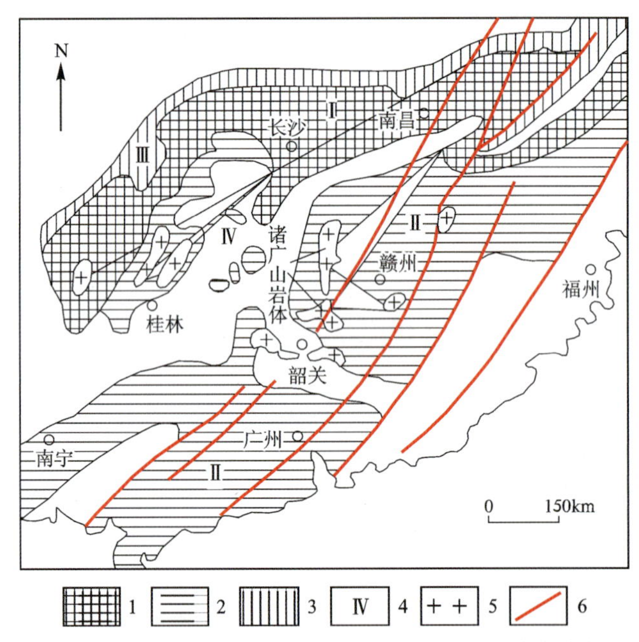

1. 江南背斜;2. 闽赣粤加里东隆起;3. 后加里东隆起边缘;4. 湘桂粤北海西-印支坳陷;5. 花岗岩体;6. 断裂。

图 2-1 区域大地构造位置示意图(据吕立娜等,2017)

第一节 区域地层

"崇-余-犹"矿集区区域上地层主要出露有新元古界—奥陶系,另有少量泥盆系和上白垩统。新元古界为火山物质、泥砂质所构成的复理石建造,岩石均已发生微弱区域变质作用。

寒武系为一套浅海-滨海相浊流沉积为主的复理石建造，以泥砂质岩石为主体。奥陶系岩性为中薄层条带状粉砂质板岩、绢云母板岩夹粉砂岩、长石石英砂岩等。泥盆系出露灰白色、紫红色砾岩、含砾砂岩、长石石英砂岩及白云质灰岩和钙质泥岩等，含腕足类、珊瑚类、层孔虫化石。上白垩统为断陷盆地沉积的红色碎屑岩系，为一套陆相河流相碎屑沉积建造。区域内出露的地层由老至新如下(图 2-2)。

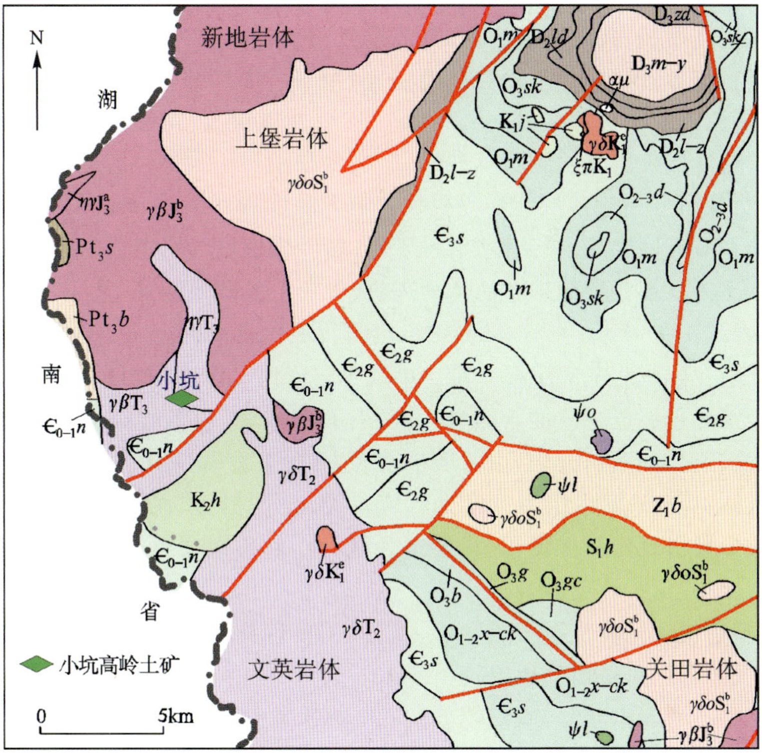

K_2h. 上白垩统河口组；K_1j. 下白垩统鸡笼嶂组；D_3zd. 上泥盆统嶂岽组；$D_3m—y$. 上泥盆统麻山组—洋湖组；D_2ld. 中泥盆统罗埌组；$D_2l—z$. 中泥盆统灵岩寺组—中棚组；S_1h. 下志留统黄竹洞组；O_3sk. 上奥陶统石口组；O_3gc. 上奥陶统高草地组；O_3g. 上奥陶统古亭组；O_3b. 上奥陶统半坑组；$O_{2-3}d$. 中上奥陶统对耳石组；$O_{1-2}x—ck$. 中下奥陶统下黄坑组—长坑水组；O_1m. 下奥陶统茅坪组；$\in_3s$. 上寒武统水石组；$\in_2g$. 中寒武统高滩组；$\in_{1-2}n$. 底—下寒武统牛角河组；Pt_3b. 新元古界坝里组；Pt_3s. 新元古界沙坝黄组；$\xi\pi K_1$. 早白垩世正长斑岩；$\gamma\delta K_1^e$. 早白垩世花岗闪长岩；$\eta\gamma J_3^a$. 晚侏罗世二长花岗岩；$\gamma\beta J_3^b$. 晚侏罗世黑云母花岗岩；$\eta\gamma T_3$. 晚三叠世二长花岗岩；$\gamma\beta T_3$. 晚三叠世黑云母花岗岩；$\gamma\delta T_2$. 中三叠世花岗闪长岩；$\gamma\delta o S_1^b$. 早志留世英云闪长岩；$\psi\iota$. 辉岩；ψo. 角闪岩。

图 2-2　崇义县小坑矿区区域地质图

新元古界沙坝黄组(Pt_3s)：为黄绿色、灰绿色含砾粗砂岩、石英砂砾岩。

新元古界坝里组(Pt_3b)：为一套变余长石石英砂岩、凝灰质砂岩、粉砂质板岩偶夹硅质板岩组成的类复理石建造。

寒武系：分布较广，位于区域东部和南部。其中，底—下寒武统牛角河组($\in_{1-2}n$)上部为变余砂岩、变余沉凝灰岩、板岩夹碳质板岩，下部为变余沉凝灰岩、含碳硅质板岩、碳质板岩、含碳硅质岩及石煤；中寒武统高滩组（$\in_2 g$）以灰色、灰绿色巨厚层状变余长石石英杂砂岩为主，夹灰绿色、灰黑色条纹条带状粉砂质板岩、板岩组成的复理石建造；上寒武统水石组（$\in_3 s$）以灰绿色、黄绿色粉砂质板岩、板岩为主，夹灰绿色粉砂岩、变余细粒长石石英砂岩、含碳黑色板岩。寒武系组成区内北东向斜的翼部。

奥陶系：主要分布于区域东部。下统茅坪组（$O_1 m$）为灰绿色薄层状板岩、粉砂质板岩、含碳绢云母板岩，偶夹绿泥石板岩；中—下统下黄坑组—长坑水组（$O_{1\text{-}2} x—ck$）以灰黑色、灰绿色绢云母板岩、黑色硅质板岩、硅质岩为主，夹灰黑色、灰绿色变余长石石英砂岩、黑色薄层状板岩，底部为变余石英砂岩与黑色板岩夹硅质板岩；中—上统对耳石组（$O_{2\text{-}3} d$）由灰黑色中薄层状硅质板岩夹黑色或碳质板岩组成；上统半坑组（$O_3 b$）为灰色至灰绿色板岩、含碳绢云母板岩、条纹条带状粉砂质板岩夹长石石英砂岩；上统古亭组（$O_3 g$）为一套碳酸盐岩沉积；上统高草地组（$O_3 gc$）为浅灰绿色中薄层状粉砂质板岩与泥质板岩互层；上统石口组（$O_3 sk$）为一套灰绿色、深灰色长石石英砂岩、岩屑杂砂岩、粉砂岩、粉砂质板岩等所组成的类复理石建造。

志留系：仅出露下统黄竹洞组（$S_1 h$），为灰色、青灰色粉砂质板岩、绢云板岩夹变余砂岩及数层复成分砾岩。

泥盆系：分布在区域北东部思顺一带。中统灵岩寺组—中棚组（$D_2 l-z$）为紫红色复成分砾岩和灰紫色、紫红色夹黄白色的含砾砂岩、长石石英砂岩、粉砂岩组成的韵律互层；中统罗塅组（$D_2 ld$）以白云岩、砂质白云岩、白云质灰岩为主，时夹含铜（孔雀石）钙质砂、页岩；上统麻山组—洋湖组（$D_3 m-y$），麻山组为一套富含腕足类化石的钙质泥页岩、钙质粉砂岩、砂岩夹泥灰岩、灰岩或少量白云质灰岩沉积，洋湖组为整合于麻山组之上的一套灰色、灰绿色、灰白色厚—中厚层状细粒长石石英砂岩、粉砂岩、粉砂质泥岩组成的韵律互层；上统嶂岽组（$D_3 zd$）由紫红色中—厚层状含泥质长石石英砂岩、粉砂岩、粉砂质泥岩组成的韵律互层。奥陶系与泥盆系一起构成区域内向斜轴部地层。

白垩系：出露于南部丰洲乡，面积较小。下统鸡笼嶂组（$K_1 j$）为以流纹质熔结凝灰岩为主的岩石地层体；上统河口组（$K_2 h$）以砖红色、紫红色复成分砾岩、砂砾岩、含砾砂岩为主体，夹砂岩、粉砂岩之陆相粗碎屑岩沉积。

第二节　区域构造

赣南地区构造变形强烈，经历了加里东期、海西期—印支期和燕山期长期多阶段构造演化（陈郑辉等，2006），形成以北北东向、东西向为主的构造体系，并叠加北东、北西、近北南向构造。东西向和北北东向构造均经历了多次反复活动，形成了形式多样的复合构造及其他方向次级配套构造（图 2-3）。小坑高岭土矿床所在的诸广山地区及诸广山岩体内断裂构造具有继承性、多向性、规模大、活动频繁、性质多变和等间距分布的特点。多向发育的格网状断裂控制了断陷带和复合断陷区的发生和发展，也控制了钨锡铜矿田（床）的分布，多组构造交会区成为矿田、矿床定位的场所。

一、褶皱

研究区处于万洋山复向斜中，大部分被花岗岩体破坏，仅东部麟潭一带出露的向斜较为明显。向斜轴位于麟潭，呈北东走向。泥盆系和奥陶系组成向斜核部，向斜翼部主要由寒武系和新元古界组成。

二、断裂

北东向断裂构造较为发育，为崇义-万安大断裂带的一部分。此组构造在区内最为发育，规模较大且分布较广，主要由一组北东走向的区域性压扭性逆断层组成，多呈侧列式硅化破碎带出现，局部追踪东西向构造带而出现偏转。断裂延伸一般为数千米至数十千米，宽数米至十余米。断裂倾向南东或北西，倾角一般70°～80°。北东向断裂错切和控制区内地层和岩浆岩的展布。

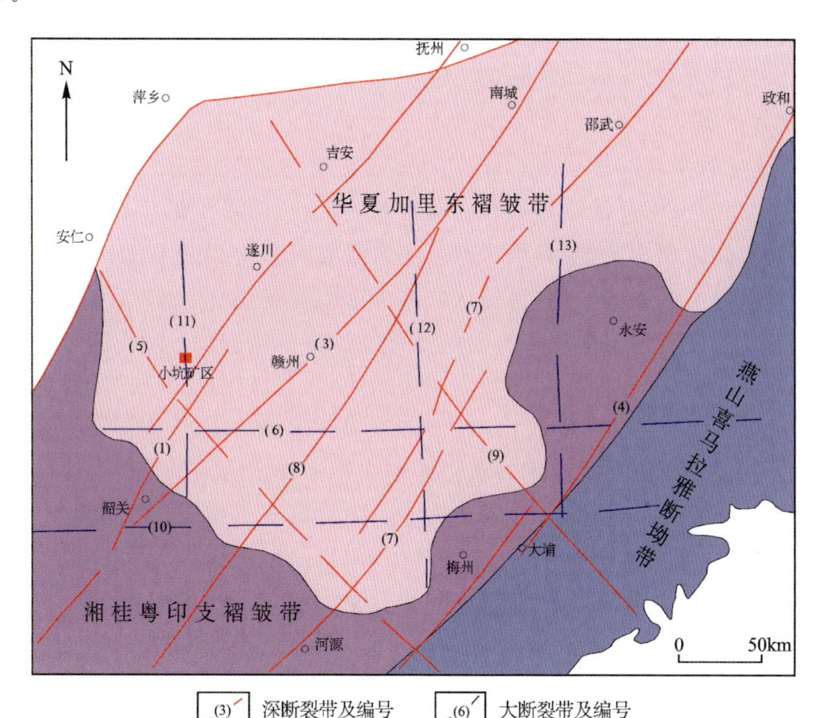

断裂带及编号：(1)吴川-四会；(2)抚州-遂川；(3)烟筒岭-南城；(4)政和-大埔；(5)汕头-安仁；(6)九峰-汕游；(7)河源-邵武；(8)恩平-新丰-鹰潭；(9)东山-上杭；(10)大东山-漳州；(11)桂东-热水；(12)会昌-卜远；(13)泰宁-龙岩。

图2-3　区域大地构造单元及深断裂分布示意图(据朱捌，2010)

近东西向断裂仅在东部成组成带出现，一般延长几十米到几百米，宽度为几厘米至十几米，属会昌-大余构造带西部的尾部，多具张扭性特征。断裂倾向北，倾角60°～80°，多被花岗斑岩脉、细晶岩脉或石英脉充填，是区内石英脉型钨矿主要控矿断层。本组断裂形成较早，明显被较晚的北东向断裂错切或追踪。

南北向断层规模较小，成组出现，延长几十米至几百米，宽度为几厘米至几十厘米。断层性质为张扭性，多充填有金属矿化石英脉。

第三节　区域岩浆岩

区域岩浆岩主要为诸广山复式岩体，是一个多期次侵入的巨型复式岩体，位于南岭中段湘、赣、粤三省交界地带，呈"哑铃"状产出，出露面积达 $5000km^2$，是南岭中段花岗岩的重要组成部分(图 2-4)。岩体初始形成于加里东期，印支期—燕山早期岩浆活动达到高峰，构成岩体的主体。岩性多为粗—中—细粒斑状黑云母花岗岩、二云母花岗岩及二长花岗岩，属钙碱-亚碱性岩类。副矿物组合中，印支期以前岩体富钛铁矿，而燕山期岩体磁铁矿含量更高。稀土元素分布以富轻稀土为特征。加里东期岩体铀含量较低。印支期、燕山期岩体铀含量相对较高，是我国华南地区重要的产铀花岗岩体之一。此外，诸广山复式岩体也存在中基性岩浆活动，加里东期的二长辉长岩—海西期云辉二长岩—燕山晚期的辉长岩、辉绿岩、煌斑岩、玄武岩、安山岩等均有出现。

空间上，该地区岩浆岩在加里东—印支期受南北向基底深构造控制，形成南北向岩浆岩带；燕山早期受东西向深构造控制形成东西向岩浆岩带；燕山晚期的细粒花岗岩、花岗斑岩和中基性脉岩主要受北西向构造控制，形成北西向岩浆岩带。持续频繁的构造岩浆活动不仅为成矿热液的形成提供了必要的热源，也造成岩体内部结构复杂化，为之后的构造继承发展、矿液积聚和钨锡铜铀等多金属沉淀提供必要的条件。这些不同方向、不同期次的构造岩浆岩带交会部位形成岩性复杂、蚀变作用强烈的岩浆活动中心，与区内矿田(床)定位密切相关。

根据岩体与围岩接触关系、岩体之间接触关系及同位素年代学资料，区域范围内岩浆活动可分为加里东期、印支期、燕山早期及燕山晚期 4 个期次。

加里东期岩体主要为上堡岩体、益将岩体及流溪岩体。上堡岩体为中细粒黑云母花岗闪长岩；益将和流溪岩体主要为石英闪长岩，局部为石英辉长岩、英云闪长岩和花岗闪长岩。

印支期岩体由白云圩、热水-文英、寨前和小坑等岩体组成南北向花岗岩带。热水-文英岩体呈"入"字形岩基产出，面积 $241km^2$。主体过渡相为中粗粒黑云母(二长)花岗岩，中央相及边缘相不发育，岩性分别为粗粒似斑状黑云母花岗岩和中细粒似斑状白(二)云母花岗岩。小坑岩体分布于诸广山岩体北部，呈南北向展布，呈小岩株产出，为中粒含电气石白(二)云母二长花岗岩和中细粒二云母二长花岗岩，其边缘相变为细粒电气石二云母二长花岗岩，与印支期第二阶段岩体呈侵入接触。

燕山早期岩体以九峰岩体、乐洞岩体和中棚岩体为代表。九峰岩体为中粗粒斑状黑云母二长岩，次为中粒角闪石黑云母二长花岗岩；乐洞岩体为中粗粒二云母花岗岩，与热水-文英岩体、九峰岩体呈超动接触关系；中棚岩体呈岩基产出，为细粒黑(二)云母二长花岗岩，与九峰岩体、文英岩体呈侵入接触。

燕山晚期主要为呈岩瘤、岩枝、岩脉产出的酸性岩类及中基性岩类，如细粒白(二)云母花岗岩、花岗质细晶岩、花岗斑岩、伟晶岩、石英斑岩、辉绿岩、煌斑岩等。脉岩大多呈东西向产出，中基性岩脉分布广泛，而花岗斑岩、石英斑岩主要分布在鹿井北部。

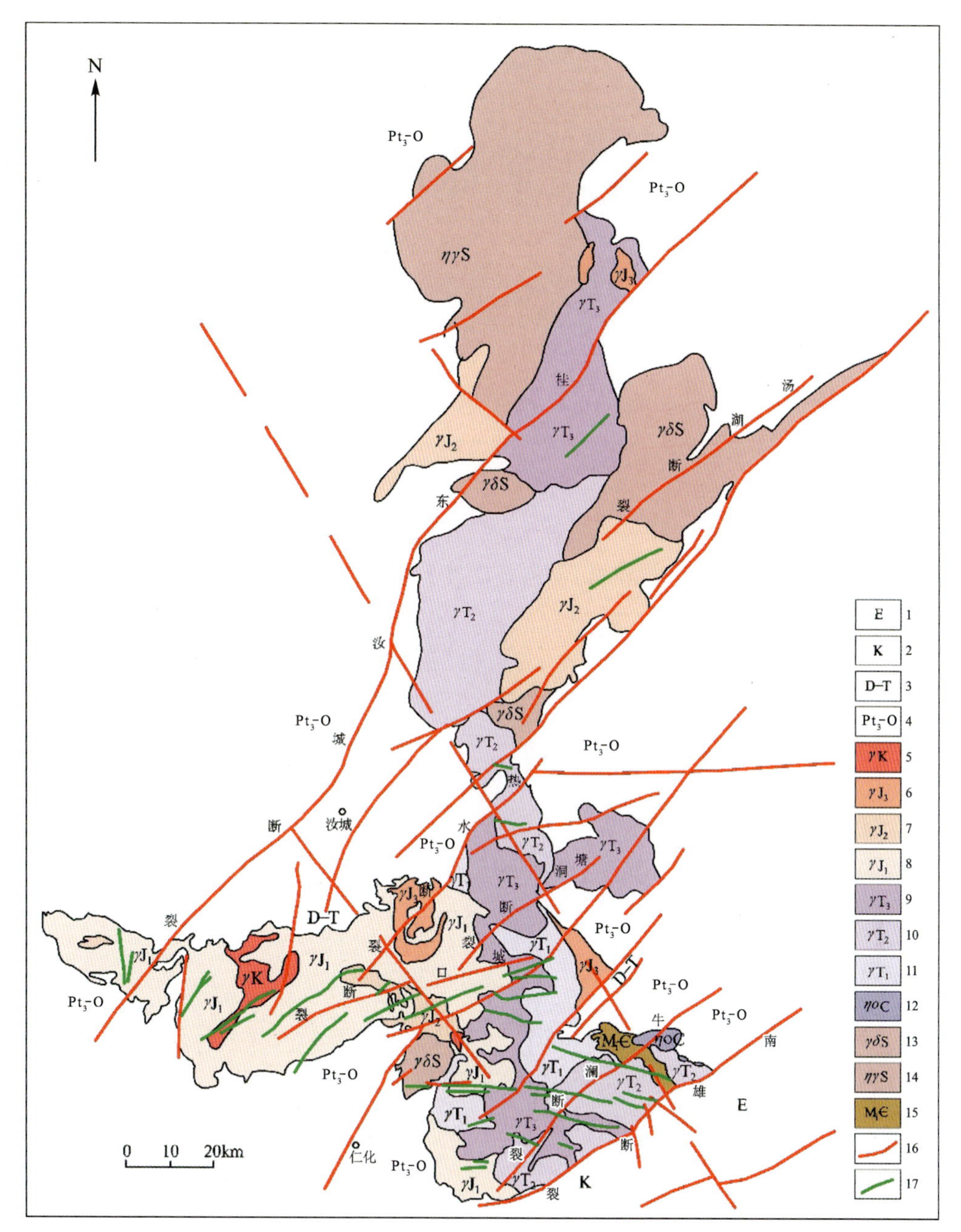

1. 古近系;2. 白垩系;3. 泥盆系—三叠系;4. 新元古界—奥陶系;5. 白垩纪花岗岩;6. 晚侏罗世花岗岩;7. 中侏罗世花岗岩;8. 早侏罗世花岗岩;9. 晚三叠世花岗岩;10. 中三叠世花岗岩;11. 早三叠世花岗岩;12. 石炭纪二长石英岩;13. 志留纪花岗闪长岩;14. 志留纪二长花岗岩;15. 寒武纪混合岩;16. 断裂构造;17. 基性岩脉。

图 2-4 诸广山复式岩体地质略图(据吕立娜等,2017 修改)

第三章　矿床地质特征

第一节　矿区地质特征

一、地层

小坑矿区内出露地层仅有第四系，沿沟谷洼地分布，岩性为亚黏土、亚砂土、少量砂砾等，厚度为0～6.2m。

二、构造

矿区内主要发育有北东向、近东西向断裂构造，这些断裂构造成组成带出现，一般延长几十米到几百米，宽度为几厘米至十几米，多充填有细晶岩脉、石英脉或含钨石英脉。断层性质为张扭性，是区内主要的钨矿赋矿断层。

此外，矿区处于北东向构造带与东西向构造带交接部位，区内成组成带出现次级派生节理裂隙，有利于岩石的物理化学风化，从而形成了高岭土矿床。

三、岩浆岩

区内岩浆活动复杂岩性具有多期性(图3-1)，印支期岩浆活动最为强烈，另有可能为燕山期花岗斑岩脉等。

中三叠世黑云母二长花岗岩：呈岩基产出，岩相分带较明显，侵入于晚奥陶世黑云母花岗闪长岩体中。岩性为中粗粒黑云母二长花岗岩，总体呈灰白色，中粗粒花岗结构，块状构造(图3-2a)。岩石由石英(约30%)、斜长石(约35%)、钾长石(约25%)及黑云母(约10%)等组成(图3-2b)。石英为不规则粒状，分布不均匀，常呈团块状集合体产出于钾长石间隙(图3-2d)。斜长石多为半自形长板状，见聚片双晶，局部不同程度发育显微鳞片状绢云母化。钾长石以条纹长石-微斜长石为主，多呈半自形板状，见格子双晶，部分发育弱绢云母化和高岭土化。黑云母为片状，部分被蚀变成绢云母和绿泥石化(图3-2c)。

晚三叠世钠长石化白云母花岗岩：分布于矿区中南部呈岩株产出，与中三叠世黑云母花岗岩体呈侵入接触关系。采坑废石中主体为中细粒白云母花岗岩，其与黑云母二长花岗岩间发育冷凝边结构(图3-3a)，显示其晚于黑云母二长花岗岩形成。白云母花岗岩中可见少量斜长石似斑晶(图3-3b)，粒径为1.5～3.0cm，基质为中细粒花岗岩结构。白云母花岗岩呈灰白

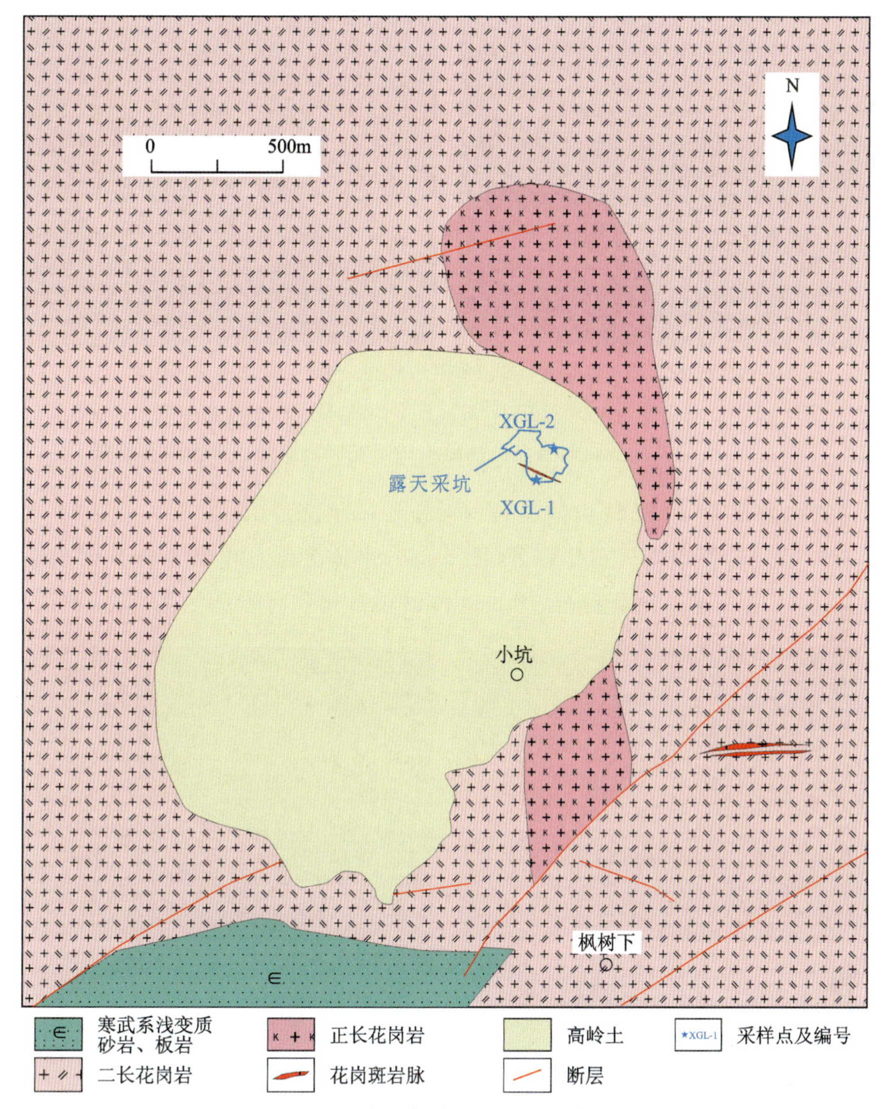

图 3-1　小坑高岭土矿区地质简图

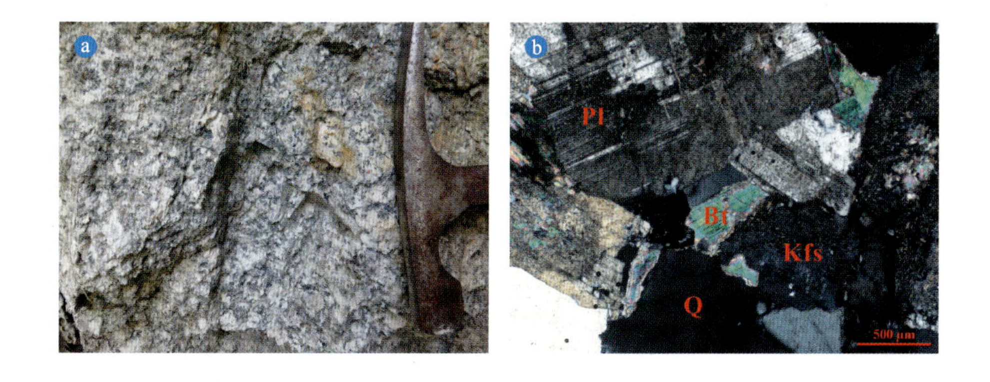

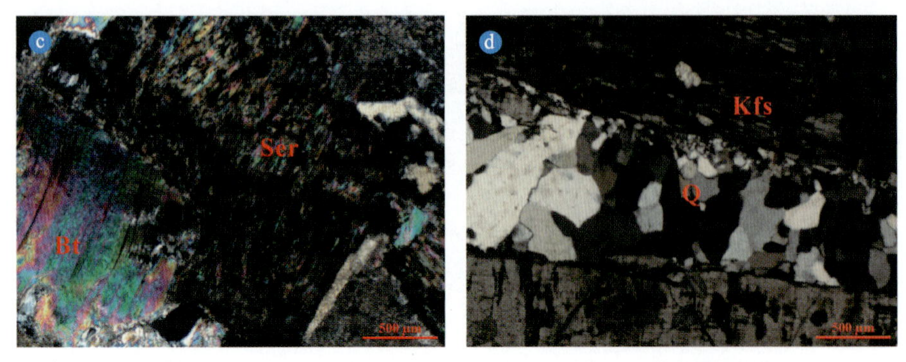

a. 野外照片；b. 中粗粒花岗结构；c. 斜长石的绢云母化；d. 石英穿插钾长石；

Q. 石英；Kfs. 钾长石；Pl. 斜长石；Bt. 黑云母；Ser. 绢云母。

图 3-2　小坑风化型高岭土矿区黑云母二长花岗岩野外照片及镜下特征

色，主要组成矿物为石英（约 35%）、钠长石（约 35%）、钾长石（约 15%）、白云母（约 10%）及电气石（约 5%）等。岩石中电气石化强烈（图 3-3e），主体为细粒电气石但局部见粗粒长柱状电气石（图 3-3c）。此外还可见堇青石（图 3-3d），钠长石化和高岭土化也发育（图 3-3f）。

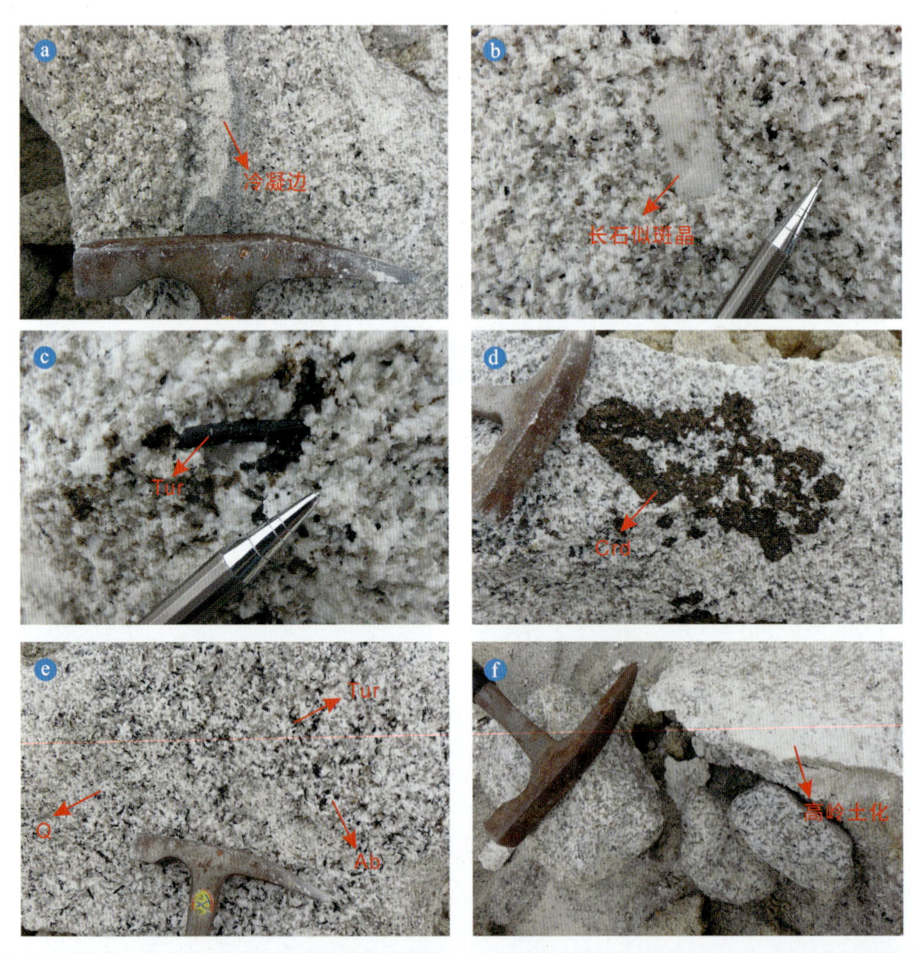

a. 白云母花岗岩与黑云母二长花岗岩间的冷凝边结构；b. 白云母花岗岩斜长石似斑晶；c. 白云母花岗岩粗粒电气石；d. 堇青石团块；e. 电气石化；f. 白云母花岗岩局部高岭土化；Q. 石英；Ab. 钠长石；Tur. 电气石；Crd. 堇青石。

图 3-3 小坑高岭土矿区白云母花岗岩野外照片

白云母花岗岩镜下为中细粒花岗结构，块状构造，主要由石英（约 45%）、斜长石（约 30%），钾长石（约 15%）和白云母（约 10%）组成（图 3-4a）。石英无色透明，自形—半自形粒，表面光滑无解理。斜长石呈无色透明，自形—半自形条状、板状，表面破碎，有解理（完全—中等）。钾长石表面可见高岭石化（图 3-4d），同时也有钾长石包裹斜长石小晶体现象（图 3-4c）。在斜长石表面可见强烈绢云母化（图 3-4e、f）。白云母大部分为浅绿色，闪突起明显，有一组完全解理，具有鲜艳的二至三级干涉色，最高干涉色为三级黄绿，可见平行消光（图 3-4b）。

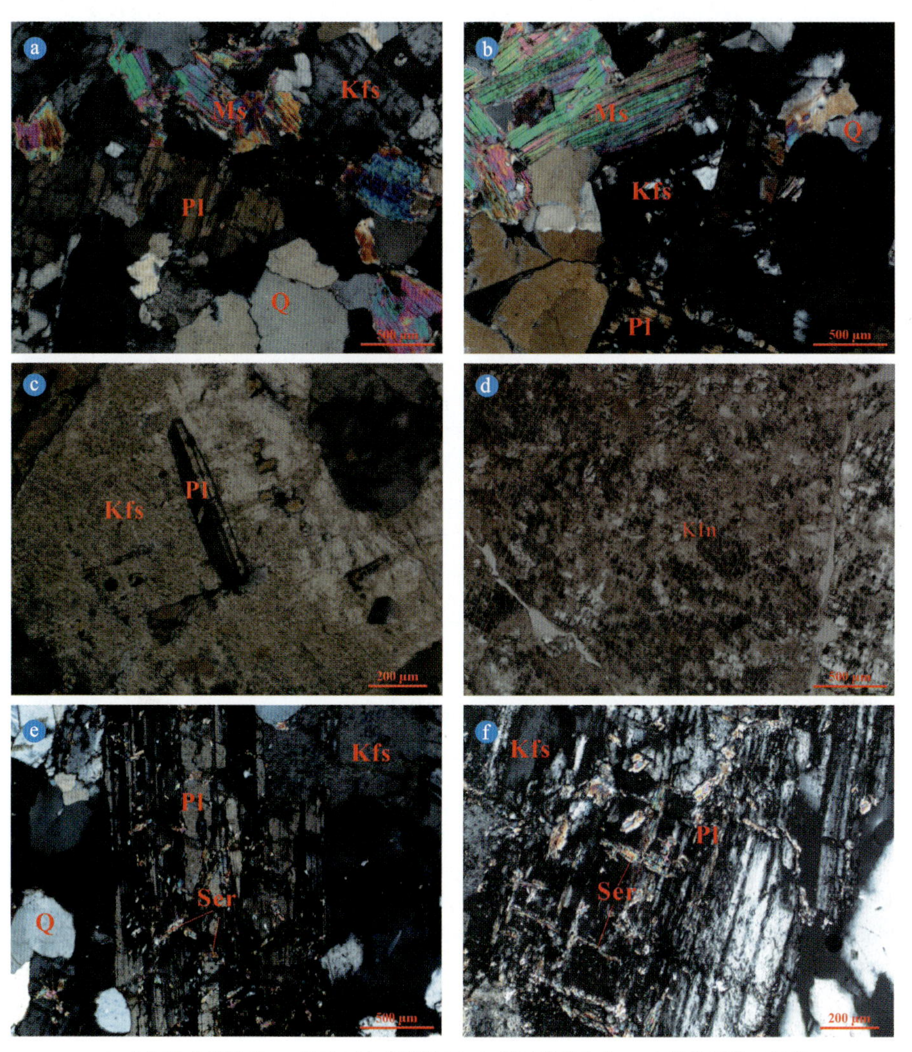

a、b. 中细粒花岗结构；c. 钾长石包裹斜长石；d. 长石高岭土化；e、f. 斜长石绢云母化；
Q. 石英；Pl. 斜长石；Kfs. 钾长石；Ms. 白云母；Ser. 绢云母；Kln. 高岭石。

图 3-4 小坑高岭土矿区白云母花岗岩镜下照片

晚三叠世黑云母正长花岗岩：呈岩瘤产于矿区中部，近似呈南北向侵入于白云母花岗岩中，分布面积较小。岩性为斑状黑云母正长花岗岩，肉红色，似斑状结构（图 3-5b），块状构造。似斑晶为碱性长石，粒径为 2～4cm；基质为粗粒花岗结构，主要由碱性长石（50%～55%）、斜长石（5%～10%）、石英（25%～30%）和黑云母（5%～10%）组成。碱性长石和斜长石为半自形—自形板状;石英为他形粒状,油脂光泽。地表及采坑中风化严重(图 3-5),长石已风化成高岭土被淋滤成空洞状。偶见电气石副矿物。

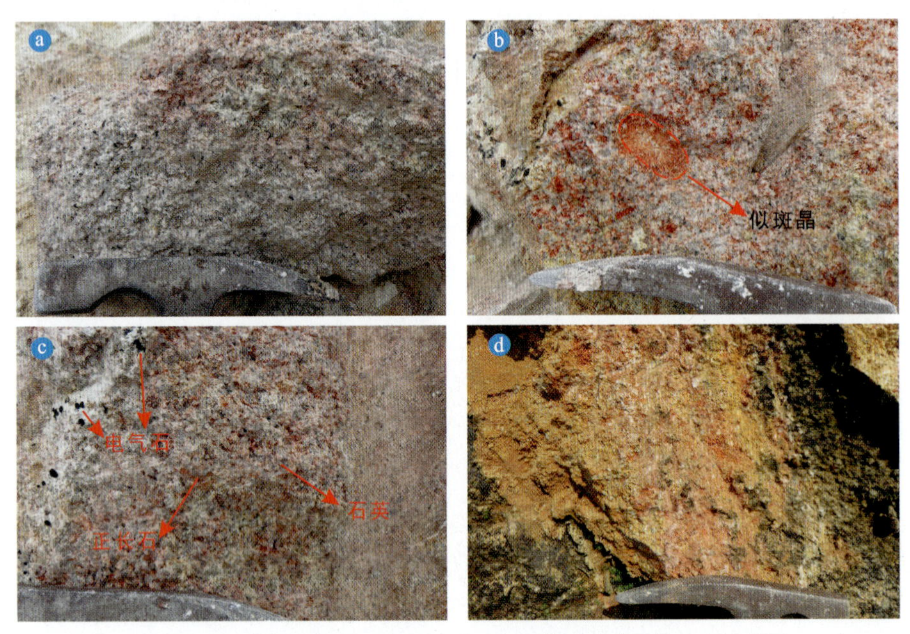

a. 黑云母正长花岗岩露头;b. 似斑状结构;c. 基质粗粒花岗结构;d. 风化作用。

图 3-5　小坑高岭土矿区黑云母正长花岗岩野外照片

细晶岩脉:侵入白云母花岗岩中,两侧白云母花岗岩已风化成高岭土(图 3-6a)。细晶岩呈灰白色,表面局部风化为褐黄色,细晶结构(图 3-6b)。岩石主要由斜长石(约 80%)和石英(约 20%)组成。斜长石呈灰白色透明状,自形—半自形长板状,粒径为 1～3.5mm,发育聚片双晶和卡斯巴双晶,绢云母化发育。绢云母呈鳞片状集合体,多分布在长石边缘,部分长石整个颗粒均被绢云母化(图 3-6d)。石英为无色透明,干涉色为一级黄白,可见波状消光,大部分石英颗粒粒径为 0.5～2mm(图 3-6c)。细晶岩可形成瓷土矿。

四、蚀变特征

与高岭土矿成矿密切相关的蚀变主要为高岭土化、钠长石化、白云母化、电气石化和堇青石化等。

高岭土化:高岭土化广泛发育于花岗岩及其岩株中,特别是在断裂构造及节理裂隙带附近最为发育,而且蚀变强度与之成正比。高岭土化作用的强度受原岩岩性、构造发育程度、地貌和水介质条件制约,直接影响矿石质量的好坏。蚀变若位于构造裂隙发育、地形变化缓慢、水体活动强烈部位,则有利于形成优质高岭土矿体。

钠长石化:钠长石含量与钾长石、石英呈反消长关系。随钠长石化作用增强,岩石风化后形成的高岭土矿质优良,而且颜色极浅,呈白色—雪白色,同时钽铌矿物的含量也相应增高,颗粒增大,黑色铁锰物质减少。

白云母化:白云母化蚀变普遍发育于风化残积型高岭土矿床中,主要表现为岩浆晚期自

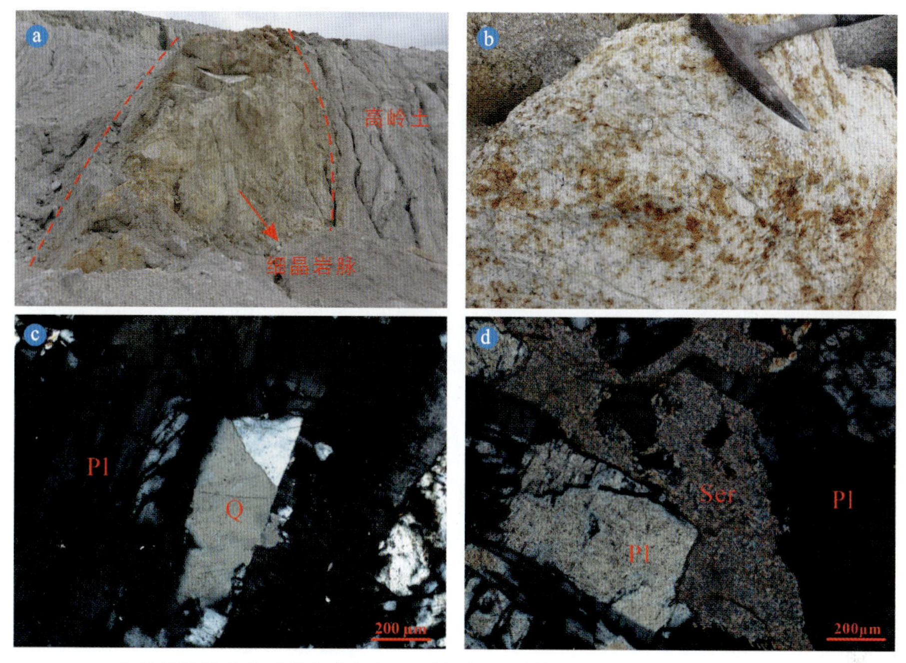

a. 细晶岩脉侵入白云母花岗岩中；b. 手标本细晶结构；c. 细晶结构的石英和长石；
d. 斜长石鳞片状集合体绢云母化；Q. 石英；Pl. 斜长石；Ser. 绢云母。

图 3-6　小坑高岭土矿区细晶岩野外及镜下照片

交代作用期间，黑云母因热液作用发生褪色蚀变形成白云母，或白云母交代黑云母，黑云母中 Fe、Ti 被分解出来，暗色矿物消失。钠长石化和白云母化等碱质交代作用，使母岩中 Fe 和 Ti 的含量降低。

电气石化和堇青石化：这两种矿物是 S 型花岗岩的特征矿物，指示其源区主要来源于地壳物质的重熔。富含电气石和堇青石矿物的 S 型花岗岩往往富 Al，有利于形成高品质的高岭土矿床。另外，电气石也是富含挥发分 B 等的指示矿物，高挥发分含量的岩浆热液有利于岩浆自身的交代而形成钠长石化、白云母化等蚀变，有利于提升高岭土矿原岩质量。小坑矿区与高岭土矿化有关的白云母花岗岩中富含这两种蚀变类型，显示具有良好的成矿原岩特征。

第二节　花岗岩风化壳特征

小坑高岭土矿区花岗岩风化壳的形成、保留程度与地形地貌、地表风化剥蚀有着紧密的关系。野外出露的高岭土主要为球状风化的半风化高岭土和全风化的砂质高岭土（图 3-7），高岭土矿体与花岗岩风化壳相互依存。

一、风化壳展布与垂直分层

花岗岩风花壳的展布形态严格受地形地貌控制，平面上呈独立或连片不规则状分布，剖

a. 球状风化的半风化高岭土；b. 全风化的砂质高岭土。

图 3-7 小坑矿区风化的高岭土

面上呈月牙形、倒扣盆状、碟状或不规则带状。风化壳受出露标高控制，在高程较高的山顶、山脊和较缓的山坡保留较好。而在山间沟谷部位的山脚或陡峭山坡，风化壳遭受强烈剥蚀保留甚少，以至基岩裸露。风化壳厚度在山脊、山顶及缓坡部位较厚，向陡坡及山脚逐渐变薄。产状随地形延伸，其底板相对比较平缓。

花岗岩风化壳的垂直分层特征显著，其发育完整的垂直分层。剖面从上到下可划分为表土层、全风化层、半风化层、基岩层 4 层（图 3-8）。其中表土层厚 0～6.2m，耕作地土质层较厚，山顶、山脊表土层不发育；全风化层厚 2～65m，是高岭土矿体的主要赋矿层位，往下渐变为半风化层；半风化层厚 1～2m，部分可达高岭土矿工业指标要求；基岩层不能满足高岭土矿（或瓷石矿）工业指标要求。

二、风化壳风化阶段

硅酸盐岩层的风化过程是一种化学元素的迁移过程，在这一过程中碱及碱土金属组分逐渐淋滤消失造成脱硅和富铝铁化。基于元素的迁移能力可将化学风化过程分为早期钠钙迁移阶段、中期钾迁移阶段和晚期硅迁移阶段（罗青，2017）。早期风化阶段中极易迁移的 Cl、S 等全部迁出风化壳，即为去卤、去硫作用，与此同时钾长石与暗色矿物辉石中的 Ca^{2+}，长石与云母中的 Na^{+}、K^{+} 以及云母中的 Mg^{2+} 等离子部分逐渐被水溶液中的 H^{+} 置换（由于离子半径不同，Na^{+}、Mg^{2+} 的水解和淋失要比 K^{+} 容易得多）。这些离子从矿物晶格中离解出来并大部分随水迁出风化产地，但 SiO_2 基本未迁出。早期钠钙迁移阶段形成水云母型风化壳，新生标型矿物主要有水云母、水绿泥石等。中期风化阶段，易迁移的碱金属和碱土金属 Ca、Mg、Na、K 等以碳酸盐形式逐渐流失殆尽（在 Na、Mg 淋失殆尽的情况下，K 的淋失明显加快），即去碱作用。在湿热气候条件下，剩余的 SiO_2、Fe_2O_3、Al_2O_3 等难溶组分开始形成胶体溶液。且 $SiO_2 \cdot nH_2O$（带负电荷）与 $Al_2O_3 \cdot mH_2O$（带正电荷）相互作用，彼此凝聚形成稳定的黏土矿物（属次生铝硅酸盐）组成形成黏土型风化壳。新生标型矿物主要有高岭石等，不易流失，就地残积。在气候环境为常年高温湿润的地区（如东南亚及我国南部沿海等），已形成的黏土型风化壳可进一步风化，$SiO_2 \cdot nH_2O$ 与 $Al_2O_3 \cdot mH_2O$ 因脱水而分离，高岭石等黏土矿物中的 SiO_2 亦开始流失，即高岭土脱硅富铝阶段，形成红土型风化壳，新生标型矿物主要有一水铝石。

深度/m	岩性	厚度/m	风化壳垂直分层		岩性特征
		0.5	表土层	腐殖层	黑褐色黏土,砂质黏土,含植物根系与有机质,疏松多孔,植被发育,主要分布在山坡中下部,山坡上部往往缺失
1 2 3 4 5 6		5.5	表土层	亚黏土层	土黄色—灰白色亚黏土层。黏结性较强,植被根系少,主要由黏土与细小石英粒组成
7 8		2.0	全风化层	色染高岭土	黄褐色网纹状亚黏土,与上覆表土层呈渐变过渡关系,局部缺失
73		65.0	全风化层	高岭土	灰白色—乳白色全风化层,原岩结构模糊不清,长石基本完全解体变为黏土矿物,岩石质地疏松,易碎,具滑感
74 75		2.0	半风化层		风化程度明显降低,灰白色—浅黄褐色,半疏松状,具明显砂,原岩结构清楚,部分半风化岩石可达到高岭土矿工业指示要求
		--	基岩层		上部岩石沿裂隙长石开始风化,基本保留基岩风化迹象,往下新鲜岩石为白云母花岗岩

a

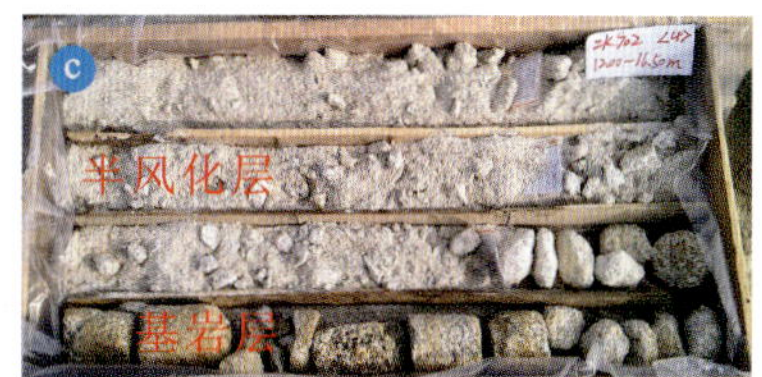

图 3-8　小坑高岭土矿剖面分带图(a)及照片(b～d)

小坑高岭土矿区地处湿热气候地带，花岗岩风化作用较为强烈，高岭土成矿母岩在开放水文系统的热液蚀变过程中，显示大量 Na、Ca 与中等程度的 K 元素的迁移，有强烈的富 Ai、Al 现象。说明研究区的花岗岩风化壳正处于一个明显的富 Ai、Al 而亏 Na、K 的阶段，为形成风化壳残积型高岭土矿床提供了有利条件。

三、风化壳矿物组成

风化壳主要由石英、长石、高岭石、埃络石、伊利石、白云母等矿物组成。矿物成分随风化壳深度变化而变化，由浅至深风化程度减弱，石英、长石明显增多；相反，由深至浅风化程度变强，长石逐渐解体变为高岭石、埃络石、伊利石、绢云母等，长石含量由多变少。各组成矿物特征如下。

石英：呈乳白色—烟灰色，透明—半透明，玻璃光泽，浑圆状，粒径 2～5mm，含量 30%～35%。

高岭石：呈白色、黄褐色，土状，具滑感，易碎，主要由长石风化而成，含量 35%～40%。经 JSM-5610LV 扫描电子显微镜高岭土原矿形貌分析，小坑矿区内高岭土晶体形态以片状结构为主，层状次之。运用 Hydro2000MU 型激光粒径分析仪进行粒度分析确定原矿中高岭石片径为 40～300μm。

多硅白云母：呈无色、淡蓝色，片状，大小 1～2mm，含量 4%～5%，完全解理，薄片具弹性，部分具不同程度的高岭土化。

钾长石：呈灰白色或肉红色，呈碎晶状，边缘具高岭土化，含量 5%～8%。

钠长石：呈灰白色，他形粒状，边缘具高岭土化，含量 3%～4%。

电气石：为矿石中主要暗色矿物，呈他形粒状、柱状，粒径 0.2～4mm，是高岭土矿石中主要含铁矿物之一，含量 5%～6%。

四、风化壳化学成分

选择了 3 条典型剖面按照风化程度不同，由上至下分层连续刻槽采样 17 件分析风化壳的化学成分。具体采样剖面及样品分布如图 3-9 和表 3-1 所示。

1. 主量元素特征

在地表岩石的风化过程中，地球化学元素的循环与迁移是风化过程的重要组成部分，主量元素含量及组合也会发生明显变化，这对风化程度有着重要指示意义。小坑高岭土主量元素测试结果列于表 3-2。$\mathrm{I_S}$剖面随着风化强度增加，SiO_2、FeO、Na_2O、K_2O、CaO、P_2O_5含量逐渐减少，Al_2O_3、Fe_2O_3、MgO、TiO_2、SO_3、LOI 含量增加，MnO 含量变化不明显（图 3-10）。$\mathrm{II_S}$剖面随着风化强度增加，SiO_2、FeO、MnO、K_2O 含量逐渐减少，Al_2O_3 和 P_2O_5 含量增加，CaO、Na_2O、Fe_2O_3、MgO、TiO_2、SO_3和 LOI 含量变化不明显，这可能是由于$\mathrm{II_S}$剖面整体风化程度较高。$\mathrm{III_S}$剖面随着风化强度增加，SiO_2、Na_2O、K_2O、P_2O_5含量逐渐减少，Al_2O_3、Fe_2O_3、MgO、TiO_2、LOI 含量增加，CaO、SO_3、FeO、MnO 含量变化不明显。

图 3-9 采样剖面及样品位置示意图(据罗青,2017)

表 3-1 样品采集及特征统计表

样品名称	样品描述	样品名称	样品描述
I_{S-1}	亚黏土层样,刻槽长 1.9m	II_{S-4}	全风化层,刻槽长 0.7m
I_{S-2}	高岭土层样,刻槽长 2.1m	II_{S-5}	全风化层,刻槽长 0.7m
I_{S-3}	高岭土层样,刻槽长 1.8m	III_{S-1}	亚黏土层样,刻槽长 0.9m
I_{S-4}	高岭土层样,刻槽长 1.7m	III_{S-2}	全风化样,刻槽长 1.5m
I_{S-5}	半风化层样,刻槽长 0.2m	III_{S-3}	全风化样,刻槽长 0.7m
I_{R-5}	半风化层样(拣块于剖面Ⅰ底部)	III_{S-4}	全风化样,刻槽长 0.7m
II_{S-1}	亚黏土层样,刻槽长 0.6m	III_{S-5}	半风化样,刻槽长 0.5m
II_{S-2}	色染高岭土层样,刻槽长 0.5m	III_{R-5}	半风化层样(拣块于剖面Ⅲ底部)
II_{S-3}	全风化层,刻槽长 0.7m		

剖面Ⅰ$_S$和Ⅱ$_S$中高岭土矿 Al_2O_3 含量(氧化物含量均指其质量分数,下同)占比(19%～20%为主)明显高于剖面Ⅲ$_S$(Al_2O_3含量 15%～16%)。但剖面Ⅰ$_S$和Ⅱ$_S$中 K_2O 含量(2.0%～2.4%)和 Na_2O 含量(0.1%)则明显低于剖面Ⅲ$_S$的 K_2O 含量(4.0%～4.6%)和 Na_2O 含量(>1%)。总体上 3 个剖面都已经进入脱硅富铝化阶段,Ca、Na、K、P 含量随风化程度加深而降低,Fe_2O_3、Mg、Ti 含量增加,LOI、SO_3 含量及风化指数随风化作用增加,但 FeO 含量减少,MnO 含量基本不变。Na、K、P、Ca 元素显示Ⅰ$_S$、Ⅱ$_S$剖面风化程度相对Ⅲ$_S$剖面更高。因不同区段因地形地貌、构造部位等条件的差异而使高岭土矿床的风化程度不尽相同。

表 3-2　小坑高岭土矿主量元素含量表　　单位:%

样品编号	SiO_2	Al_2O_3	Fe_2O_3	FeO	MgO	MnO	CaO	Na_2O	K_2O	TiO_2	P_2O_5	SO_3	LOI	CIA
XK-Ⅰ$_{S-1}$	67.87	20.60	1.81	0.09	0.19	0.13	0.03	0.11	2.01	0.21	0.04	0.030	7.04	89.50
XK-Ⅰ$_{S-2}$	70.92	19.40	1.05	0.33	0.12	0.12	0.03	0.14	2.37	0.12	0.03	0.003	5.74	87.16
XK-Ⅰ$_{S-3}$	71.14	19.28	0.99	0.30	0.11	0.12	0.03	0.13	2.30	0.11	0.03	0.005	5.78	87.46
XK-Ⅰ$_{S-4}$	74.90	15.68	1.12	0.41	0.14	0.13	0.04	0.68	3.70	0.13	0.08	0.010	3.46	75.07
XK-Ⅰ$_{S-5}$	70.40	19.81	1.00	0.22	0.10	0.12	0.03	0.12	2.36	0.11	0.03	0.010	5.94	87.57
XK-Ⅱ$_{S-1}$	68.30	20.86	1.51	0.16	0.17	0.13	0.03	0.12	2.14	0.17	0.04	0.030	6.57	89.02
XK-Ⅱ$_{S-2}$	71.98	20.13	1.10	0.10	0.13	0.13	0.03	0.12	2.00	0.12	0.03	0.004	4.29	89.26
XK-Ⅱ$_{S-3}$	71.53	19.14	1.09	0.19	0.13	0.14	0.03	0.12	2.09	0.13	0.02	0.006	5.61	88.37
XK-Ⅱ$_{S-4}$	70.72	19.87	1.10	0.13	0.13	0.12	0.03	0.14	2.03	0.12	0.03	0.008	5.76	88.87
XK-Ⅱ$_{S-5}$	70.41	20.04	1.10	0.31	0.13	0.13	0.03	0.12	2.14	0.13	0.03	0.013	5.78	88.62
XK-Ⅲ$_{S-1}$	61.76	22.66	2.89	0.18	0.25	0.11	0.03	0.33	3.26	0.27	0.13	0.040	8.33	84.57
XK-Ⅲ$_{S-2}$	72.21	16.68	1.16	0.12	0.12	0.10	0.04	1.07	4.05	0.12	0.20	0.020	4.29	72.81
XK-Ⅲ$_{S-3}$	68.10	14.91	0.88	0.13	0.09	0.10	0.05	1.15	4.37	0.09	0.34	0.020	9.97	68.92
XK-Ⅲ$_{S-4}$	73.73	15.68	0.83	0.20	0.08	0.10	0.04	1.69	4.52	0.09	0.36	0.050	2.91	66.90
XK-Ⅲ$_{S-5}$	71.51	16.95	1.00	0.13	0.09	0.10	0.04	1.30	4.81	0.10	0.38	0.020	3.75	69.52
XK-Ⅲ$_{R-5}$	75.03	14.42	0.66			0.04	0.04	1.83	4.62	0.08				

注:CIA=$\{x(Al_2O_3)/[x(Al_2O_3)+x(CaO^*)+x(Na_2O)+x(K_2O)]\}\times 100$,成分均指摩尔分数,$CaO^*$ 仅为硅酸盐中的 CaO(即全岩中的 CaO 扣除化学沉积的 CaO 的摩尔分数)。

2. 稀土元素特征

小坑高岭土矿风化壳稀土元素分析成果及计算特征值列于表 3-3。高岭土矿的稀土总量(∑REE)为 67.6×10^{-6}～130×10^{-6},表明高岭石等黏土矿物倾向于富集稀土元素,这与其他地区风化壳系统结果相同。∑LREE 为 63.4×10^{-6}～124×10^{-6},而∑HREE为 3.21×10^{-6}～6.20×10^{-6},(La/Yb)值为 6.26～57.4,总体显示轻稀土(LREE)富集重稀土(HREE)亏损特征。稀土元素球粒陨石标准化配分模式(图 3-11)显示轻稀土富集,具明显的 Pr 和 Tb 的正异常,重稀土富集不明显。轻稀土的明显富集反映了极度强烈的风化过程。

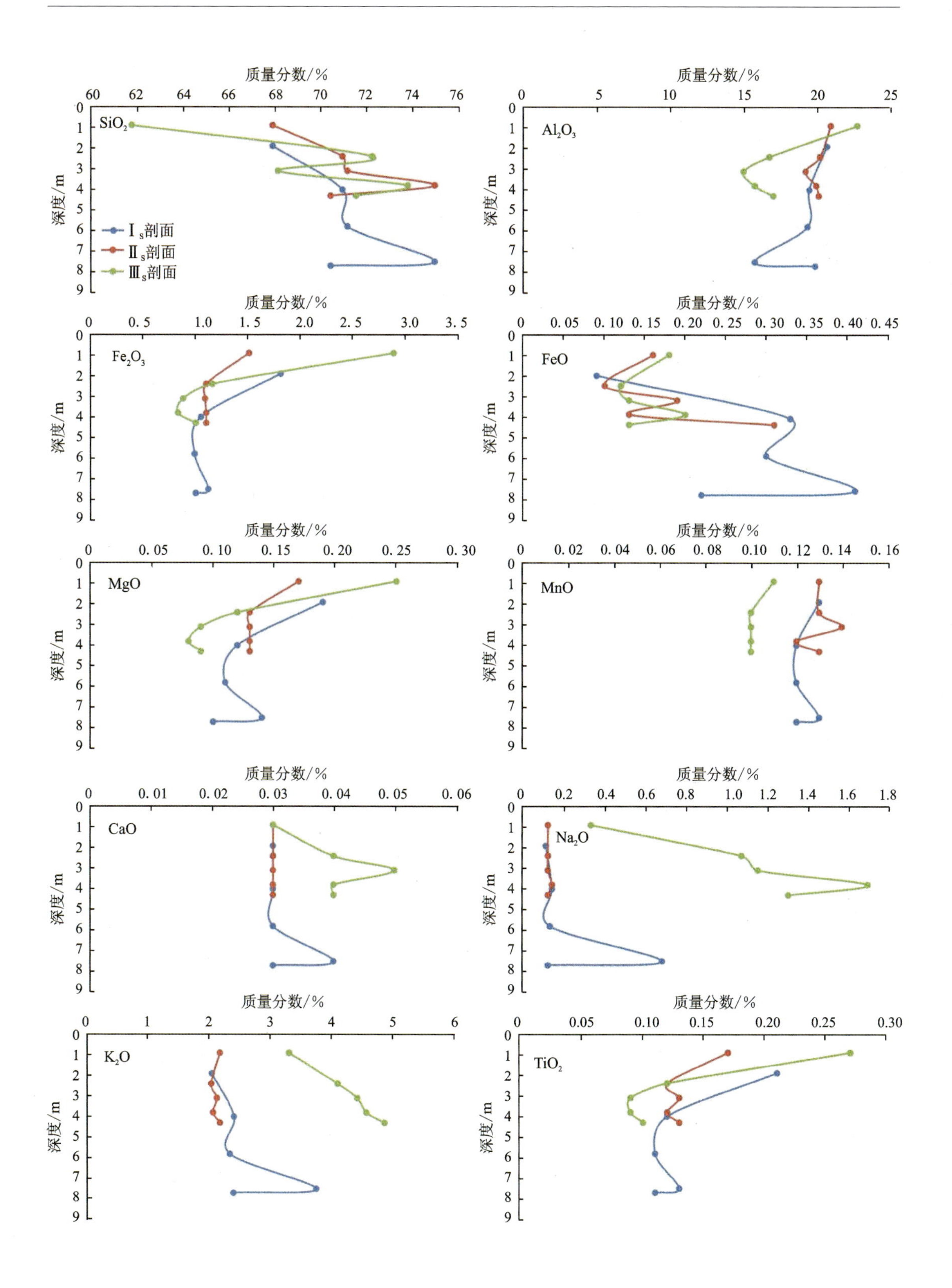
质量分数/%
深度/m
SiO2
Ⅰs剖面
Ⅱs剖面
Ⅲs剖面
Al2O3
Fe2O3
FeO
MgO
MnO
CaO
Na2O
K2O
TiO2

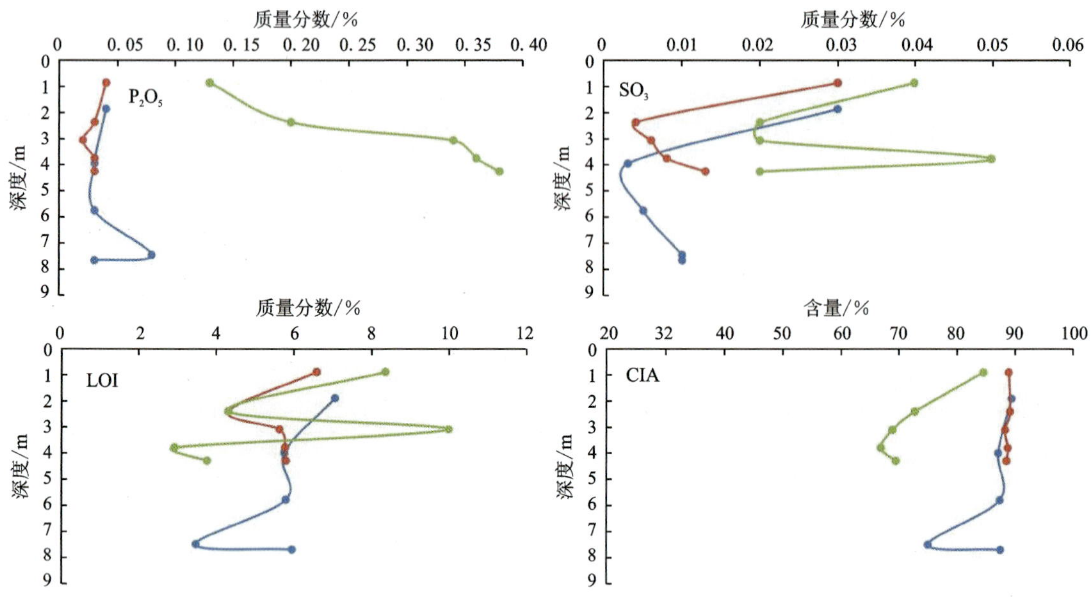

图 3-10　小坑高岭土矿区 3 条剖面主量元素随深度变化

从风化壳剖面深部至地表，La、Ce、Nd、Sm、Dy、Yb 等稀土元素呈增加趋势，Pr、Lu、Y 含量减少，Er 先减少后增加(图 3-12)。Ⅰs剖面部分稀土元素出现异常，可能是风化作用强烈导致，也使得整个曲线与Ⅱs、Ⅲs剖面存在一定差异。

3. 微量元素特征

小坑高岭土矿微量元素分析结果列于表 3-4 中，微量元素原始地幔标准化蛛网图见图 3-13。在 3 条剖面所有样品中，Ba 含量为 $932\times10^{-6}\sim3574\times10^{-6}$，Sr 含量为 $6.09\times10^{-6}\sim109\times10^{-6}$，蛛网图上呈现 Ba 正异常和 Sr 负异常。Sr 主要在斜长石中富集，并作为 Ca 的类质同象。Ba 和 K 有相似的性质与行为，主要富集在钾长石与云母中。Ba 和 Sr 在风化过程中都易迁移并极易迁移出原风化系统，但是相对而言 Sr 元素的淋滤更加强烈。Ca 和 K 在风化过程中几乎全部流失，但是与它们有类质同象关系的 Sr 和 Ba，却保留在了风化后的高岭土中。样品 Rb 含量为 $12.8\times10^{-6}\times10^{-6}\sim90.1\times10^{-6}$，其与 K 类似均主要寄存于云母和钾长石中(Wedepohl，1969)，因此这些矿物的相互转化会主导这些元素的含量变化。Nb 和 Ta 含量分别为 $15.3\times10^{-6}\sim53.4\times10^{-6}$ 和 $3.88\times10^{-6}\sim35.2\times10^{-6}$，显示明显富集 Ta 的特征。此外，Th 和 U 含量分别为 $1.78\times10^{-6}\sim9.52\times10^{-6}$ 和 $2.29\times10^{-6}\sim10.4\times10^{-6}$，呈 Th 负异常 U 正异常(图 3-14)。Th 和 U 在风化过程中具有截然不同的行为，当 U 元素以高价的形式存在时(U^{6+})，活动性增强；而当 U 以低价的形式存在时(U^{4+})，会倾向于形成化合物沉淀。推断区内 Th 和 U 主要存在于某些重矿物如独居石或锆石中，不易被风化且残留在原地。

表 3-3 小坑高岭土矿稀土元素分析结果及计算特征值

样品	La	Ce	Pr	Nd	Sm	Eu	Gd	Tb	Dy	Ho	Er	Tm	Yb	Lu	∑REE	∑HREE	∑LREE	La/Yb	La/Sm	Th/U	La/Th	Sm/Nd
$Ⅰ_{S-1}$	7.37	32.28	13.34	9.79	0.65	0	0	1.42	1.31	0	0.75	0	0.37	0.28	67.6	4.13	63.4	19.9	11.3	0.55	2.91	0.04
$Ⅰ_{S-2}$	5.17	22.51	39.94	6.27	0.37	0	0	1.36	0.92	0	0.83	0	0.09	0.74	78.2	3.94	74.3	57.4	14.0	0.78	1.37	0.02
$Ⅰ_{S-3}$	2.27	35.28	36.07	6.42	1.09	0	0	1.23	1.28	0	0.10	0	0.10	0.59	84.4	3.30	81.1	22.7	2.08	2.11	0.47	0.07
$Ⅰ_{S-4}$	5.30	19.19	44.17	7.14	2.03	0	0	1.08	1.06	0	0.29	0	0.39	0.39	81.0	3.21	77.8	13.6	2.61	0.88	0.81	0.04
$Ⅰ_{S-5}$	5.28	34.87	26.71	4.03	1.06	0	0	1.09	0.96	0	0.86	0	0.67	0.29	75.8	3.87	72.0	7.88	4.98	1.38	0.82	0.05
$Ⅰ_{R-5}$	4.26	65.38	47.10	6.67	0.91	0	0	1.67	1.26	0	0.87	0	0.68	0.97	130	5.45	124	6.26	4.66	1.48	0.46	0.02
$Ⅱ_{S-1}$	8.12	54.26	7.64	9.67	2.03	0	0	3.00	2.42	0	0.29	0	0.39	0.10	87.9	6.20	81.7	20.8	4.00	0.74	1.97	0.11
$Ⅱ_{S-2}$	5.67	37.48	27.33	7.40	1.01	0	0	2.44	0.73	0	0.55	0	0.37	0.27	83.3	4.36	78.9	15.3	5.61	1.25	0.81	0.05
$Ⅱ_{S-3}$	6.47	35.22	36.22	7.56	1.19	0	0	2.37	1.19	0	0.26	0	0.40	0.50	91.4	4.71	86.7	16.2	5.44	1.20	0.68	0.03
$Ⅱ_{S-4}$	4.27	50.14	18.39	6.54	1.09	0	0	2.27	0.66	0	0.46	0	0.28	0.38	84.5	4.05	80.4	15.3	3.92	1.53	0.59	0.02
$Ⅱ_{S-5}$	7.35	28.56	25.82	8.86	0.66	0	0	1.73	1.23	0	0.38	0	0.28	0.38	75.3	4.00	71.3	26.3	11.1	0.54	1.57	0.03
$Ⅲ_{S-1}$	11.20	62.57	18.62	11.23	2.98	0	0	1.44	1.15	0	0.96	0	0.67	0.48	111	4.70	107	16.8	3.77	0.28	4.57	0.08
$Ⅲ_{S-2}$	7.79	50.56	25.42	9.83	1.86	0	0	1.99	0.65	0	0.83	0	0.37	0.46	99.8	4.30	95.5	21.1	4.19	0.36	2.62	0.08
$Ⅲ_{S-3}$	7.29	39.06	47.28	6.09	1.20	0	0	1.66	1.02	0	1.06	0	0.46	0.74	106	4.94	101	15.9	6.08	0.42	1.66	0.03
$Ⅲ_{S-4}$	4.12	31.15	34.24	5.80	0.56	0	0	1.81	0.56	0	0.37	0	0.19	0.56	79.4	3.49	75.9	21.7	7.36	0.20	2.31	0.02
$Ⅲ_{S-5}$	6.24	35.68	22.00	1.59	1.11	0	0	1.74	0.40	0	1.49	0	0.30	0.50	71.1	4.43	66.6	20.8	5.64	1.17	0.77	0.02
$Ⅲ_{R-5}$	3.68	45.16	49.52	4.26	0.63	0	0	1.84	0.48	0	0.31	0	0.19	0.87	107	3.69	103	19.4	5.82	1.48	0.40	0.01

注：稀土元素及∑REE、∑HREE、∑LREE 单位为$\times 10^{-6}$。

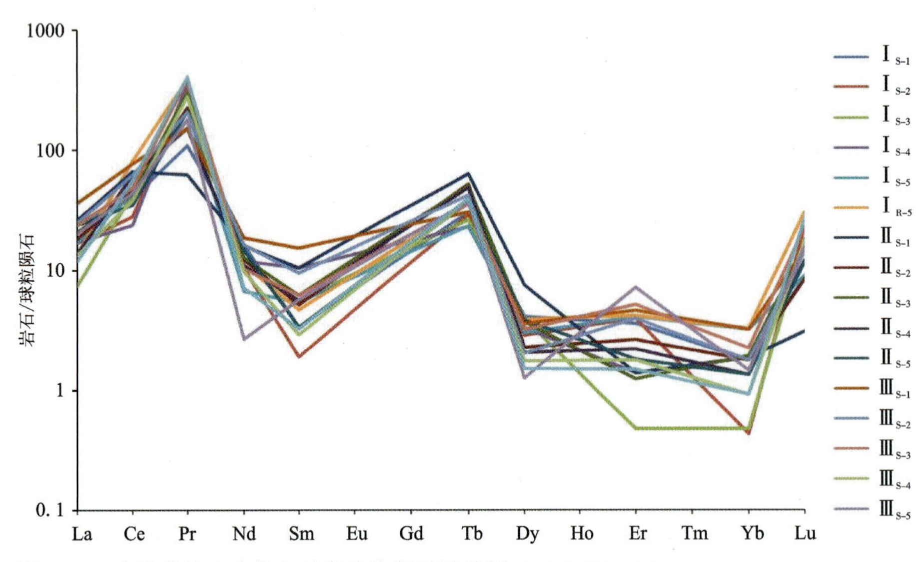

图 3-11 小坑高岭土矿稀土元素球粒陨石配分图(标准化数据引自 Sun and McDonough,1989)

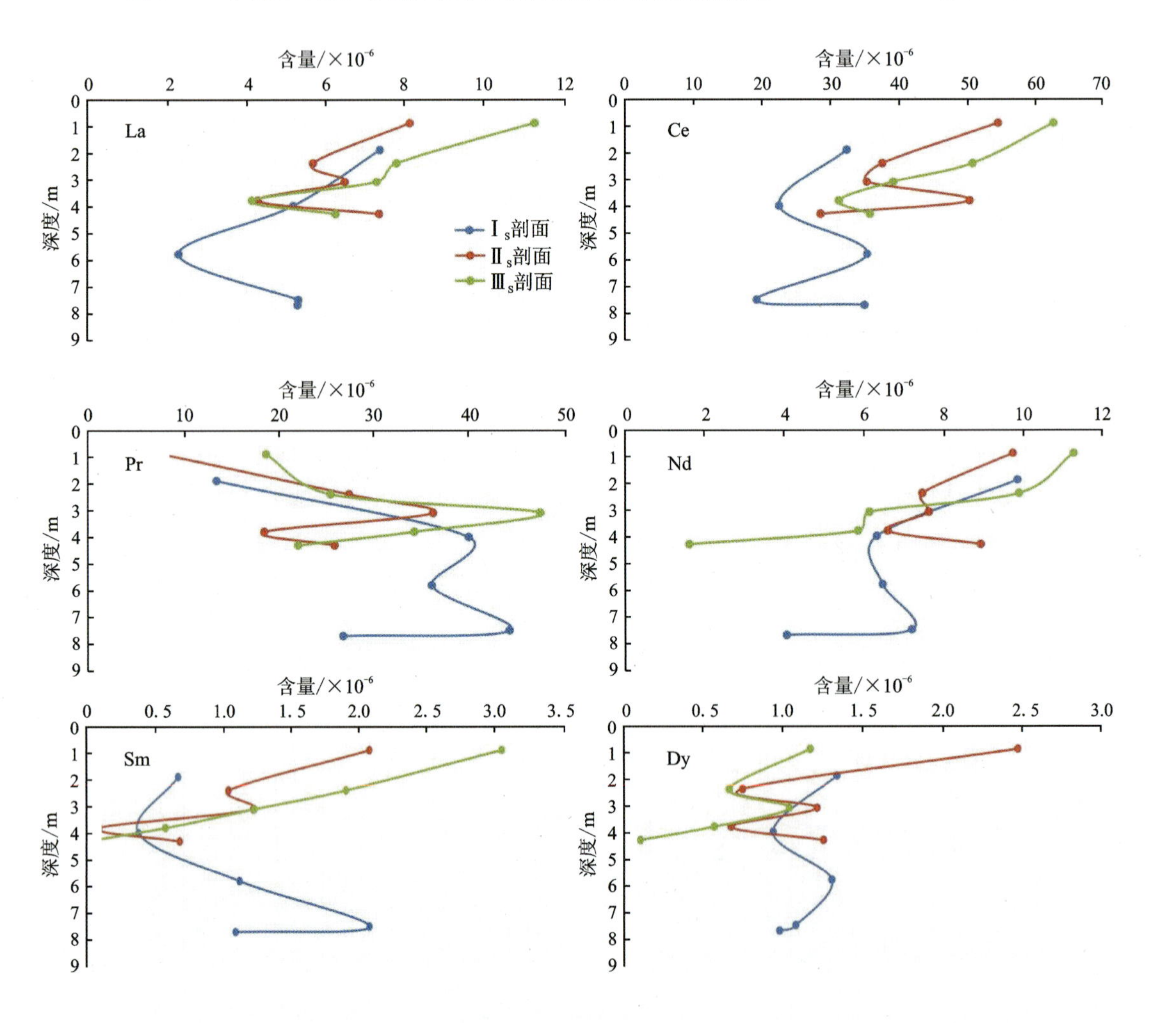

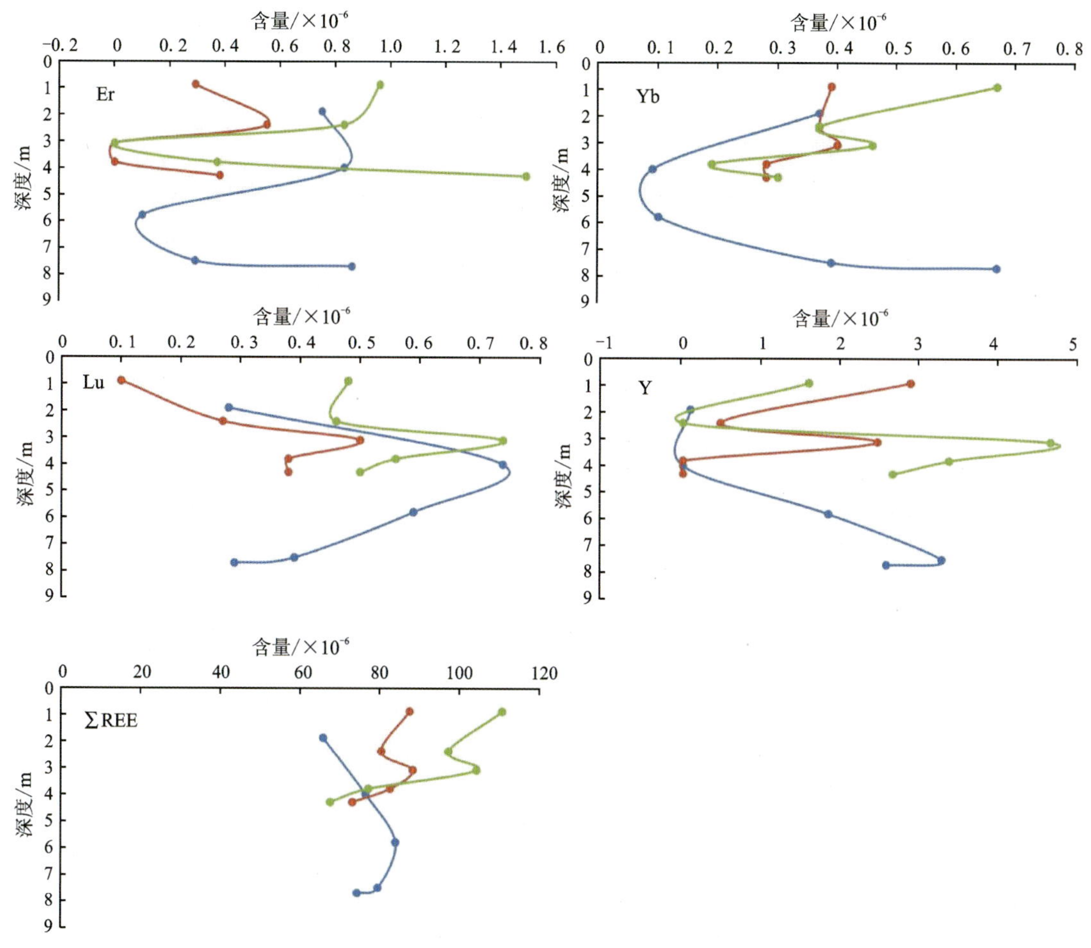

图 3-12　小坑高岭土矿稀土元素及ΣREE 含量与风化壳剖面深度关系

表 3-4　小坑高岭土矿微量元素分析结果　　单位：$\times10^{-6}$

样品	Rb	Ba	Th	U	Nb	Ta	Sr	Zr	Y
$Ⅰ_{S-1}$	84.5	2274	2.53	4.58	16.6	7.53	16.5	84.8	0.90
$Ⅰ_{S-2}$	12.8	2415	3.77	4.81	18.0	5.12	12.0	268	1.42
$Ⅰ_{S-3}$	19.5	932	4.84	2.29	15.3	7.26	10.7	208	1.78
$Ⅰ_{S-4}$	27.8	2190	6.51	7.44	53.4	35.20	6.17	234	3.18
$Ⅰ_{S-5}$	29.0	2842	6.41	4.66	22.4	19.40	15.9	175	2.5
$Ⅰ_{R-5}$	55.5	2374	8.12	6.92	47.5	27.00	6.09	331	5.51
$Ⅱ_{S-1}$	38.3	3168	9.20	6.23	46.5	26.70	21.5	78.4	2.80
$Ⅱ_{S-2}$	90.1	2768	4.12	5.59	19.2	4.69	17.3	148	0.46
$Ⅱ_{S-3}$	32.2	2483	7.01	5.59	22.4	10.70	10.3	221	2.39
$Ⅱ_{S-4}$	24.1	1299	9.52	7.93	43.3	18.60	10.2	124	1.26
$Ⅱ_{S-5}$	56.3	2429	7.23	4.73	47.9	22.40	10.7	129	0.98

续表 3-4

样品	Rb	Ba	Th	U	Nb	Ta	Sr	Zr	Y
Ⅲ$_{S-1}$	34.9	3574	4.67	8.62	24.0	7.50	30.1	113	1.54
Ⅲ$_{S-2}$	39.2	3404	2.46	8.70	36.1	18.50	21.9	170	2.76
Ⅲ$_{S-3}$	43.3	3212	2.97	8.26	23.7	3.88	109	271	4.52
Ⅲ$_{S-4}$	29.3	3105	4.39	10.4	36.5	20.60	17.9	239	3.27
Ⅲ$_{S-5}$	76.5	1144	1.78	8.69	25.7	11.30	37.8	168	2.58
Ⅲ$_{R-5}$	32.2	3523	4.69	13.5	37.4	27.4	19.4	343	4.53

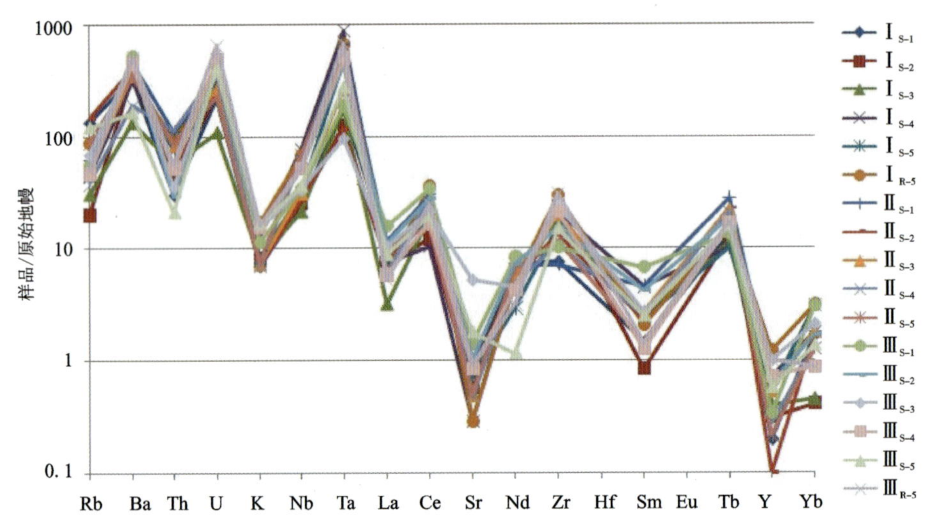

图 3-13　小坑高岭土矿微量元素原始地幔标准化蛛网图(标准化数据引自 Sun and McDonough，1989)

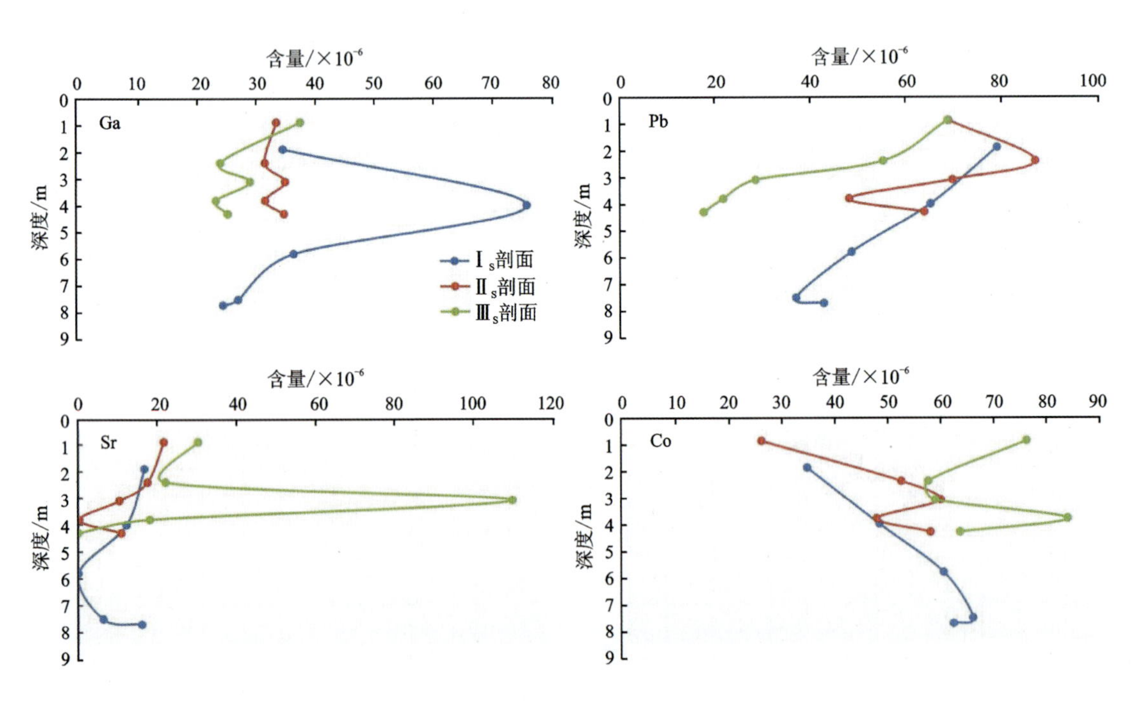

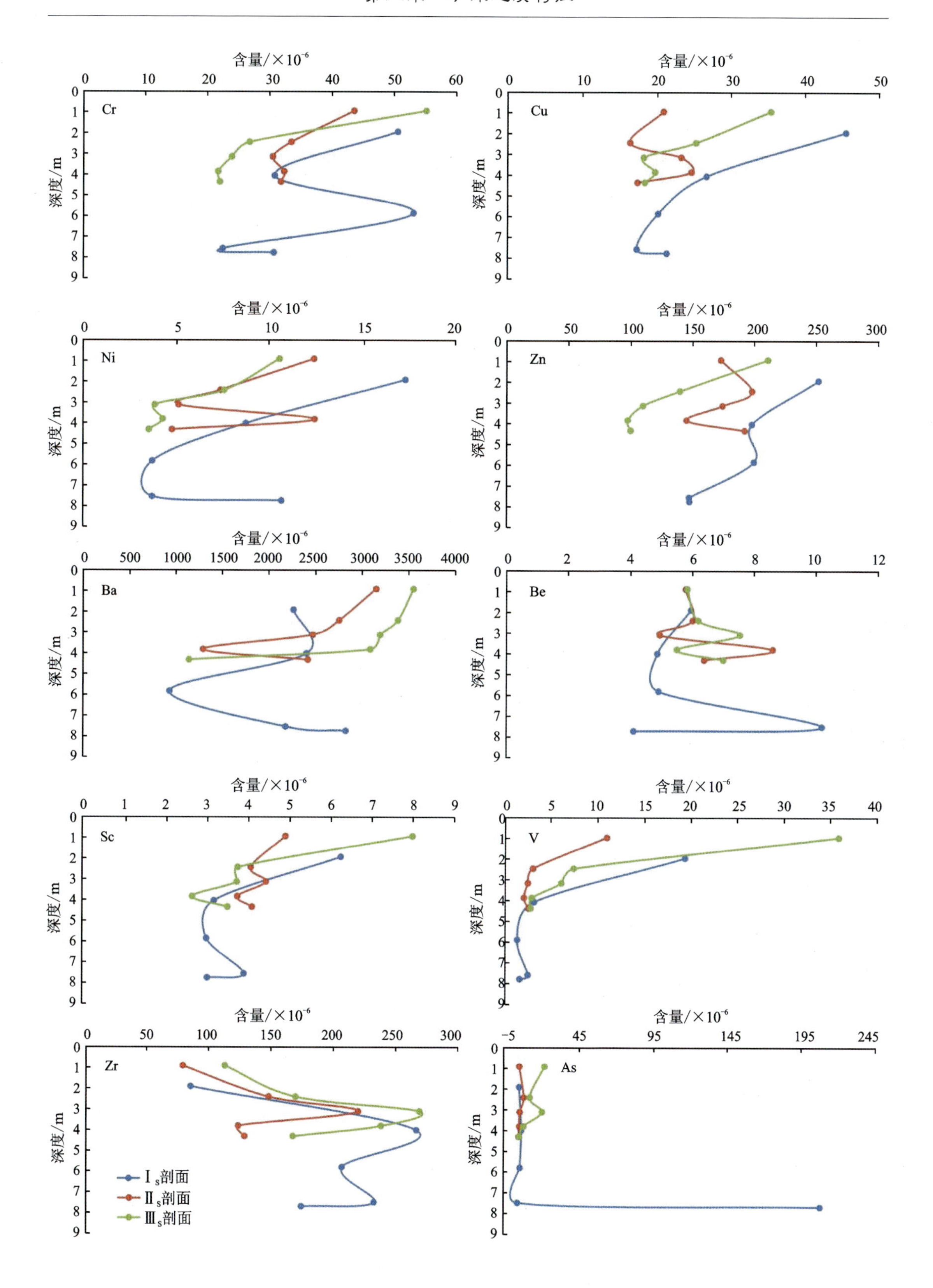
含量/×10⁻⁶
深度/m
Cr
Cu
Ni
Zn
Ba
Be
Sc
V
Zr
As
Ⅰs剖面
Ⅱs剖面
Ⅲs剖面

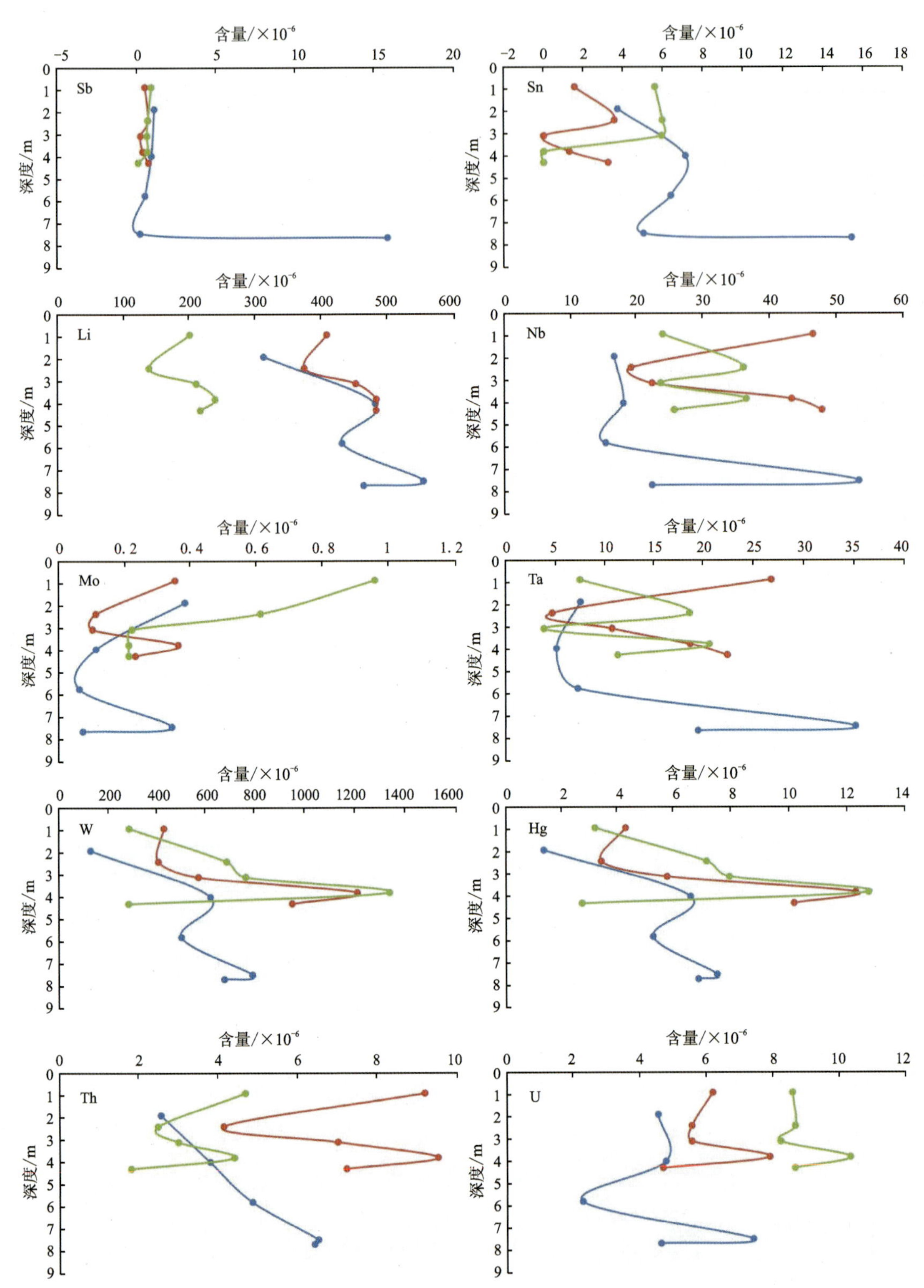

图 3-14　小坑高岭土矿区风化剖面微量元素深度变化曲线

第三节 矿体形态与规模

高岭土矿体主要赋存于晚三叠世钠长石化白云母花岗岩风化壳中，沿风化壳的中、上部分布，严格受风化壳控制。高岭土矿化均匀，矿体较连续。全区施工钻探工程44个，全部揭穿了风化壳全风化层至新鲜基岩层，其中42个钻孔控制的半风化和全风化层岩石化学成分大部分能满足砂质高岭土矿的一般工业指标要求，有2个边缘钻孔控制的风化层因铁质含量过高不能满足工业指标要求。

依地形条件和风化壳展布特点，全区划分为1个矿体，矿体呈似层状沿花岗岩全风化层分布，平面形态受风化壳分布形态的控制。矿体形态平面上多呈椭圆状，规模较大，分布面积约1.94km²。扣除无矿天窗分布范围，矿体分布面积为1.18km²，北东向长1200～2070m，北西向长880～1300m，矿体中间地势低洼处分布有小坑村和耕作农田。风化壳为裸脚式，呈壳状沿山脊分布，山脚低洼处为微风化或新鲜基岩，风化壳厚度自山腰至山顶逐渐增大，剖面上为月牙形或层状形态分布(图3-15)。矿段内除切割较深的沟谷、冲积残坡积覆盖区及基岩暴露的陡壁无矿外，绝大部分风化壳全为矿体。非矿盖层(表土层及高铁全风化层)分布于全风化层之上，厚薄不均，一般0～6m，非矿盖层在山顶到山脚呈递增关系，山顶非盖层较薄，一般0～3m，耕作区的非矿盖层较厚，一般2～6m。矿体下部为微风化层或新鲜基岩，部分为高铁半风化层，其分界线即为矿体底板。分界线无明显特征，只是花岗岩风化程度变弱，呈渐变过渡关系。矿体厚度最大68.9m，最小2m，平均31.71m，变化系数35.32%。

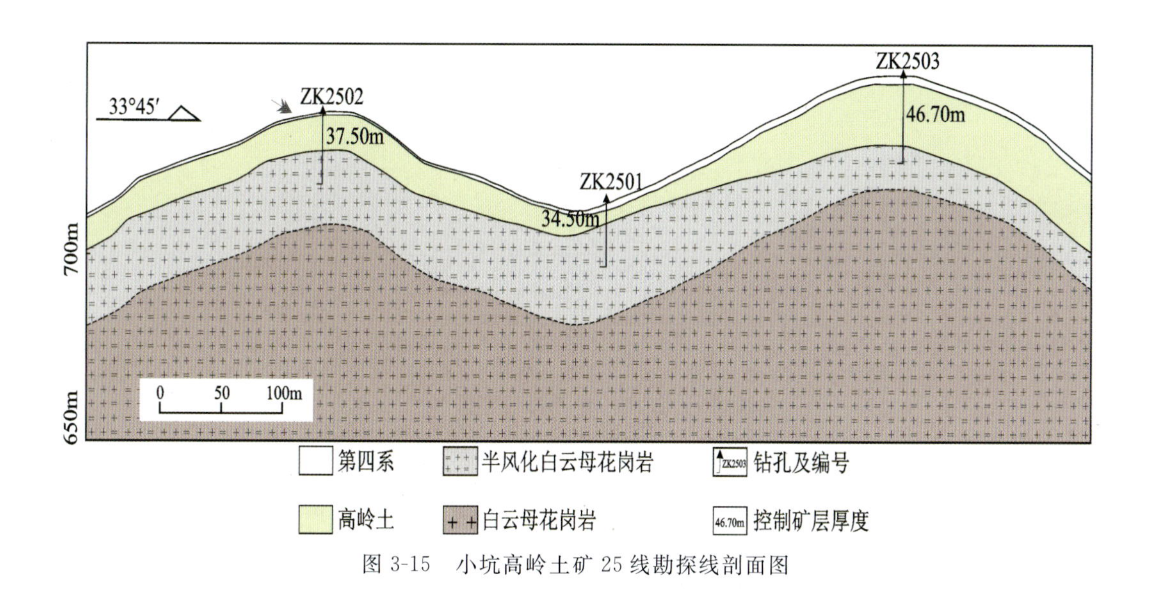

图3-15 小坑高岭土矿25线勘探线剖面图

第四节　矿石特征

一、矿石类型与矿物组成

1. 矿石类型

自然产出的高岭土矿石，根据其质量（物理化学性能）、可塑性和砂质（石英、长石、云母等矿物粒径>50μm）的含量，一般可划分为硬质（煤系）高岭土、软质高岭土和砂质高岭土3种类型。小坑高岭土矿属于砂质高岭土类型。

2. 矿物组成

1）地表样品

为对高岭土矿床的物相组成等进行分析研究，在矿区采集两组分析对比样：A样质量约6t，样位风化程度较好，全风化层厚大，样品品质较好；B样质量约4t，样位风化程度稍差，全风化层较薄，样品品质稍差。测试工作在苏州中材非金属矿工业设计研究院有限公司国家非金属矿深加工工程技术研究中心完成。

原矿为松散粉砂状，因含水分较高，无法直接将其混匀制样，故先将其晾晒，然后进行混匀制样，试验样品的制备流程见图3-16。原矿从外观上，A样呈灰白色，粉砂状，晾晒后原矿水分含量6.35%；B样呈灰黄色，粉砂状，晾晒后原矿水分含量4.24%。

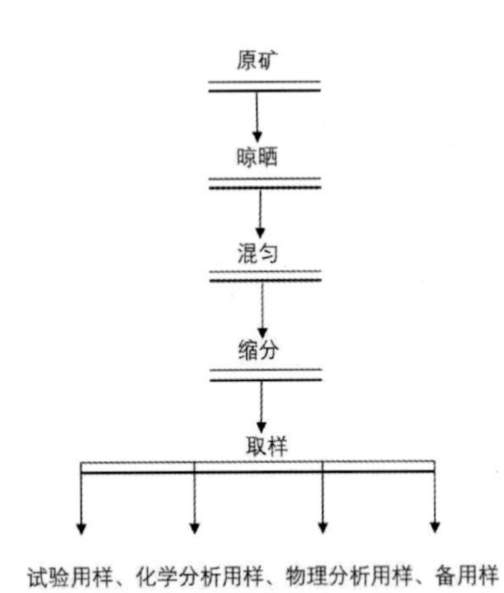

图3-16　原矿试验样品制备流程

原矿XRD图谱（图3-17、图3-18）及矿物组分及含量（表3-5）分析确定A、B两组矿样矿物组分几乎相同，均为高岭石、石英、三水铝石、云母和长石类矿物。而且两种原矿中各组分的含量也大致相同，可见两种原矿在矿物组分方面有很大的相似性。高岭土原矿中所含的主要矿物为石英，达到58%～60%，而高岭石（12%～18%）、白云母（约9%）和长石类亦稳定存在。

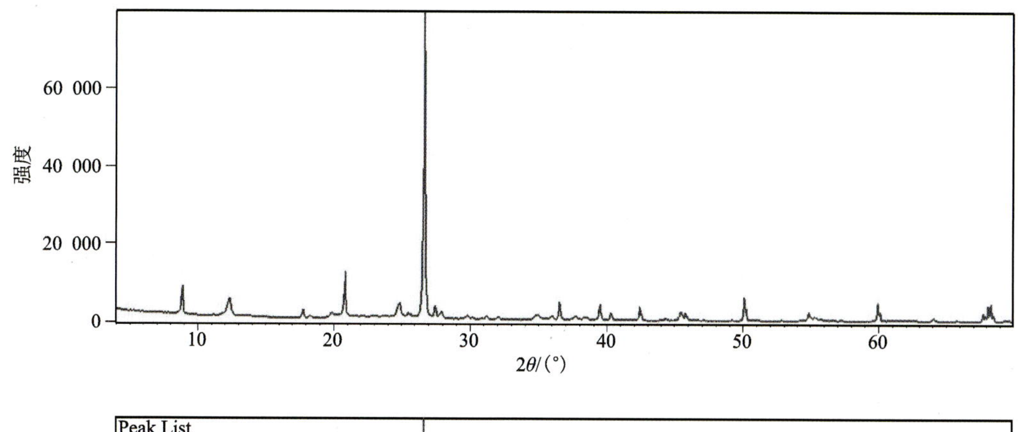

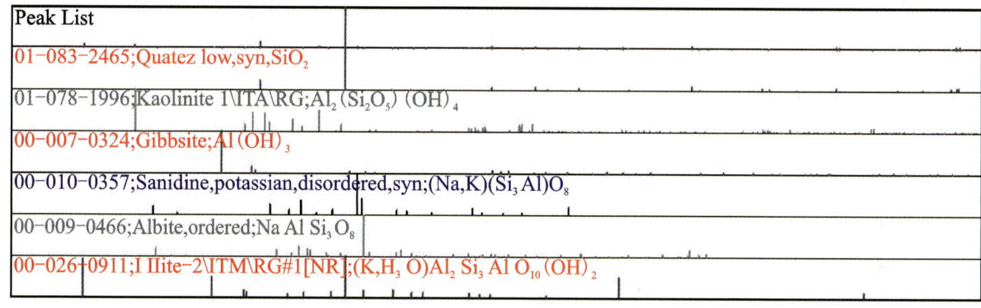

图 3-17　A 样原矿 XRD 图谱

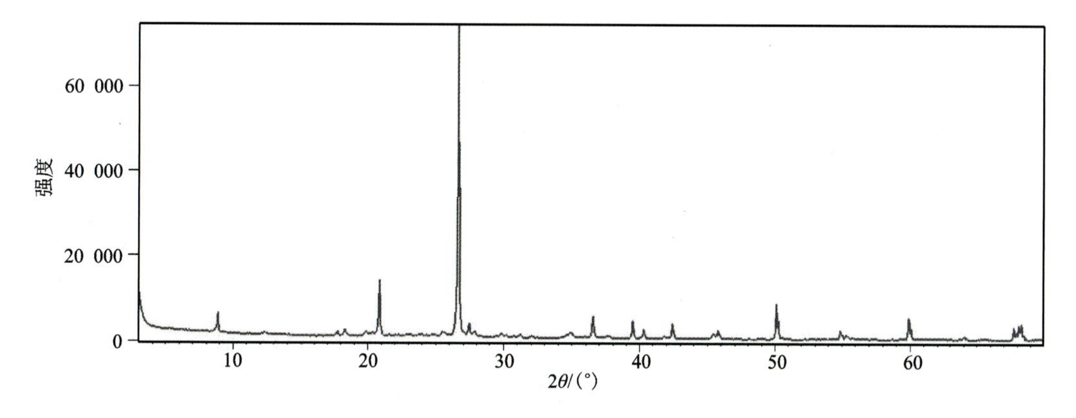

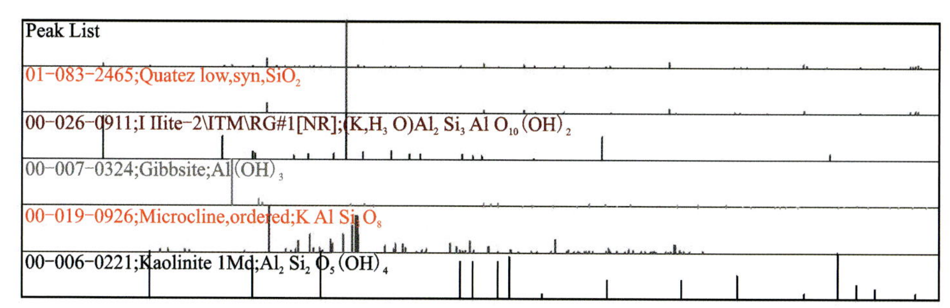

图 3-18　B 样原矿 XRD 图谱

表 3-5　XRD 半定量法对于各种矿物组分含量的估算　　单位：%

样品	高岭石	石英	云母	三水铝石	透长石	钠长石	微斜长石	总计
A 样	12	65	9	5	6	3	/	100
B 样	18	58	9	7	/	/	8	100

2）钻孔样品

X 射线衍射（XRD）图确定了钻孔 ZK1306 和 ZK907 样品（图 3-19～图 3-21）原矿主要矿物组成为高岭石、多硅白云母、钠长石和钾长石。但混合矿样的主要矿物组成为高岭石、白云母、石英。

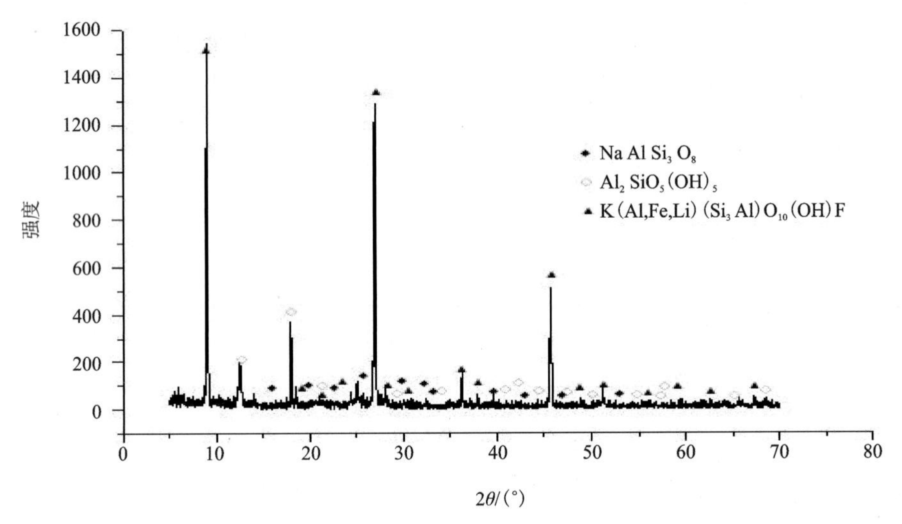

图 3-19　ZK1306 X 射线衍射（XRD）图谱

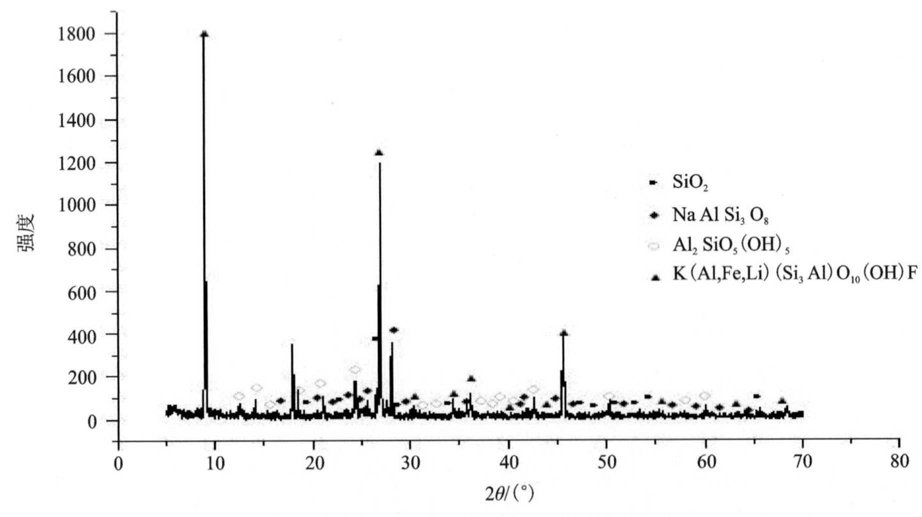

图 3-20　ZK907 X 射线衍射（XRD）图谱

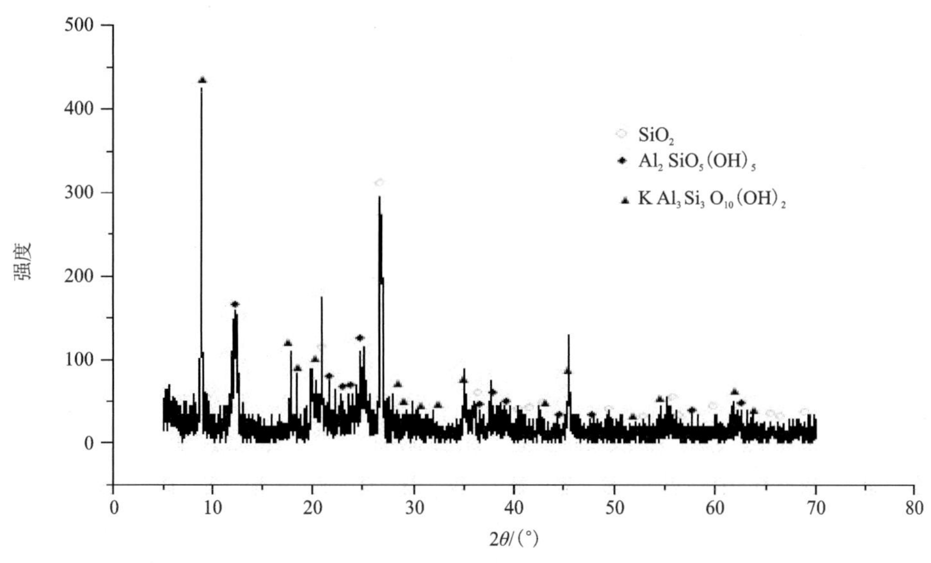

图 3-21 小坑高岭土混合矿样 X 射线衍射(XRD)图谱

3. 矿石化学成分

原矿的主要化学成分为 SiO_2、Al_2O_3、K_2O 和 $Fe_2O_3^t$ 等(表 3-6)。原矿样中各化学组分含量基本一致,与 XRD 的检测结果相吻合。其化学成分组成:$w(SiO_2)=63.97\%\sim78.48\%$,$w(Al_2O_3)=13.63\%\sim21.89\%$,$w(Na_2O)=0.16\%\sim1.07\%$,$w(K_2O)=1.64\%\sim4.80\%$,$w(CaO)=0.04\%\sim0.31\%$,$w(Fe_2O_3^t)=0.70\%\sim1.25\%$,$w(TiO_2)=0.05\%\sim0.10\%$。

表 3-6 小坑高岭土原矿主要化学成分 单位:%

矿样编号	SiO_2	CaO	MgO	Na_2O	K_2O	$Fe_2O_3^t$	Al_2O_3	TiO_2	烧失量
ZK1306	68.48	0.09	0.12	1.07	4.80	1.18	18.27	0.08	4.84
ZK907	70.64	0.06	0.18	0.55	3.97	1.10	17.18	0.08	4.92
ZK2102	63.97	0.09	0.06	0.48	3.18	0.88	21.89	0.06	8.29
ZK1705	78.40	0.04	0.09	0.16	2.88	0.70	16.26	0.05	3.18
ZK905	78.48	0.06	0.14	0.18	1.64	0.90	13.63	0.06	4.06
ZK1701	73.46	0.06	0.20	0.22	2.19	1.25	16.32	0.10	5.29
A 样	71.51	0.31	0.13	0.44	2.63	0.90	18.77	0.10	5.32
B 样	71.81	0.26	0.11	0.46	2.96	1.01	17.89	0.10	5.34
淘洗精矿	44.10	0.14	0.33	0.66	3.12	1.00	36.22	0.07	13.50

4. 矿石中铁的赋存状态

自然界中质纯且白度高的优质高岭土资源稀缺,多含有各种杂质。杂质有的存在于高岭矿物结构中，有的以独立的铁、钛矿物相或非晶物质的形式存在。这些杂质组分严重影响高岭土的物理化学性质及使用价值。如 Fe、Ti 等着色元素的存在，不仅降低了高岭土的白度而且影响制成品的透光度和耐火度等工艺性能。高岭土中 Fe_2O_3 含量每增加 0.1%，烧成瓷器的白度下降 12 度。造纸涂布高岭土要求白度 80 度以上，则相应的 Fe 和 Ti 含量应更低。高岭土特别是黏粒级高岭土（$<2\mu m$）中 Fe、Ti 的存在状态及含量多少，是高岭土品级、产品质量和工业利用价值的重要指标。因此，高岭土中 Fe、Ti 等杂质的含量、分布及赋存状态研究十分重要，便于选择和制定合理有效的选矿工艺流程，除去或最大限度地降低 Fe、Ti 等元素含量，合理开发利用高岭土资源并提高其经济价值。

1)分析方法及样品处理

对样品 ZS-1、ZS-2、XK-XC-H3 与 XK-XC-7 进行 Fe 元素赋存状态分析，包括独立矿物、类质同象状态、吸附状态，同时对 Fe 的各种化合物如硅酸铁、硫化铁、硫酸铁、赤铁矿、磁铁矿、氧化亚铁等进行分析。ZS-1 和 ZS-2 主要采用电镜及能谱分析，用于研究粗粒级高岭土磁选精矿中铁的赋存状态。主要利用仪器为场发射扫描电镜、能谱仪和 X 射线光电子能谱（美国 ThermoFisher，K-Alpha），样品室真空度 2×10^{-7} Pa，X 射线源功率 12kV×16mA，MgKa（1 253.6eV），分析模式 FRR，能量以 $E_b=285.0$eV 校正。依据标准 GB/T25184—2010，实验流程如图 3-22 所示。

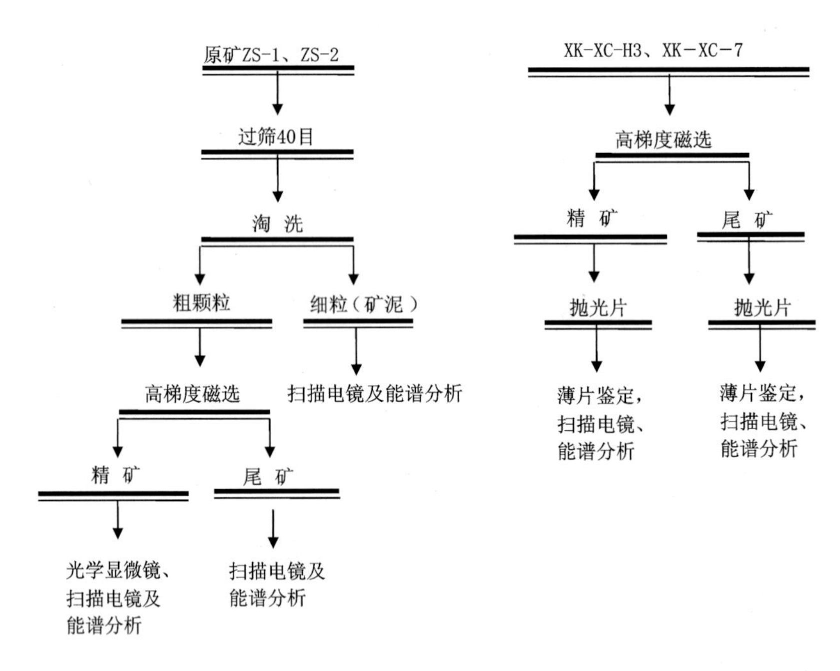

图 3-22 小坑高岭土矿种 Fe 的赋存状态分析流程

2)高梯度磁选精矿与尾矿中 Fe 的赋存状态

高梯度磁选出的磁性样品在光学显微镜下呈黑褐色，颗粒大小不均（图 3-23）。将它研碎可观测到其实质为表面包裹一层磁性物质，中心部分在光镜下透明。将挑选出的磁性及非磁性颗粒样品分别进行扫描电镜及能谱分析。样品 4、5 和 8 为铁镁电气石（图 3-24），化学式为

$[Na,K,Ca][Mg,F,Mn,Li,Al]_3[Al,Cr,Fe,V]_6[BO_3]_3[Si_6O_{18}][OH,F]_4$。能谱分析结果显示含铁相对较高，还含有一定量的B元素。矿石单晶体呈柱状、三方柱、六方柱、三方单锥。样品5柱面上出现纵纹，横断面呈近三角形，集合体呈放射状、束状、棒状，参差状或贝壳状断口，相对密度3.0～3.2。

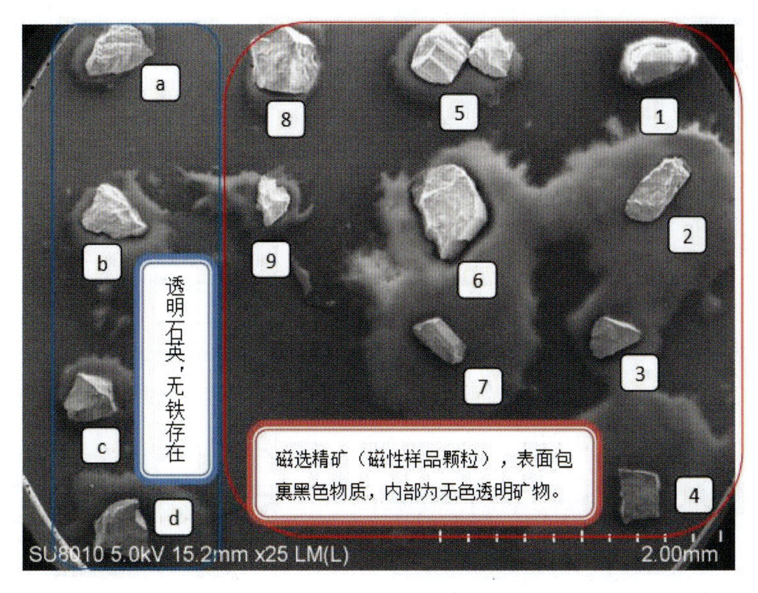

（1～9.磁性矿物；a～d.非磁性矿物）

图3-23　高梯度磁选精矿中磁性及非磁性矿物颗粒SEM照片

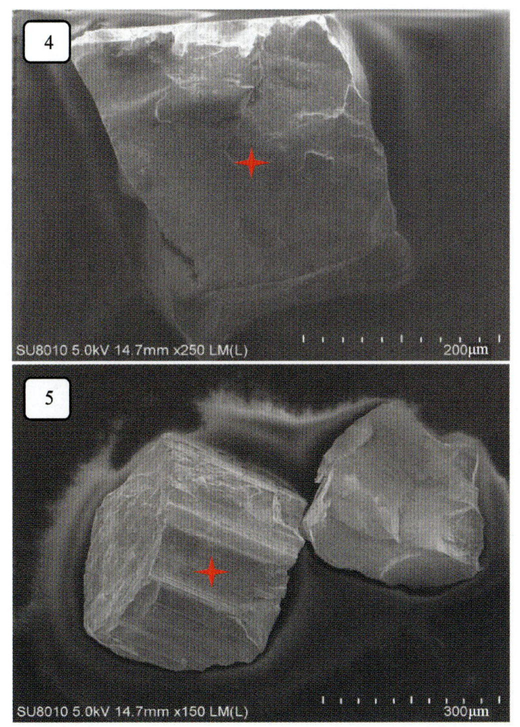

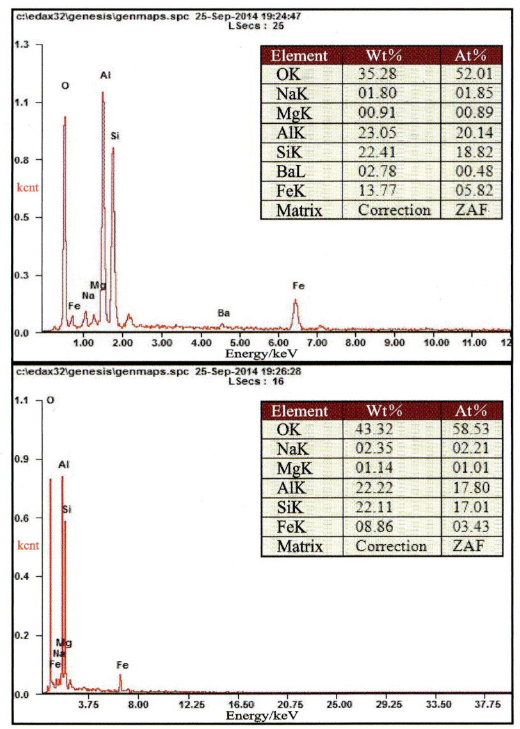

Element	Wt%	At%
OK	35.28	52.01
NaK	01.80	01.85
MgK	00.91	00.89
AlK	23.05	20.14
SiK	22.41	18.82
BaL	02.78	00.48
FeK	13.77	05.82
Matrix	Correction	ZAF

Element	Wt%	At%
OK	43.32	58.53
NaK	02.35	02.21
MgK	01.14	01.01
AlK	22.22	17.80
SiK	22.11	17.01
FeK	08.86	03.43
Matrix	Correction	ZAF

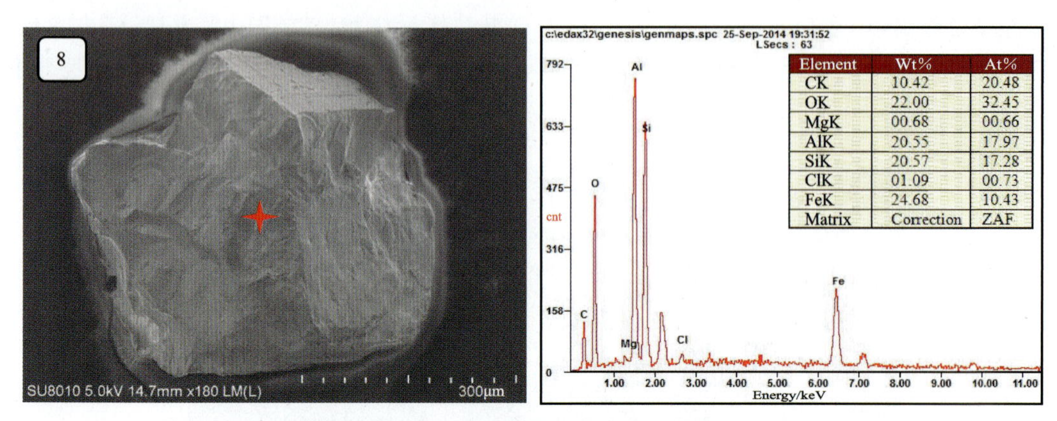

Element	Wt%	At%
CK	10.42	20.48
OK	22.00	32.45
MgK	00.68	00.66
AlK	20.55	17.97
SiK	20.57	17.28
ClK	01.09	00.73
FeK	24.68	10.43
Matrix	Correction	ZAF

图 3-24　电气石矿物颗粒扫描电镜及能谱分析图

样品 1、2 和 7 为辉石(图 3-25),化学式为$(Ca,Mg,Fe,Al)_2(Si,Al)_2O_6$。单晶体为短柱状,横切面呈近正八边形,集合体为粒状。有平行柱状的两组解理,解理夹角 87°,相对密度 3.02～3.45,随着 Fe 含量增高而加大。

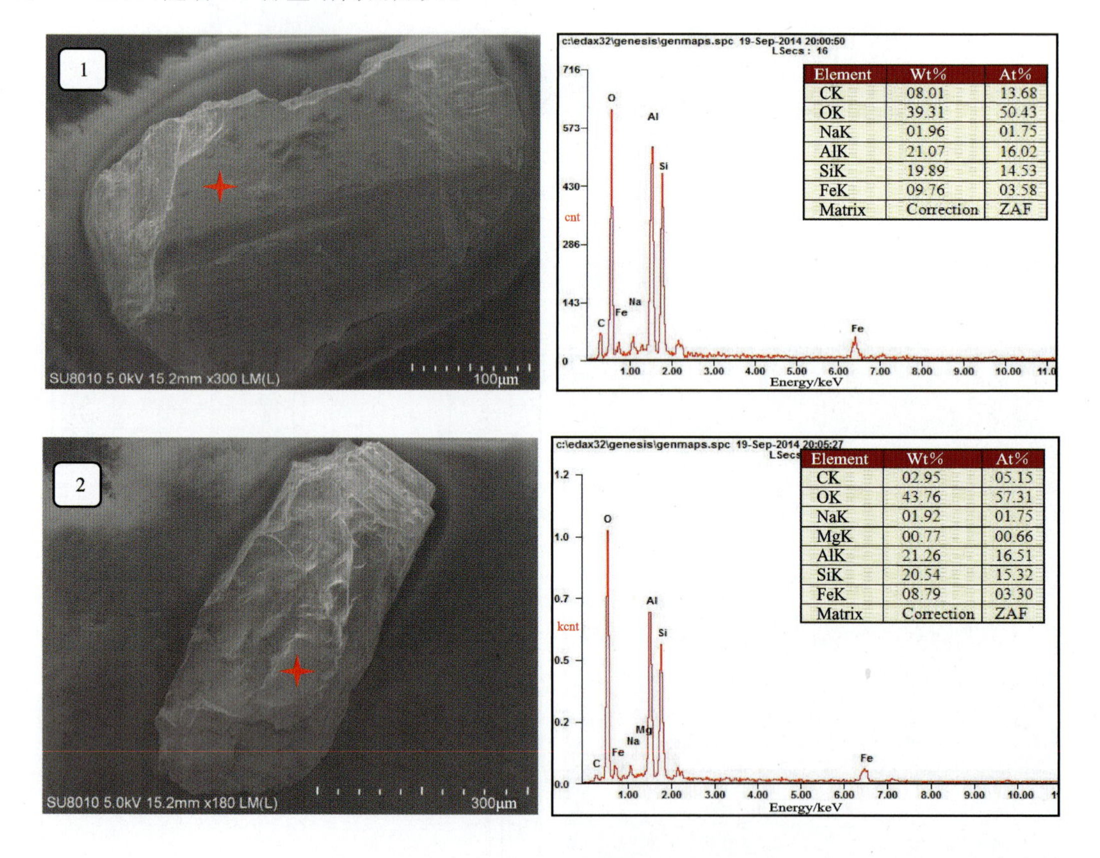

Element	Wt%	At%
CK	08.01	13.68
OK	39.31	50.43
NaK	01.96	01.75
AlK	21.07	16.02
SiK	19.89	14.53
FeK	09.76	03.58
Matrix	Correction	ZAF

Element	Wt%	At%
CK	02.95	05.15
OK	43.76	57.31
NaK	01.92	01.75
MgK	00.77	00.66
AlK	21.26	16.51
SiK	20.54	15.32
FeK	08.79	03.30
Matrix	Correction	ZAF

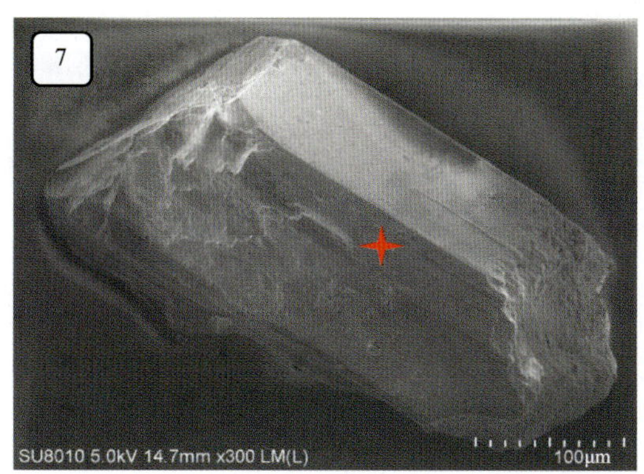

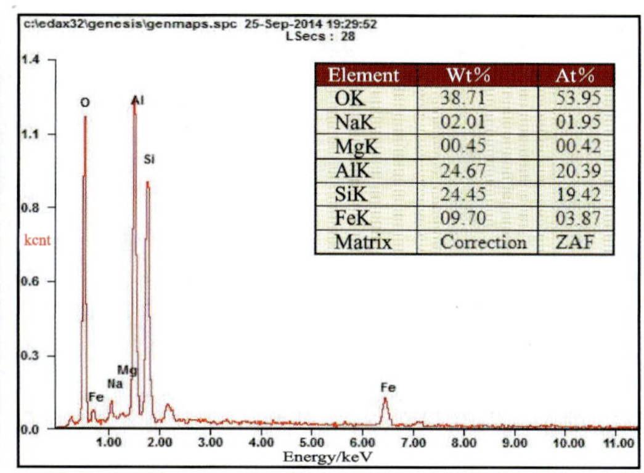

Element	Wt%	At%
OK	38.71	53.95
NaK	02.01	01.95
MgK	00.45	00.42
AlK	24.67	20.39
SiK	24.45	19.42
FeK	09.70	03.87
Matrix	Correction	ZAF

图 3-25　辉石矿物颗粒扫描电镜及能谱分析图

样品 3、6 和 9 为角闪石(图 3-26),化学式为

$$(Ca,Na)_{2\sim3}(Mg^{2+},Fe^{2+},Fe^{3+},Al^{3+})_5[(Al,Si)_8O_{22}](OH)_2$$

单斜晶系,双链状结构,长柱状近乎不透明晶体,集合体常呈粒状、针状或纤维状,相对密度 3.1～3.3,断面为近菱形。

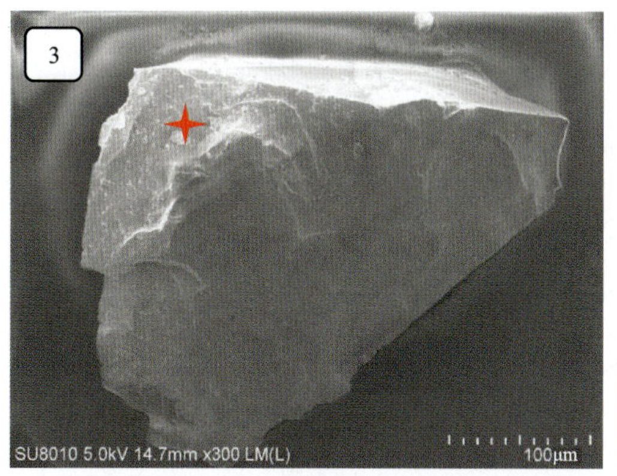

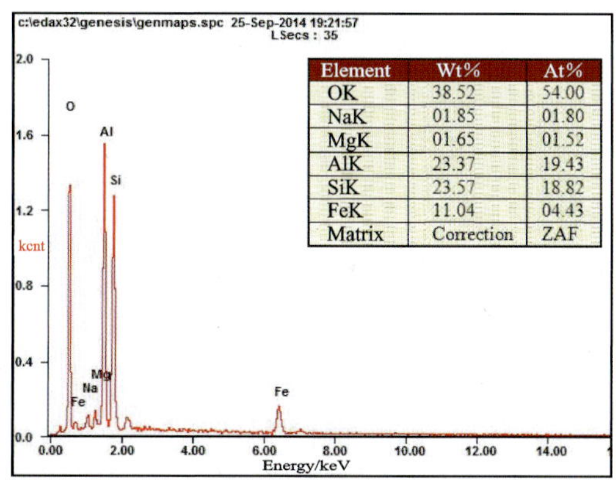

Element	Wt%	At%
OK	38.52	54.00
NaK	01.85	01.80
MgK	01.65	01.52
AlK	23.37	19.43
SiK	23.57	18.82
FeK	11.04	04.43
Matrix	Correction	ZAF

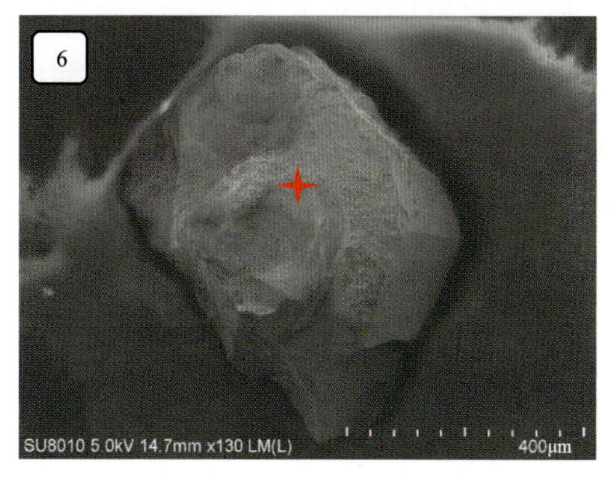

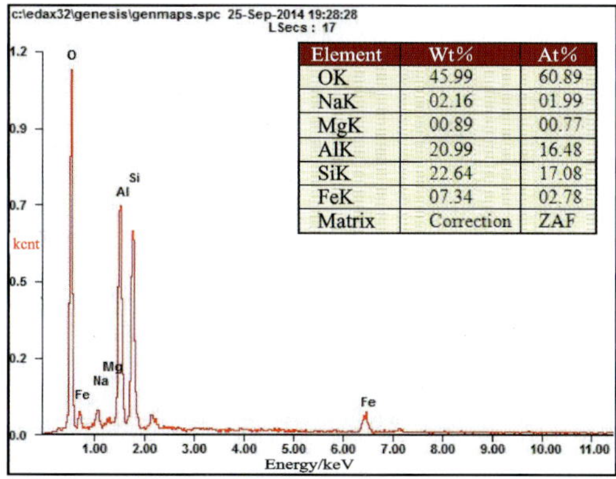

Element	Wt%	At%
OK	45.99	60.89
NaK	02.16	01.99
MgK	00.89	00.77
AlK	20.99	16.48
SiK	22.64	17.08
FeK	07.34	02.78
Matrix	Correction	ZAF

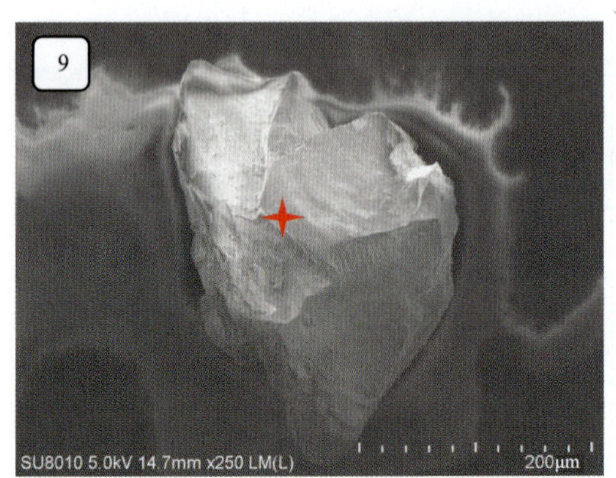

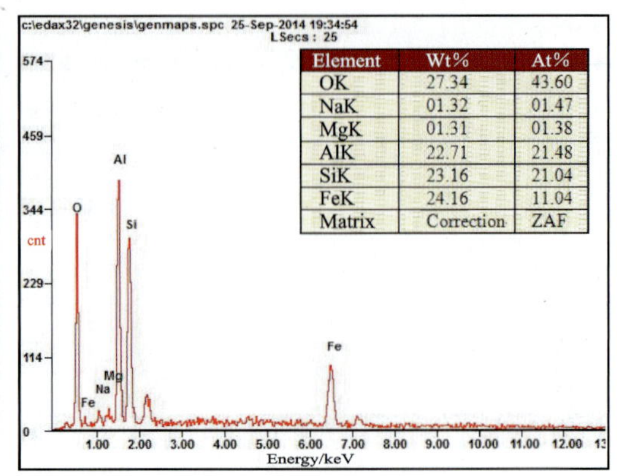

Element	Wt%	At%
OK	27.34	43.60
NaK	01.32	01.47
MgK	01.31	01.38
AlK	22.71	21.48
SiK	23.16	21.04
FeK	24.16	11.04
Matrix	Correction	ZAF

图 3-26 角闪石矿物颗粒扫描电镜及能谱分析图

透明矿物样品 a～d 均为石英(图 3-27),化学式为 SiO_2。玻璃光泽,断口呈油脂光泽,贝壳状断口,相对密度 2.65。此外,石英颗粒的形态不一,具有不规则尖锐的外形,磨圆度差,这些特点反映了碎屑颗粒未经历长距离搬运,符合原地风化沉积型高岭土特点(罗青,2017;王锦荣等,2010)。

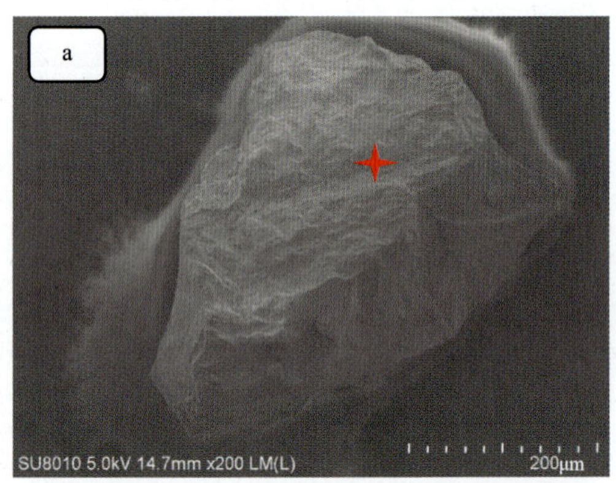

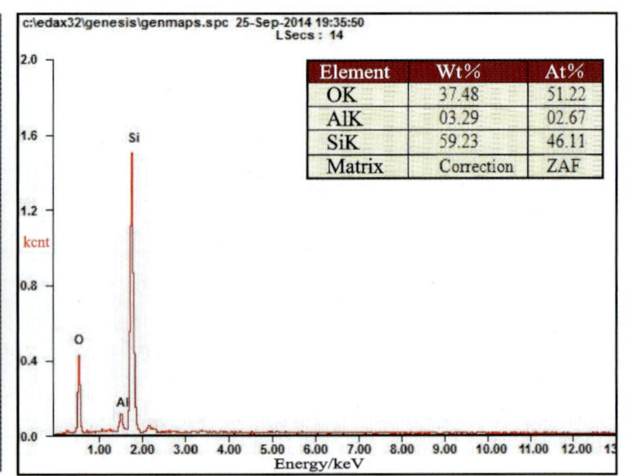

Element	Wt%	At%
OK	37.48	51.22
AlK	03.29	02.67
SiK	59.23	46.11
Matrix	Correction	ZAF

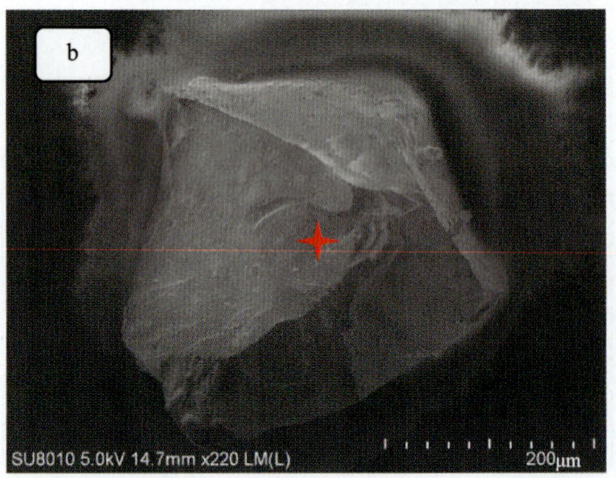

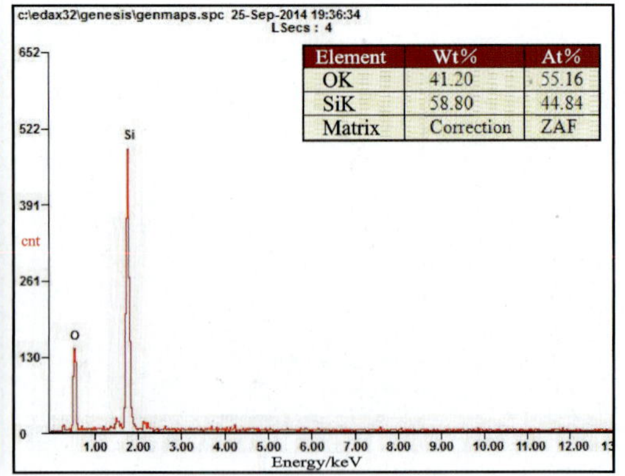

Element	Wt%	At%
OK	41.20	55.16
SiK	58.80	44.84
Matrix	Correction	ZAF

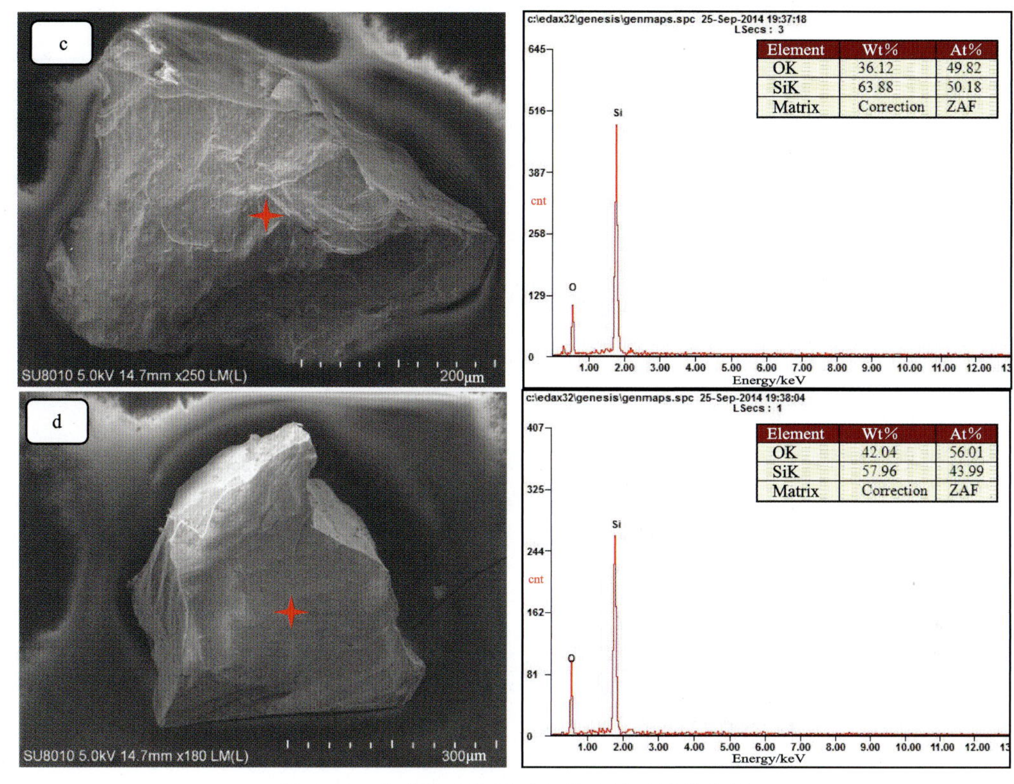

图 3-27　非磁性矿物颗粒扫描电镜及能谱分析

根据场发射扫描电镜及能谱分析数据可知，经高梯度磁选取得的粗粒级精矿中 Fe 主要存在于电气石、辉石和角闪石中，或以吸附的形式黏附在矿物表面，这部分 Fe 容易被磁选出。电气石的类型主要为与花岗岩有关的黑电气石，其中含 Fe 8.86%～24.68%(表 3-7)。值得注意的是，在含电气石层位同时产出有辉石矿物，其中辉石含 Fe 8.79%～9.76%。角闪石含 Fe 7.34%～24.16%。

表 3-7　磁性及非磁性矿物能谱分析结果　　单位：%

特性	矿物	样号	O	Si	Al	Fe	Mg	Na	B
磁性	电气石	4	35.28	22.41	23.05	13.77	0.91	1.80	2.78
		5	43.32	22.11	22.22	8.86	1.14	2.35	—
		8	22.00	20.57	20.55	24.68	0.68	—	—
	辉石	1	39.31	19.89	21.07	9.76	—	1.96	—
		2	43.76	20.54	21.26	8.79	0.77	1.92	—
		7	38.71	24.45	24.67	9.70	0.45	2.01	—
	角闪石	3	38.52	23.57	23.37	11.04	1.65	1.85	—
		6	45.99	22.64	20.99	7.34	0.89	2.16	—
		9	27.34	23.16	22.71	24.16	1.31	1.32	—

续表 3-7

特性	矿物	样号	O	Si	Al	Fe	Mg	Na	B
非磁性	石英	a	37.48	59.23	3.29	—	—	—	—
		b	41.20	58.80	—	—	—	—	—
		c	36.12	63.88	—	—	—	—	—
		d	42.04	57.96	—	—	—	—	—

3)含铁化合物的种类及价态

利用光电子能谱对 4 个样品进行了 Fe 价态测试分析(图 3-28)。样品 ZS-1 Fe 元素的峰值 710.7eV,对应 Fe_3O_4;样品 ZS-2 Fe 元素峰值 708.7eV,对应 Fe_2O_3。样品 XK-XC-H3 Fe 元素对应的峰值 711.40eV,对应的 Fe 为 Fe^{3+};样品 XK-XC-7 Fe 元素对应的峰值711.1eV,对应的 Fe 为 Fe^{3+}。样品的 S 元素含量极低,无法定性分析。

综上所述,Fe 在原矿中的赋存状态是以独立的铁矿物和铁硅酸盐矿物存在(电气石、辉石和角闪石),Fe 的分布主要集中在以磁铁矿为主的氧化物和以电气石为主的铝硅酸盐矿物中,少量以表面“锈斑”或“薄膜”存在于高岭石、云母的表面或粒间,微量存在于黑云母、辉石、角闪石等含 Fe 矿物,以及高岭石、白云母的晶格中。

4)矿石降铁可能性分析

高岭土原矿石中电气石含 Fe 达 18%～20%,颜色为绿黑色—黑色、半透明—微透明、玻璃—金刚光泽,其化学式应为 $Na(Fe,Mg,Mn,\cdots)3Ai_6[Si_3O_{18}][BO_3]_3(OH、F)_4$,为黑电气石或铁电气石。在－40～＋80 目各级重矿物产品中可见完好球面三角形横断面、柱面纵纹,在－80～＋140 目各级重矿物筛分产品中大多为不规则粒状,表明电气石晶形完好程度在－40～＋140 目各级产品中随粒度变小而变差,在－40～＋60 目粒级中其单体解离度大于 90%,表明磨矿粒度在＋60 目电气石基本都能呈单体解离态,更优于选矿工艺“单体”粒度要求,这种铁电气石的相对密度(＞3.2)在电气石族中最大,而高岭土矿石的相对密度应小于2.7,因此此类铁电气石在小坑高岭土矿石中为典型的重矿物,磁铁矿属强磁性矿物。采用磁-重联合选别技术,即可剔除主要铁矿物(磁铁矿＋铁电气石),最终实现大幅度降低高岭土矿石的 Fe 含量,提升产品附加值及市场竞争力。

5. 人工重砂分析

选择两处典型剖面花岗岩全风化层中采取了 ZS-1、ZS-2 两个高岭土原矿样进行了副矿物组成及含量分析。采用人工的方法破碎岩石样品,再经人工淘洗、分离后获得重砂矿物(简称重砂。重砂矿物相对密度＞3.0、轻矿物相对密度＜3.0)。

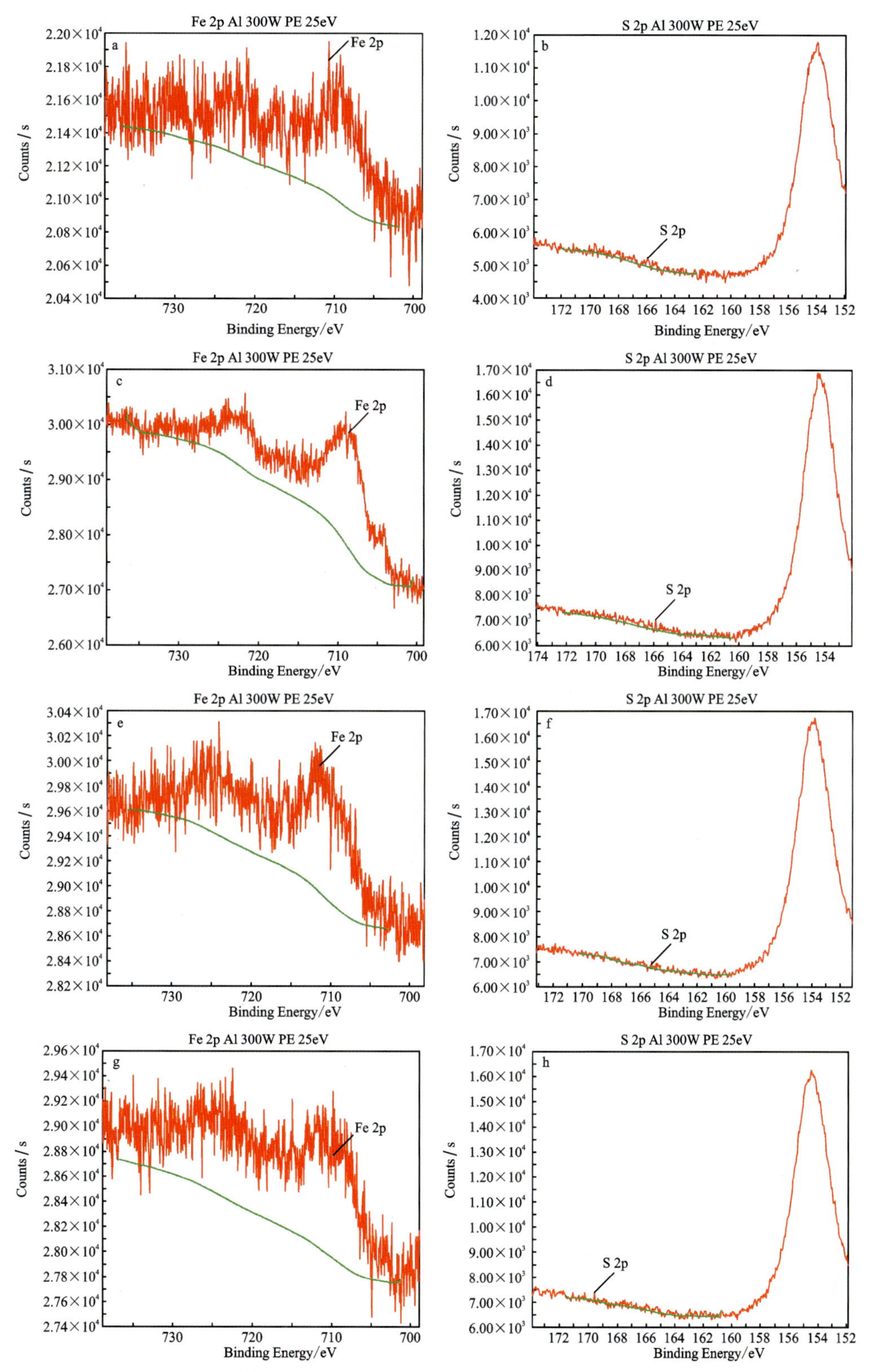

注：样品分别为 ZS-1(a、b)、ZS-2(c、d)、XK-XC-H3(e、f)和 XK-XC-7(g、h)。

图 3-28　小坑高岭土矿样品光电子能谱图

1)人工重砂分析流程

重砂矿物样品原矿经烘干(60℃)后称量,过一定粒径的筛后选择缩分,样品经研磨后全部过18目筛。过筛后的样品经分级,分成7个粒径级别:−18~+40目、−40~+60目、−60~+80目、−80~+100目、−100~+120目、−120~+140目、−140目。分级后的样品再进行淘洗处理,淘洗后样品分为重砂矿物和轻矿物,人工重砂分析流程见图3-29。

ZS-1样品质量为24.55kg,ZS-2样品质量为25.64kg。ZS-1样品经研磨缩分后的质量为188.05g,ZS-2样品经研磨缩分后的质量为180.72g。样品分别进行分级处理,所分的粒径等级:−18~+40目、−40~+60目、−60~+80目、−80~+100目、−100~+120目、−120~+140目、−140目7个粒径级别。ZS-1样品的7个粒径级别分别对应的样品编号为Ⅰ-1、Ⅰ-2、Ⅰ-3、Ⅰ-4、Ⅰ-5、Ⅰ-6、Ⅰ-7。7个粒径级别的样品质量分别为43.13g、19.23g、18.62g、11.86g、5.88g、8.40g、80.93g。ZS-2样品的7个粒径级别分别对应的样品编号为Ⅱ-1、Ⅱ-2、Ⅱ-3、Ⅱ-4、Ⅱ-5、Ⅱ-6、Ⅱ-7。7个粒径级别的样品质量分别为28.25g、23.71g、19.95g、10.7g、11.11g、10.81g、76.19g。分级后的样品再进行淘洗处理,淘洗后样品分为重砂矿物和轻矿物。重砂矿物和轻矿物的具体质量见表3-8。ZS-1样品经淘洗后重砂矿物和轻矿物总的回收率为96.65%,损失率为3.35%。ZS-2样品经淘洗后重砂矿物和轻矿物总的回收率为95.11%,损失率为4.89%。

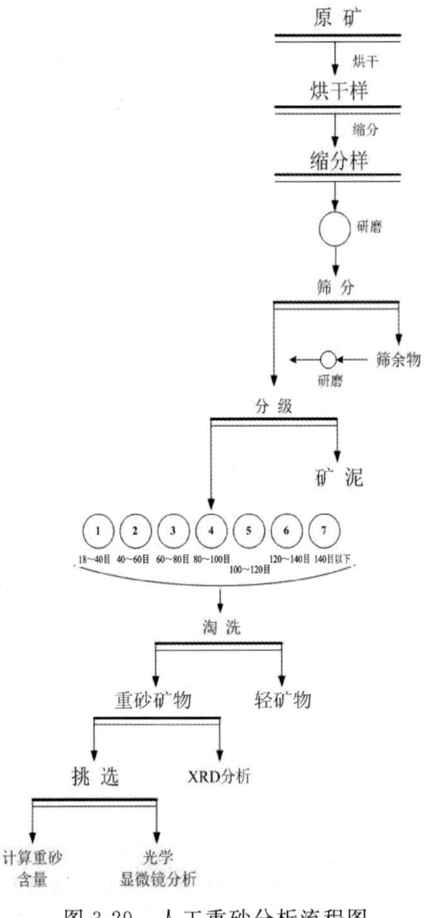

图3-29 人工重砂分析流程图

表 3-8　人工重砂分级、筛分、淘洗后质量统计

原样编号	样品编号	对应筛目/目	样品质量/g	重砂矿物部分/g	轻矿物部分/g	回收率/%	损失率/%
ZS-1	Ⅰ-1	−18～+40	43.13	30.42	12.41	99.30	0.7
	Ⅰ-2	−40～+60	19.23	14.62	4.36	98.70	1.3
	Ⅰ-3	−60～+80	18.62	8.59	9.63	97.85	2.15
	Ⅰ-4	−80～+100	11.86	6.46	5.00	96.63	3.37
	Ⅰ-5	−100～+120	5.88	1.72	3.99	97.11	2.89
	Ⅰ-6	−120～+140	8.40	2.50	5.61	96.55	3.45
	Ⅰ-7	−140	80.93	3.14	73.30	94.45	5.55
总计			188.05	67.45	114.3	96.65	3.35
ZS-2	Ⅱ-1	−18～+40	28.25	18.34	9.59	98.87	1.13
	Ⅱ-2	−40～+60	23.71	13.22	10.32	99.28	0.72
	Ⅱ-3	−60～+80	19.95	12.20	7.37	98.10	1.9
	Ⅱ-4	−80～+100	10.7	4.21	6.20	97.29	2.71
	Ⅱ-5	−100～+120	11.11	3.39	7.26	95.86	4.14
	Ⅱ-6	−120～+140	10.81	1.22	9.01	94.63	5.37
	Ⅱ-7	−140	76.19	1.31	68.24	91.29	8.71
总计			180.72	53.89	117.99	95.11	4.89

2）人工重砂分选样品 XRD 分析

对分级、淘洗的 28 个产品中的 14 个样品分别进行 XRD 分析，得出各部分样品的矿物组成及含量。人工重砂各分级淘洗后样品的物相及含量分析数据见表 3-9。分析样品的 XRD 图谱中所列出的矿物名称的中、英文的对应关系如下：quartz（石英）、kaolinite（高岭石）、illite（伊利石）（修正为 Muscovite 白云母）、orthoclase（钾长石）、magnetite（磁铁矿）、calcite（方解石）、tourmaline（电气石）、anhydtite（石膏）、albite（钠长石）、augite（辉石）。还有极少量的矿物待 EDS 分析，如钛铁铌矿等。小坑高岭土矿石中不同粒度样品中重砂矿物种类和含量均具有一定的差异。ZS-1 粗粒矿石中主要由石英和白云母组成，高岭石很少，但含有少量的磁铁矿和电气石等含 Fe 矿物；细粒系列则高岭石和钾长石含量增多，石英和白云母含量略有降低（表 3-9）。但 ZS-2 也呈现相似的趋势，但高岭石随粒度变小含量变化不大。下面以样品 ZS-1 为重点分析高岭土矿不同粒径重砂矿物特征。

根据 XRD 图谱中衍射峰的角度及强度，样品 −18～+40 目和 −40～+60 目中主要重砂矿物物相为石英和白云母，含有少量的电气石。高岭石、方解石和磁铁矿含量极少。

表 3-9　人工重砂 XRD 分析数据统计

原样编号	样品编号	对应筛目/目	高岭石	白云母	石英	钾长石	钠长石	辉石	磁铁矿	方解石	电气石	石膏
ZS-1	Ⅰ-1-H	−18～+40	0.7	12.93	84.82	—	—	—	0.03	0.52	1.27	—
	Ⅰ-2-H	−40～+60	0.95	37.34	59.42	—	—	—	0.02	0.07	2.20	—
	Ⅰ-3-H	−60～+80	2.98	26.39	69.56	—	—	0.15	—	0.03	0.86	0.15
	Ⅰ-4-H	−80～+100	2.92	27.51	68.54	—	—	0.13	0.03	—	0.87	—
	Ⅰ-5-H	−100～+120	1.14	22.62	61.91	13.04	—	—	—	—	1.28	—
	Ⅰ-6-H	−120～+140	2.54	18.19	62.42	14.99	—	—	—	—	1.86	—
	Ⅰ-7-H	−140	7.23	16.48	71.61	3.56	—	—	—	—	1.12	—
ZS-2	Ⅱ-1-H	−18～+40	0.82	52.53	45.98	—	—	0.25	—	—	0.42	—
	Ⅱ-2-H	−40～+60	0.71	27.89	36.94	33.14	—	0.05	—	0.24	0.45	0.59
	Ⅱ-3-H	−60～+80	0.78	37.49	28.93	31.52	—	—	0.02	0.11	0.53	0.62
	Ⅱ-4-H	−80～+100	0.33	12.80	31.87	53.72	—	—	0.02	0.13	0.70	0.43
	Ⅱ-5-H	−100～+120	0.24	9.46	16.05	73.18	—	—	0.01	0.08	0.57	0.41
	Ⅱ-6-H	−120～+140	0.35	17.61	23.71	56.31	—	—	0.03	0.05	0.61	1.32
	Ⅱ-7-H	−140	0.55	16.36	24.53	53.95	3.15	—	0.05	0.11	0.98	0.32

－60～＋80 目和－80～＋100 目样品中主要重砂矿物物相为石英和白云母，其次为高岭石，电气石、辉石、方解石和磁铁矿的含量较少。

－100～＋120 目样品中主要重砂矿物物相为石英和白云母，其次为钾长石，高岭石和电气石的含量较少。

－120～＋140 目样品主要重砂矿物物相为石英，其次为白云母和钾长石，高岭石和电气石的含量较少。

－140 目样品主要重砂矿物物相为石英，其次为白云母和高岭石，含有少量的电气石。

3)重砂矿物形貌及成分

(1)矿物特征。对重砂样品中的矿物进行了镜下薄片鉴定(图 3-30)：白云母(非重矿物)呈片状，大小约 0.5mm，浅褐色，有一组极完全解理，正低—正中突起，闪突起明显，近平行消光；磁铁矿呈针状，黑色不透光，长约 0.4mm；角闪石呈不规则他形粒状，粒径约 0.2mm，浅棕色，两组完全解理，正中—高突起；辉石呈短柱状，柱长约 0.3mm，深棕色，两组完全解理，正高突起；电气石呈针状，长 20～80μm，黑色；锆石颗粒较小，一般以包体形式存在于云母中，大小约 10μm，浅色透明。

挑选了 82 个样品进行成分分析，其中部分重砂样品分析情况如图 3-31 所示。根据原矿样及重砂矿物样 X 射线物相分析、实体显微镜、透反光显微镜观测以及 SEM 和 SED 的测定结果，2 个矿石(ZS-1 和 ZS-2)的主要矿物组合相似。

主要矿物为白云母、高岭石、石英和长石(K-Na 长石)。次要矿物为电气石(黑电气石)、黑云母、辉石、角闪石、三水铝石、石膏、方解石和磁铁矿。另有少量的赤铁矿、褐铁矿、磷灰石(在云母和长石中细小包裹体为主)和黑钨矿。罕见矿物(1～n 颗)有烧绿石、钛铌铁矿、锆石(云母中的细小包裹体)和石棉(透闪石石棉)。

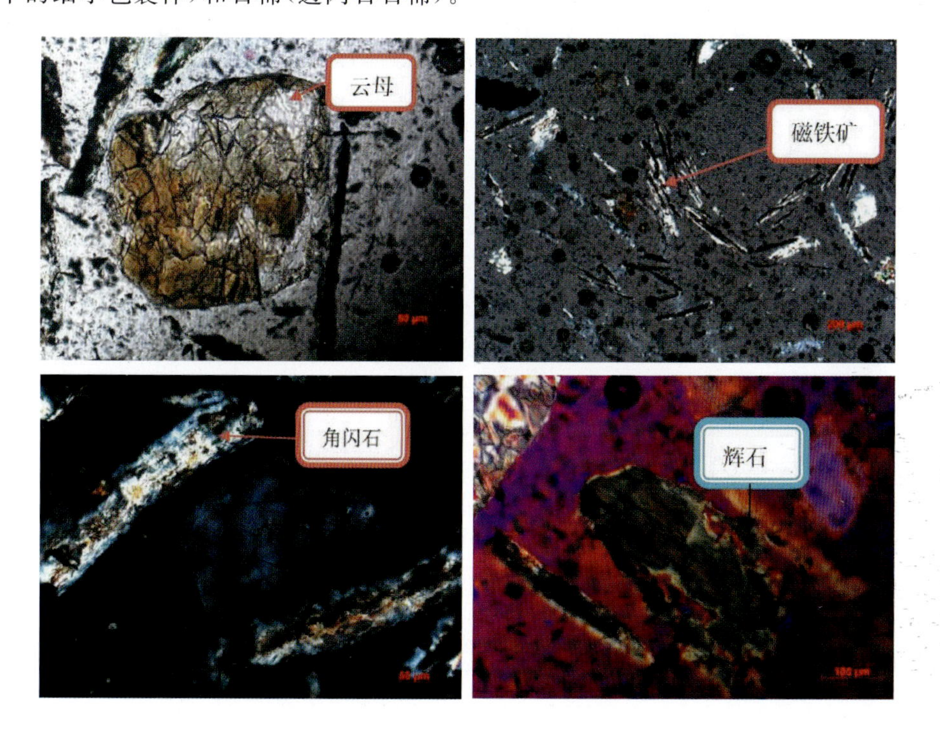

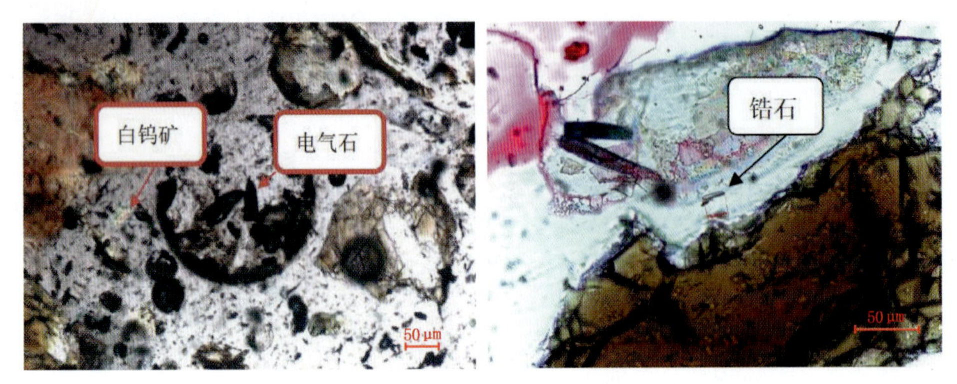

图 3-30　重砂分析岩矿鉴定图

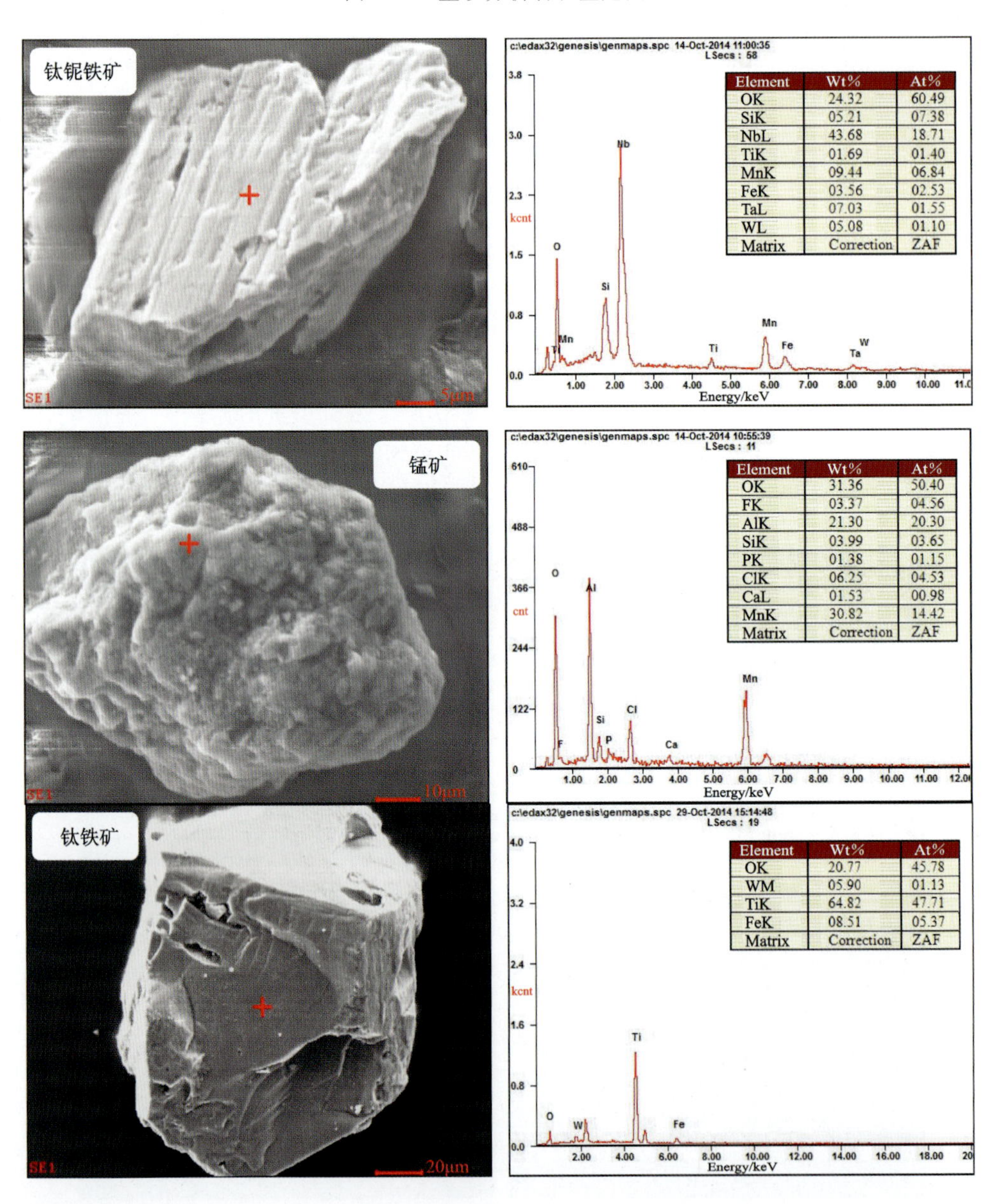

Element	Wt%	At%
OK	24.32	60.49
SiK	05.21	07.38
NbL	43.68	18.71
TiK	01.69	01.40
MnK	09.44	06.84
FeK	03.56	02.53
TaL	07.03	01.55
WL	05.08	01.10
Matrix	Correction	ZAF

Element	Wt%	At%
OK	31.36	50.40
FK	03.37	04.56
AlK	21.30	20.30
SiK	03.99	03.65
PK	01.38	01.15
ClK	06.25	04.53
CaL	01.53	00.98
MnK	30.82	14.42
Matrix	Correction	ZAF

Element	Wt%	At%
OK	20.77	45.78
WM	05.90	01.13
TiK	64.82	47.71
FeK	08.51	05.37
Matrix	Correction	ZAF

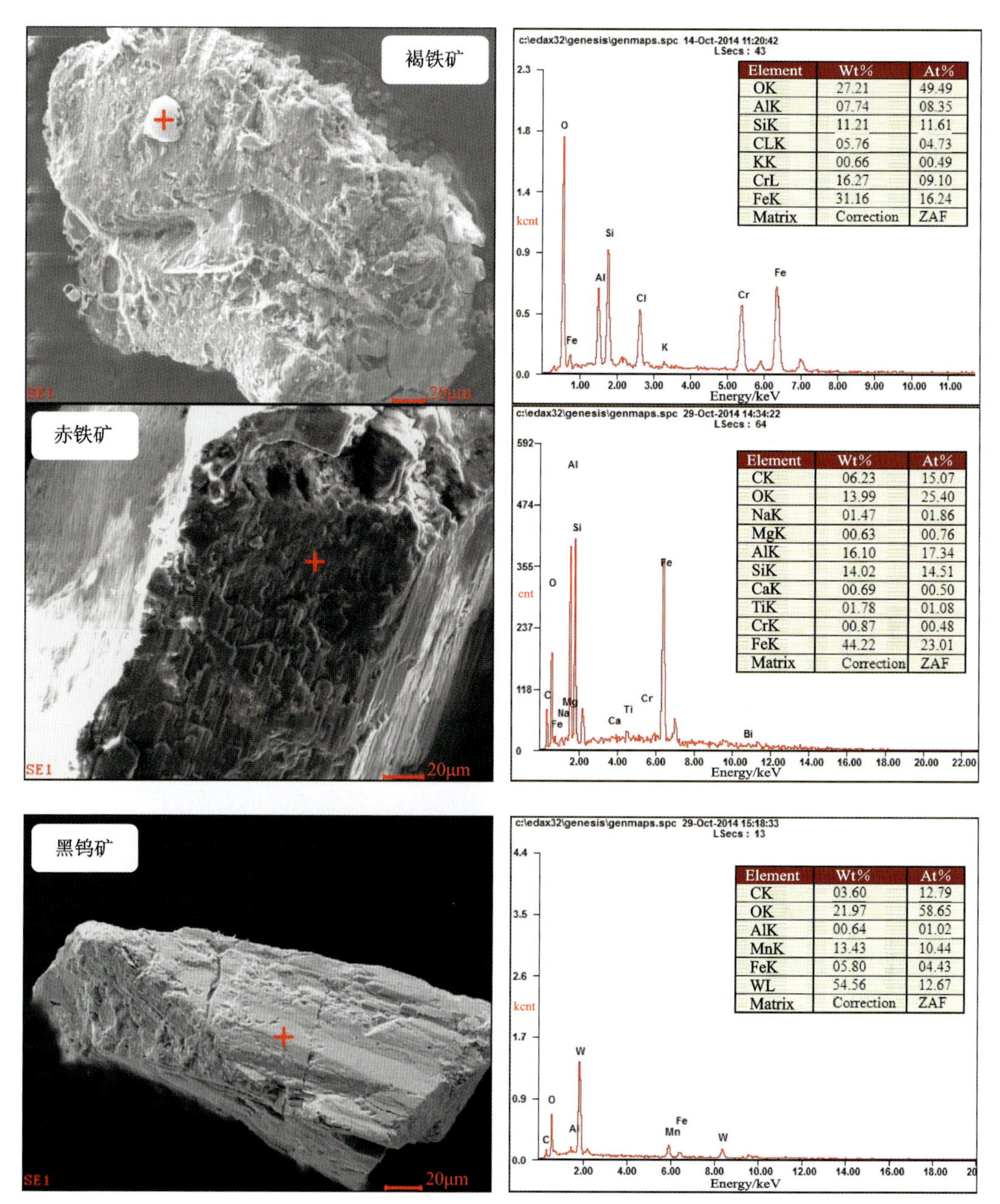

Element	Wt%	At%
OK	27.21	49.49
AlK	07.74	08.35
SiK	11.21	11.61
CLK	05.76	04.73
KK	00.66	00.49
CrL	16.27	09.10
FeK	31.16	16.24
Matrix	Correction	ZAF

Element	Wt%	At%
CK	06.23	15.07
OK	13.99	25.40
NaK	01.47	01.86
MgK	00.63	00.76
AlK	16.10	17.34
SiK	14.02	14.51
CaK	00.69	00.50
TiK	01.78	01.08
CrK	00.87	00.48
FeK	44.22	23.01
Matrix	Correction	ZAF

Element	Wt%	At%
CK	03.60	12.79
OK	21.97	58.65
AlK	00.64	01.02
MnK	13.43	10.44
FeK	05.80	04.43
WL	54.56	12.67
Matrix	Correction	ZAF

图 3-31 部分重砂矿物样品表面形貌及成分分析

(2)重砂矿物含量。

①分析样品 ZS-1 的总质量 g=166.78g,其中主要重砂矿物(相对密度>3.0)为辉石、电气石与磁铁矿,计算得出分析样品中重砂样各部分质量:辉石 0.202g,磁铁矿 0.014g,电气石 0.942g。计算得各部分占用的比率为

$\psi = m_{辉石}/m_{总} = 0.202g/166.78g = 0.121\%$

$\psi = m_{电气石}/m_{总} = 0.942g/166.78g = 0.565\%$

$\psi = m_{磁铁矿}/m_{总} = 0.014g/166.78g = 0.008\%$

因此:辉石 1210g/t,电气石 5650g/t,磁铁矿 80g/t。

②样品 ZS-2 的主要重砂矿物(相对密度>3.0)为辉石、磁铁矿和电气石。分析样品矿物总质量为 146.35g,计算得出分析样品中重砂样各部分质量:辉石 0.218g,磁铁矿 0.025g,电气石 0.793g。计算得各部分占用的比率为

$\psi = m_{辉石}/m_{总} = 0.218g/146.35g = 0.149\%$

$\psi = m_{电气石}/m_{总} = 0.793g/146.35g = 0.541\%$

$\psi = m_{磁铁矿}/m_{总} = 0.025g/146.35g = 0.017\%$

因此:辉石 1490g/t,电气石 5410g/t,磁铁矿 170g/t。

由上述计算结果可知电气石、磁铁矿是高岭土矿的主要重砂矿物,其中尤以电气石为区内特征矿物,原矿占比达到了 0.5%。铁的分布主要集中在以磁铁矿为主的氧化物及以(黑)电气石为主的铝硅酸盐矿物中。因此采用针对性的重磁联选等工艺技术来剔除原矿中的磁铁矿、黑电气石后,可极大程度提高精矿品质。

二、矿石结构与粒度

1. 矿石结构构造

小坑高岭土矿区强风化带中矿石以他形粒状结构为主,在半风化带中的矿石以碎粒残余花岗结构为主。

他形粒状结构:主要指他形粒状的石英、长石形成的结构。

碎粒结构:主要指碎粒的石英集合体或单体的形态,为风化破碎的石英、长石、白云母、高岭石及水云母等矿物不均匀地混杂分布。其间大部分长石已蚀变为高岭石,但保留有长石假象和残留长石残骸,局部尚可见花岗岩碎块,显现碎粒残余花岗结构。矿石具一定块度,但轻敲即散。

在强风化带中的矿石以松散土状构造为主,在半风化带中的矿石以碎块状构造为主。

2. 矿石显微形貌特征

原矿中$-2\mu m$的 SEM 图像(图 3-32)确定 A 样品中高岭石呈片状结构,但形状极其不规则,另含有少量的管状高岭石。B 样品也是片状高岭石,且形态不规则。此外,SEM 图像也显示$-2\mu m$样品中均含有一定量的非片状物质,可能在$-2\mu m$样品中仍含有一定量的杂质矿物。

钻孔样中高岭土晶体形态同样以片状结构为主(图 3-33),层状次之,少量管状,与原矿样 A、B 形态相似。淘洗精矿中的主要矿物组成为高岭石、白云母和石英。其中高岭石呈白色,经 JSM-5610LV 扫描电子显微镜形貌分析,淘洗精矿中高岭石以片状结构为主,层状次之,运用 Hydro2000MU 型激光粒径分析仪进行粒度分析确定淘洗精矿中高岭石片径为 $10\sim40\mu m$。

3. 矿石粒度

1)原矿自然粒度

采用筛析法和重力沉降法对原矿进行筛析和水析试验,将原矿加水充分分散后,调查$-2\mu m$、

A样×20 000　　B样×20 000

图 3-32　A、B 原矿样中−2μm 样品的 SEM 图

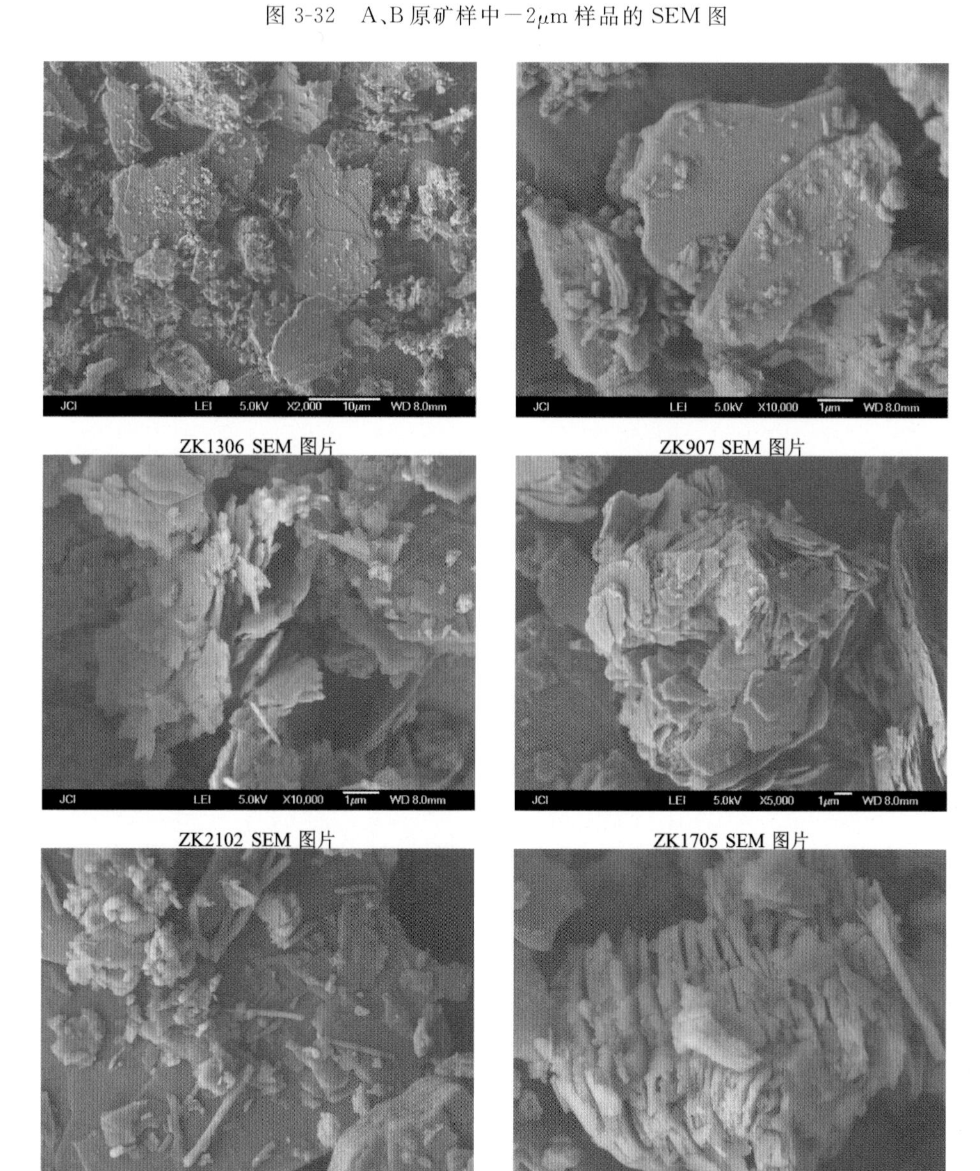

ZK1306 SEM 图片　　ZK907 SEM 图片

ZK2102 SEM 图片　　ZK1705 SEM 图片

ZK905 SEM 图片　　混合样淘洗精矿 SEM 图片

图 3-33　钻孔样及淘洗精矿样−2μm 样品的 SEM 图

$-5\sim+2\mu m$、$-10\sim+5\mu m$、$-20\sim+10\mu m$、$-45\sim+20\mu m$、$-50\sim+45\mu m$、$-74\sim+50\mu m$和$+74\mu m$各粒级的产率、矿物组成、主要化学元素含量。

试验结果显示随粒度变细，SiO_2含量逐渐减少，而Al_2O_3的含量逐渐增加，说明高岭石在各粒级中的分布是随着粒度的减小而增加的(表3-10)。A样在$-5\mu m$粒级中Al_2O_3含量接近40%，超过高岭石理论成分[$w(Al_2O_3)=39.5\%$]，但SiO_2含量低于高岭石理论成分[$w(SiO_2)=46.54\%$]，说明在细粒级中除了含有高岭石矿物以外，还含有一定量的高铝矿物。B样在$-20\mu m$粒级中，Al_2O_3含量为40.67%，也超过高岭石理论成分，SiO_2含量(37.58%)却远低于高岭石理论成分。与A样相比，B样在细粒级中含有比A样含量更高的高铝矿物。

表3-10 原矿品筛析水析结果

原矿样	粒级/μm	产率/%		SiO_2/%		Al_2O_3/%		$Fe_2O_3^t$/%	
		个别	累积	个别	累积	个别	累积	个别	累积
A样	−2	1.54	1.54	38.95	38.95	39.89	39.89	0.46	0.46
	−5～+2	2.01	3.55	40.64	39.91	39.48	39.66	0.52	0.49
	−10～+5	2.64	6.19	44.83	42.00	38.25	39.06	0.46	0.47
	−20～+10	6.77	12.96	46.81	44.51	37.13	38.05	0.56	0.52
	−45～+20	7.12	20.08	49.10	46.14	34.71	36.87	0.60	0.55
	−50～+45	0.68	20.76	52.50	46.35	32.33	36.72	0.80	0.56
	−74～+50	5.39	26.15	54.67	48.06	31.02	35.54	1.03	0.65
	+74	73.85	100.00	79.85	71.53	12.75	18.71	1.11	0.99
B样	−2	1.15	1.15	28.78	28.78	44.75	44.75	1.20	1.20
	−5～+2	1.21	2.36	34.81	31.87	43.25	43.98	1.18	1.19
	−10～+5	1.91	4.27	36.12	33.77	41.66	42.94	0.89	1.06
	−20～+10	10.50	14.78	39.13	37.58	39.75	40.67	0.97	0.99
	−45～+20	4.28	19.06	45.79	39.42	33.92	39.16	1.04	1.00
	−50～+45	0.82	19.88	50.65	39.88	30.55	38.80	1.19	1.01
	−74～+50	4.03	23.91	53.27	42.14	29.08	37.16	1.41	1.08
	+74	76.09	100.00	80.49	71.32	11.93	17.96	1.06	1.06

A样中$Fe_2O_3^t$的含量随着粒级的减小而逐渐减小，说明$Fe_2O_3^t$有向粗粒级矿物富集的趋势，通过提纯除去粗砂的同时，可以除去一部分的$Fe_2O_3^t$。B样中$Fe_2O_3^t$的含量几乎均匀的分布在各个粒级中，与A样相比无法通过除去粗砂来达到降低$Fe_2O_3^t$含量的目的。

此外，A样原矿中细粒级含量过低，$-2\mu m$占比1.54%，$-10\mu m$占比6.19%；B样原矿细粒级含量更低，$-2\mu m$仅占1.15%，$-10\mu m$仅占4.27%。如生产细粒级产品，从提高生产效率、节约能耗和资源的角度考虑，推荐采用湿法超细磨工艺。

进一步将原矿中筛析、水析后的各粒级进行XRD分析(图3-34、图3-35)，确定各个粒级中矿物组分(表 3-11)。从筛析水析后 A 样原矿中 $-2\mu m$ 和 $-5\sim+2\mu m$ 粒径范围内几乎不含石英和长石类矿物,主要矿物组分为高岭石、三水铝石和云母。而 $+5\mu m$ 以上各粒级中所含矿物组分几乎相同,为三水铝石、云母和长石类矿物。三水铝石矿物随粒级的减小而增加,说明其主要富集在细粒级中,三水铝石的存在导致了细粒级中 Al_2O_3 含量的增加,而其他元素则随着粒级的增加而增加。原矿 $+74\mu m$ 所含矿物主要是高岭石、石英和云母及少量三水铝石和长石等,基本符合陶瓷行业对于原料矿物成分和矿物粒度的要求。

B 样原矿中除了 $-2\mu m$ 含有少量石英外,各粒级矿物组分大致相同,为高岭石、三水铝石、云母和长石类矿物。三水铝石和高岭石矿物同样随粒级的减小而增加,说明两者主要富集在细粒级中。石英、云母和长石含量则随着粒级的增加而增加。$+74\mu m$ 样品所含矿物主要是石英和云母,另含少量的高岭石、三水铝石、长石类矿物,基本符合陶瓷行业对于原料矿物成分和矿物粒度的要求。

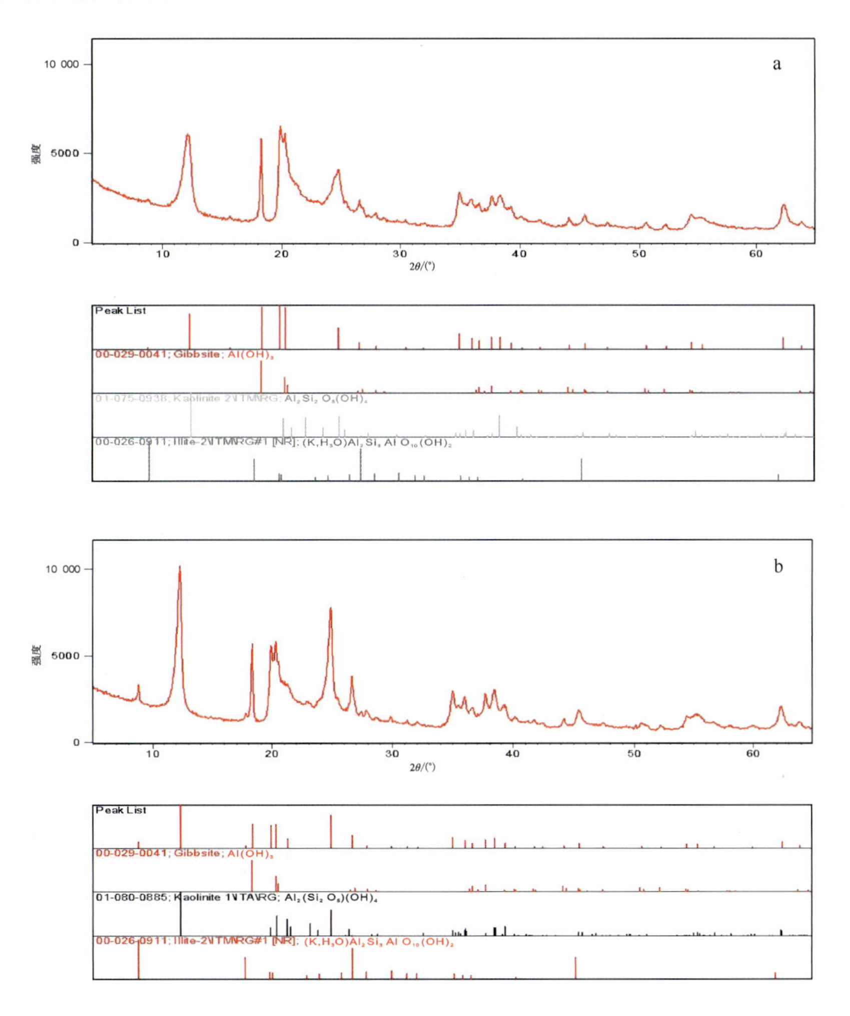

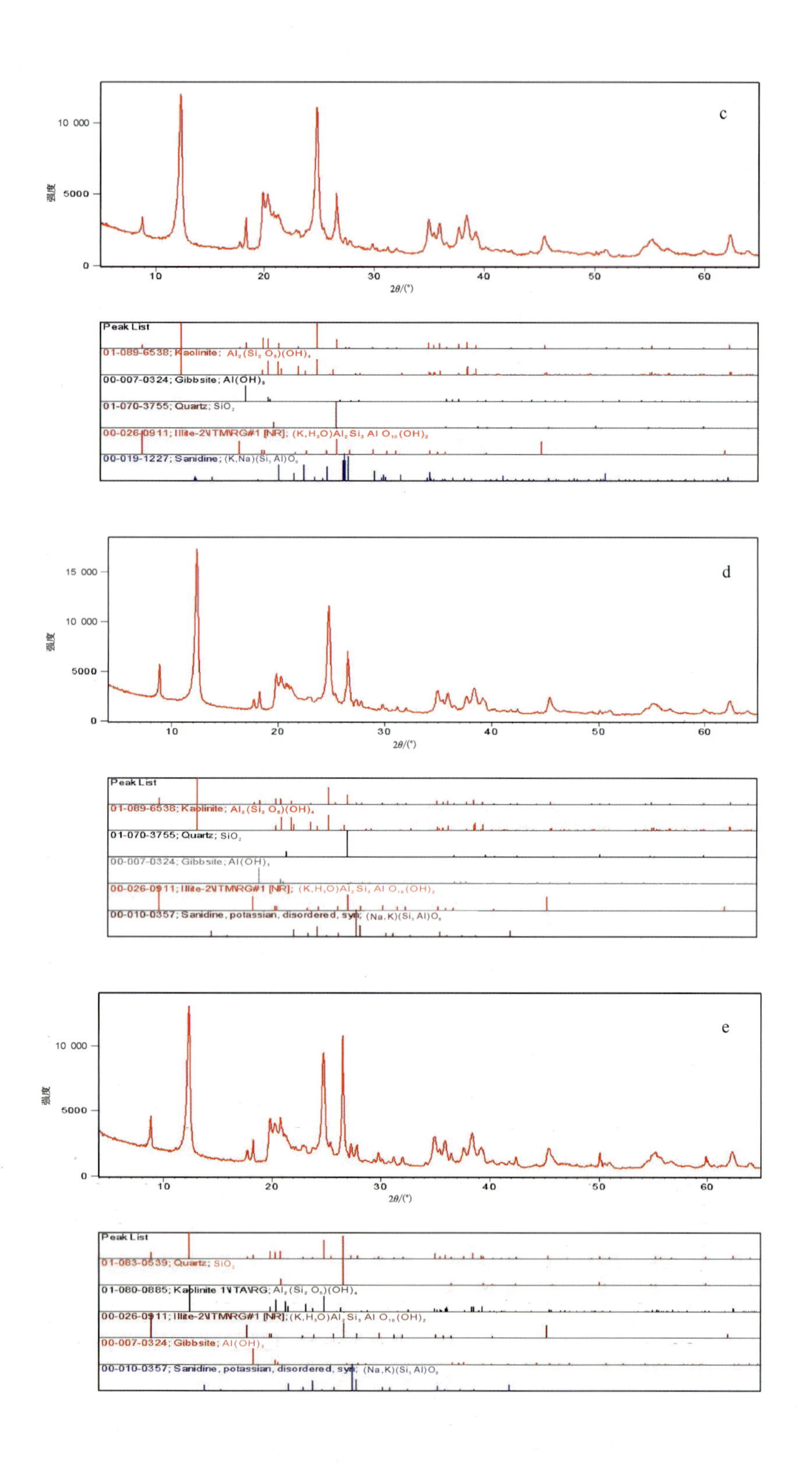
c
10 000
5000
0
强度
10
20
30
40
50
60
2θ/(°)
Peak List
01-089-6538; Kaolinite; Al2(Si2 O5)(OH)4
00-007-0324; Gibbsite; Al(OH)3
01-070-3755; Quartz; SiO2
00-026-0911; Illite-2\ITM\RG#1 [NR]; (K,H3O)Al2Si3 Al O10(OH)2
00-019-1227; Sanidine; (K,Na)(Si,Al)O8
d
15 000
10 000
5000
0
强度
10
20
30
40
50
60
2θ/(°)
Peak List
01-089-6538; Kaolinite; Al2(Si2 O5)(OH)4
01-070-3755; Quartz; SiO2
00-007-0324; Gibbsite; Al(OH)3
00-026-0911; Illite-2\ITM\RG#1 [NR]; (K,H3O)Al2Si3 Al O10(OH)2
00-010-0357; Sanidine, potassian, disordered, syn; (Na,K)(Si,Al)O8
e
10 000
5000
0
强度
10
20
30
40
50
60
2θ/(°)
Peak List
01-083-0539; Quartz; SiO2
01-080-0885; Kaolinite 1\ITA\RG; Al2(Si2 O5)(OH)4
00-026-0911; Illite-2\ITM\RG#1 [NR]; (K,H3O)Al2Si3 Al O10(OH)2
00-007-0324; Gibbsite; Al(OH)3
00-010-0357; Sanidine, potassian, disordered, syn; (Na,K)(Si,Al)O8

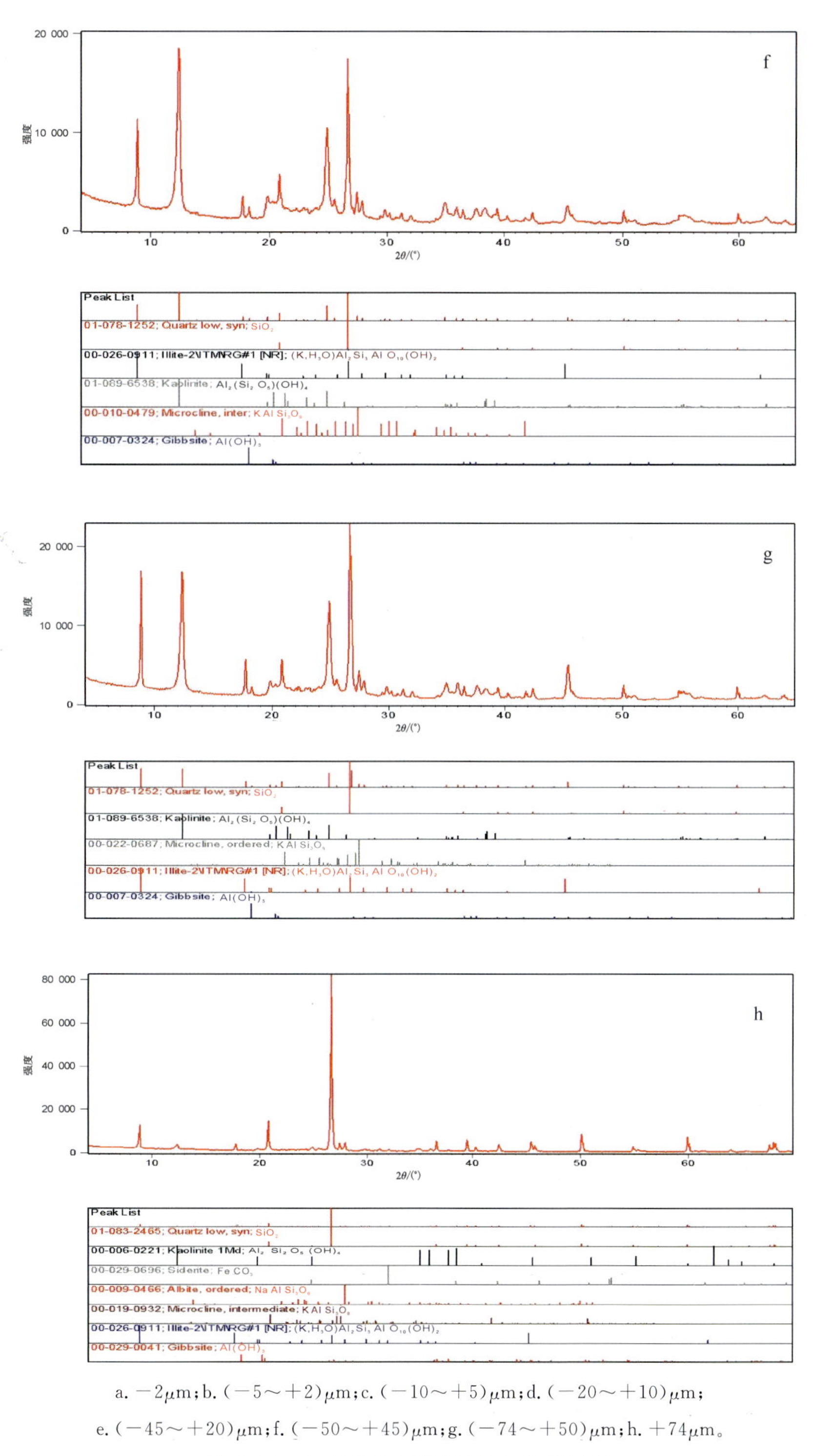

a. $-2\mu m$；b. $(-5\sim+2)\mu m$；c. $(-10\sim+5)\mu m$；d. $(-20\sim+10)\mu m$；
e. $(-45\sim+20)\mu m$；f. $(-50\sim+45)\mu m$；g. $(-74\sim+50)\mu m$；h. $+74\mu m$。

图 3-34　A 矿样不同粒径 XRD 分析图谱

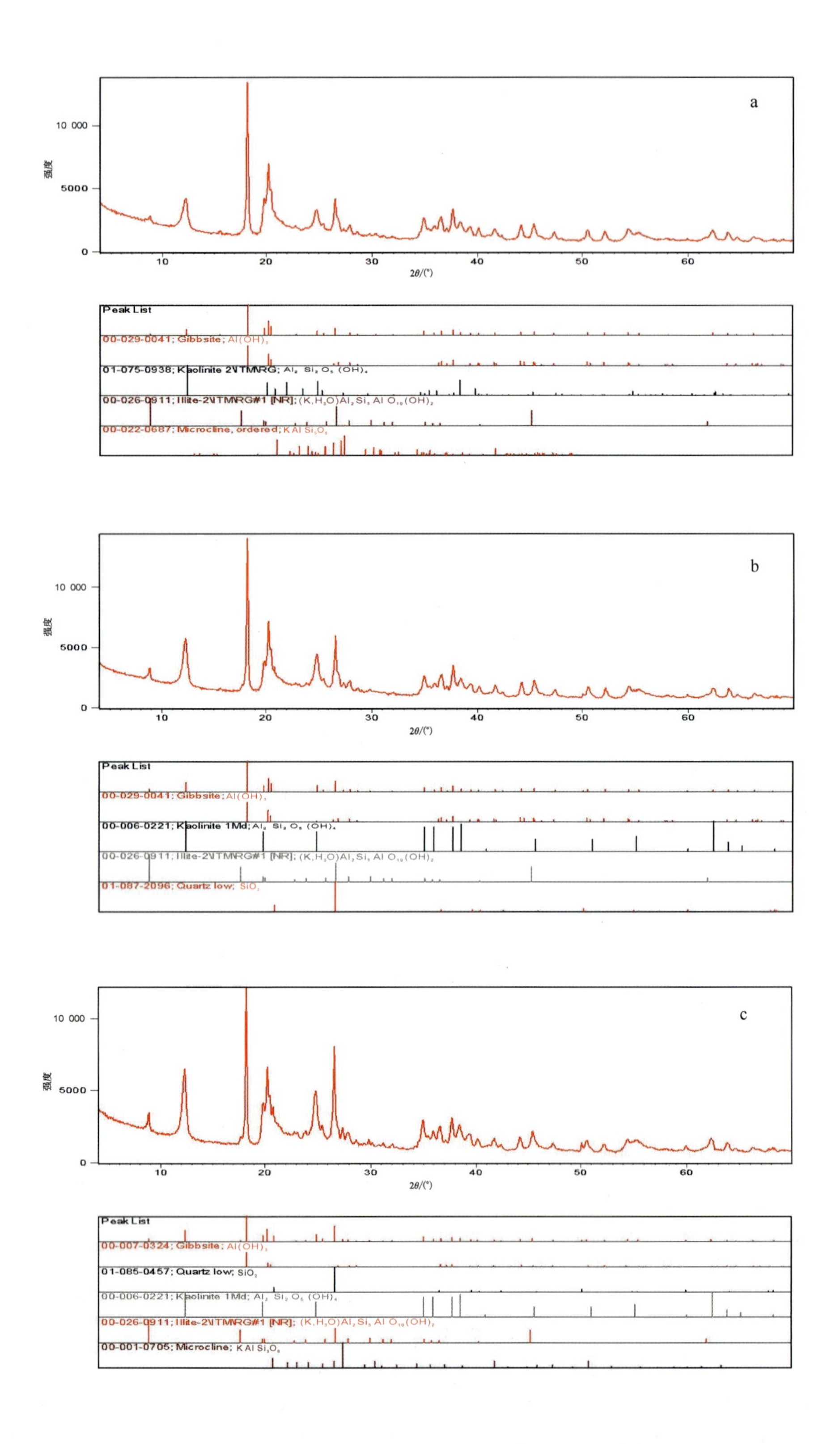
a
b
c
10 000
5000
0
强度
10
20
30
40
50
60
2θ/(°)
Peak List
00-029-0041; Gibbsite; Al(OH)3
01-075-0938; Kaolinite 2\ITMRG; Al2 Si2 O5 (OH)4
00-026-0911; Illite-2\ITMRG#1 [NR]; (K,H3O)Al2Si3AlO10(OH)2
00-022-0687; Microcline, ordered; KAlSi3O8
00-006-0221; Kaolinite 1Md; Al2 Si2 O5 (OH)4
01-087-2096; Quartz low; SiO2
00-007-0324; Gibbsite; Al(OH)3
01-085-0457; Quartz low; SiO2
00-001-0705; Microcline; KAlSi3O8

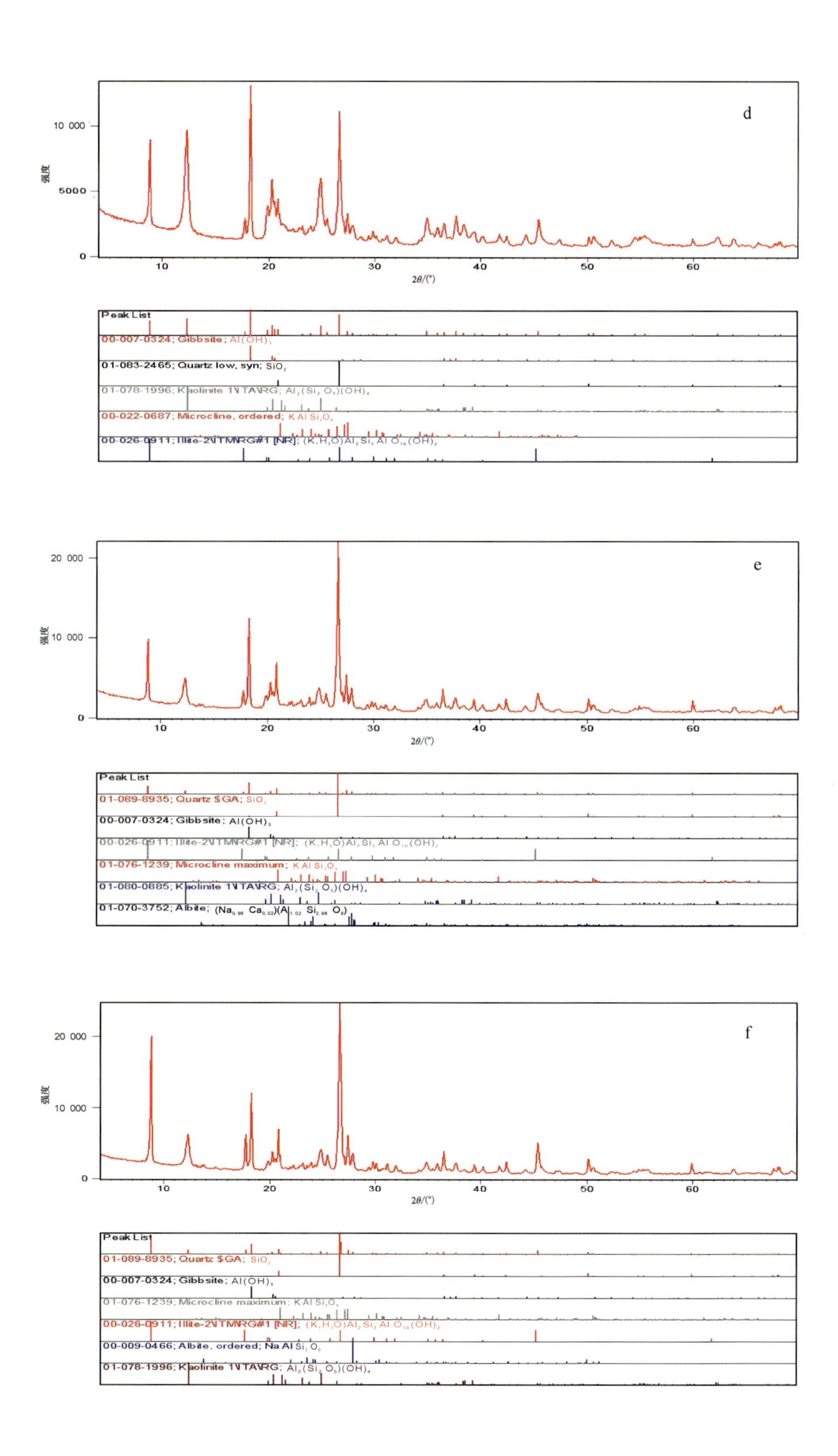

d
10 000
5000
0
强度
10
20
30
40
50
60
2θ/(°)
Peak List
00-007-0324; Gibbsite; Al(OH)3
01-083-2465; Quartz low, syn; SiO2
01-078-1996; Kaolinite 1\ITA\RG; Al2(Si2O5)(OH)4
00-022-0687; Microcline, ordered; K Al Si3O8
00-026-0911; Illite-2\ITM\RG#1 [NR]; (K,H3O)Al2Si3AlO10(OH)2
e
20 000
10 000
0
强度
2θ/(°)
Peak List
01-089-8935; Quartz $GA; SiO2
00-007-0324; Gibbsite; Al(OH)3
00-026-0911; Illite-2\ITM\RG#1 [NR]; (K,H3O)Al2Si3AlO10(OH)2
01-076-1239; Microcline maximum; K Al Si3O8
01-080-0885; Kaolinite 1\ITA\RG; Al2(Si2O5)(OH)4
01-070-3752; Albite; (Na0.98 Ca0.02)(Al1.02 Si2.98 O8)
f
20 000
10 000
0
强度
2θ/(°)
Peak List
01-089-8935; Quartz $GA; SiO2
00-007-0324; Gibbsite; Al(OH)3
01-076-1239; Microcline maximum; K Al Si3O8
00-026-0911; Illite-2\ITM\RG#1 [NR]; (K,H3O)Al2Si3AlO10(OH)2
00-009-0466; Albite, ordered; Na Al Si3O8
01-078-1996; Kaolinite 1\ITA\RG; Al2(Si2O5)(OH)4

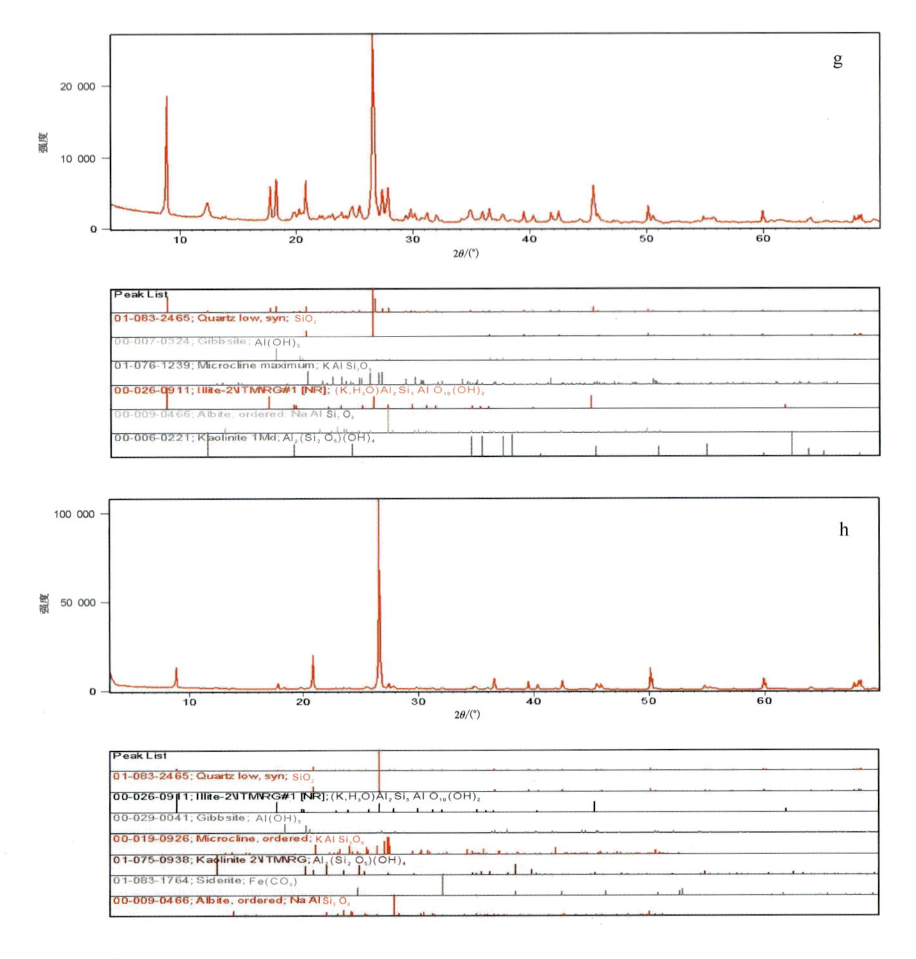

a. $-2\mu m$; b. $(-5\sim+2)\mu m$; c. $(-10\sim+5)\mu m$; d. $(-20\sim+10)\mu m$;
e. $(-45\sim+20)\mu m$; f. $(-50\sim+45)\mu m$; g. $(-74\sim+50)\mu m$; h. $+74\mu m$。

图 3-35　B 矿样不同粒径 XRD 分析图谱

表 3-11　XRD 半定量法对 A 样原矿各粒级矿物含量估算结果

样品	粒级/μm	高岭石/%	三水铝石/%	云母/%	石英/%	透长石/%	微斜长石/%	菱铁矿/%	钠长石/%
A 样	−2	86	11	3	/	/	/	/	/
	−5～+2	88	8	4	/	/	/	/	/
	−10～+5	73	7	6	10	4	/	/	/
	−20～+10	76	4	9	7	4	/	/	/
	−45～+20	57	8	9	18	8	/	/	/
	−50～+45	49	5	15	21	/	10	/	/
	−74～+50	38	4	21	25	/	12	/	/
	+74	10	3	13	59	/	4	4	7

续表 3-11

样品	粒级/μm	高岭石/%	三水铝石/%	云母/%	石英/%	透长石/%	微斜长石/%	菱铁矿/%	钠长石/%
B样	−5～+2	69	18	6	7	/	/	/	/
	−10～+5	61	17	7	10	/	5	/	/
	−20～+10	49	18	13	12	/	8	/	/
	−45～+20	14	17	16	31	/	14	/	8
	−50～+45	12	12	24	32	/	12	/	8
	−74～+50	12	9	23	29	/	12	/	15
	+74	5	5	11	68	/	4	4	3

A样与B样原矿虽然矿物组分相同，化学成分几乎一致，但B样原矿的质量不如A样原矿，主要表现在B样原矿中细粒级中高岭石含量低，杂质矿物含量高，提纯难度要大于A样。同时，B样原矿各个粒级中 Fe_2O_3 的含量分布均匀，且在相应的细粒级中要高于A样。

2）选矿后粒度

选矿后样品的粒径见表3-12，粒径均为 $d(90)\geqslant49\mu m$（图3-36），样品粒度较大。

表 3-12　样品粒度分析结果

样号	采样点	$d(90)/\mu m$	平均粒径/μm	比表面积/($m^2\cdot g^{-1}$)
XK-XC-6	过250目，二次除铁，选厂内	77.80	24.86	0.24
XK-XC-7	过325目，二次除铁，选厂内	49.76	16.02	0.35
XK-XC-8	过180目，二次除铁，选厂内	86.57	25.46	0.24
XK-XC-9	过140目，三次除铁，选厂内	49.43	15.81	0.31
XK-XC-H3	过140目，未磁选，选厂内	75.94	22.98	0.28
XK-XC-H4	过140目，第一次磁选，可回收的粗粒物质，选厂内	72.87	21.88	0.28
XK-XC-H5	过250目，二次除铁，选厂内	70.85	20.87	0.29

三、矿石热失重-热示差分析

利用STA449C综合热分析仪对小坑高岭土原矿和淘洗精矿进行热失重-热示差分析。对原矿，差热曲线（图3-37a、b）在100℃温度附近产生了一个明显的吸热峰，并伴随有少量的失重产生，这是高岭土样品失去表面的吸附水所导致的；在200～350℃温度范围内有一个明显的吸热峰，同时具一定的失重，这是高岭土失去层间水所产生的；在450～600℃温度范围内产生了一个不太明显的吸热峰，同时有少量失重，这是高岭土失去结构水所产生的；继续加热至890℃附近有一个小的吸热峰，其间有少量的失重现象，可能存在α-石英转变为β-石英的过程；1000℃附近有一个明显的放热峰，这是高岭土加热转化为硅铝尖晶石和非晶质二氧化硅所导致的。小坑高岭土矿样总的失重量在−8.09%～−3.95%之间，与化学分析结果一致。

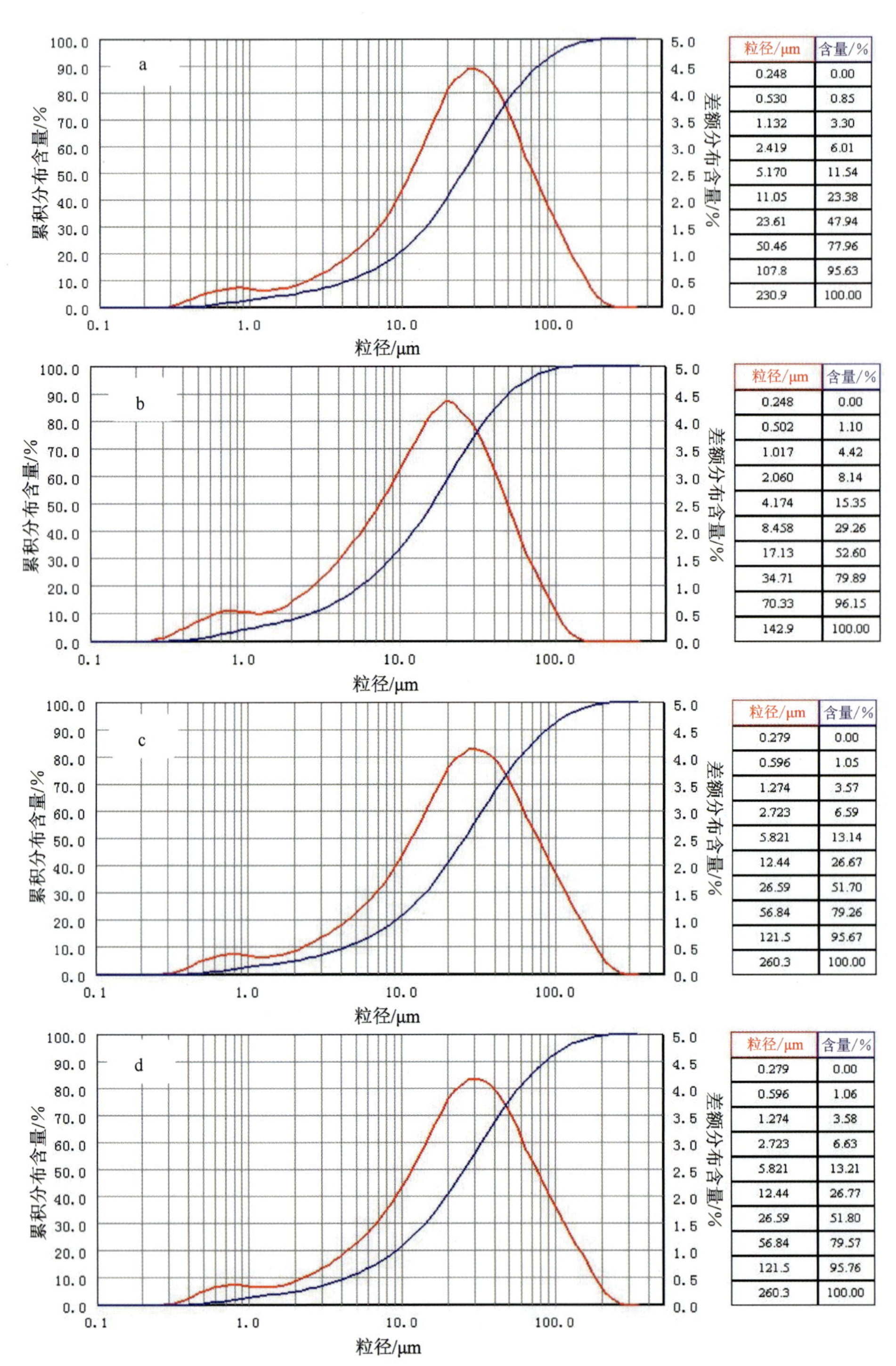

a. 样品 XK-XC-6；b. 样品 XK-XC-7；c. 样品 XK-XC-8；d. 样品 XK-XC-H4。

图 3-36　选矿后样品的粒径分析图

对混合淘洗精矿，差热曲线在100℃温度附近产生了一个明显小的吸热峰，峰值温度为99.8℃（图3-37c），并伴随有少量的失重产生，这是高岭土样品失去表面的吸附水所导致的；200～350℃温度范围内有一个明显的吸热峰，峰值温度274.9℃，同时有一定的失重，这是高岭土失去层间水所产生的；525.8℃处有一个明显的吸热峰，同时有少量失重，这是失去结构水所产生的吸热峰；992.8℃有一个明显的放热峰，这是高岭土加热转化为硅铝尖晶石和非晶质二氧化硅所导致的。淘洗精矿总的失重量为－11.78％，可以分为4个失重阶段，失重量分别为－0.62％、－2.07％、－8.25％和－0.84％。

黏土矿物的纯度对差热曲线的形态及热效应产生的温度亦很敏感，因此通过热分析可以判断小坑高岭土淘洗精矿含有多种矿物，这与XRD分析结果一致。

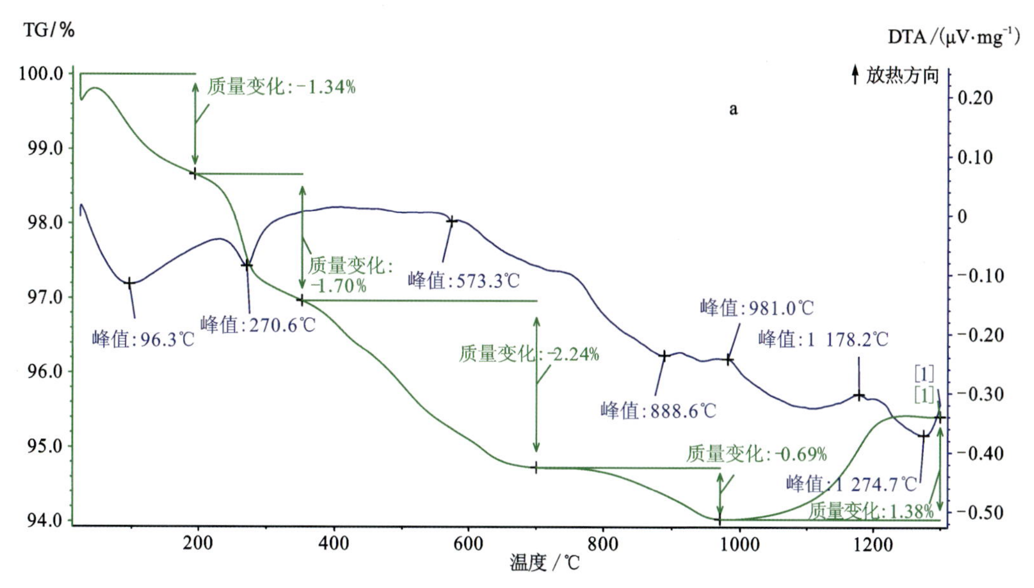

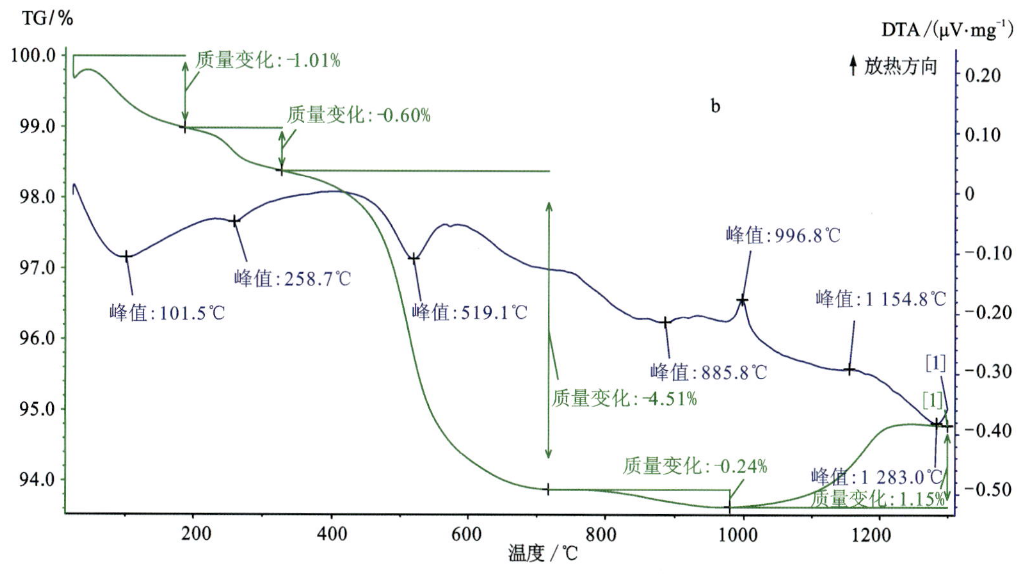

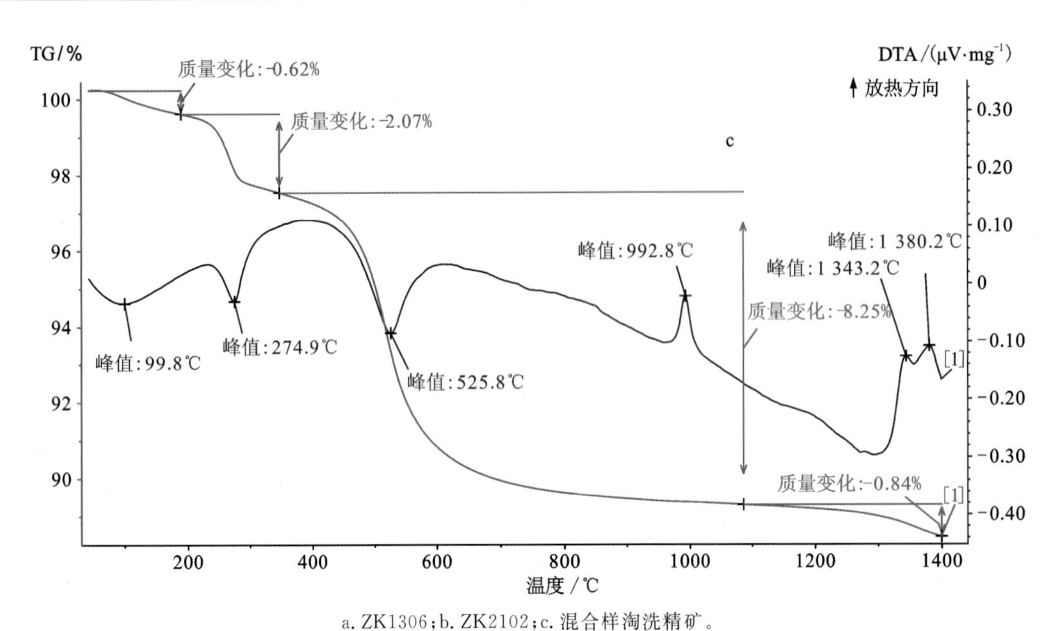

a. ZK1306;b. ZK2102;c. 混合样淘洗精矿。

图 3-37 小坑高岭土热失重-热示差分析

第四章　岩浆演化及岩石成因

第一节　高岭土矿床原岩时代

为了厘定高岭土矿床原岩时代，在小坑矿区露天采坑中采集了两件高岭土样品进行锆石和独居石 U-Pb 定年。其中 XGL-1 采集于采坑南缘，而 XGL-2 采集于采坑北缘。两件样品均为白色黏土状高岭土，质量均约 2.5kg。

一、锆石 U-Pb 年代学

两件高岭土样品中锆石均为浅黄色—无色透明，以长柱状和短柱状为主，粒径大多为 50～100μm，少量达 150μm 以上。CL 图像显示高岭土矿中的锆石有两种类型（图 4-1）：①发育典型岩浆成因的生长振荡环带，无晶核和增生边，是主要的锆石结构类型；②具有核边结构，包括具微弱环带暗晶核被亮环带锆石包裹和亮环带晶核被暗的次生增生边包裹两种情况，显示多期次生长特征。

对 XGL-1 样品不同 CL 特征锆石开展了 18 个点的 U-Pb 定年分析（表 4-1），其中 16 个点位于谐和线上并可分为 4 个时代群（图 4-1a）。①中—新元古代：2 个测点的 $^{206}Pb/^{238}U$ 年龄分别为 1019±14Ma 和 982±12Ma，$^{207}Pb/^{206}Pb$ 年龄分别为 1018±90Ma 和 987±69Ma（XGL-1-01 和 XGL-1-06）。2 个颗粒均为微弱环带暗晶核，对应的 U 含量分别为 1714×10^{-6} 和 1226×10^{-6}，对应的 Th 含量分别为 170×10^{-6} 和 475×10^{-6}，Th/U 比值分别为 0.10 和 0.39（表 4-1），为岩浆成因。②晚奥陶世：5 颗具环带的亮晶核锆石（点 XGL-1-02、XGL-1-04、XGL-1-14、XGL-1-15、XGL-1-18）的 U 和 Th 含量分别为 527×10^{-6}～1638×10^{-6} 和 219×10^{-6}～682×10^{-6}，Th/U 比值为 0.28～0.42，$^{206}Pb/^{238}U$ 年龄为（455±11）～（451±6）Ma。③早三叠世：XGL-1-08 和 XGL-1-09 2 点具有振荡环带，Th 和 U 含量分别为 423×10^{-6}～447×10^{-6} 和 705×10^{-6}～1671×10^{-6}，Th/U 比值为 0.27～0.60，$^{206}Pb/^{238}U$ 年龄为（250±11）～（247±4）Ma。④晚三叠世：7 颗谐和锆石均位于环带边部且振荡环带清晰部位，且 U 和 Th 含量分别为 721×10^{-6}～4725×10^{-6} 和 261×10^{-6}～2192×10^{-6}，Th/U 比值为 0.27～0.71，也为岩浆成因。这些测点 $^{206}Pb/^{238}U$ 年龄为（235±5）～（229±2）Ma，谐和年龄为 231±3Ma（MSWD＝0.2），而加权年龄为 231±2Ma（MSWD＝0.3）（图 4-1a、b）。

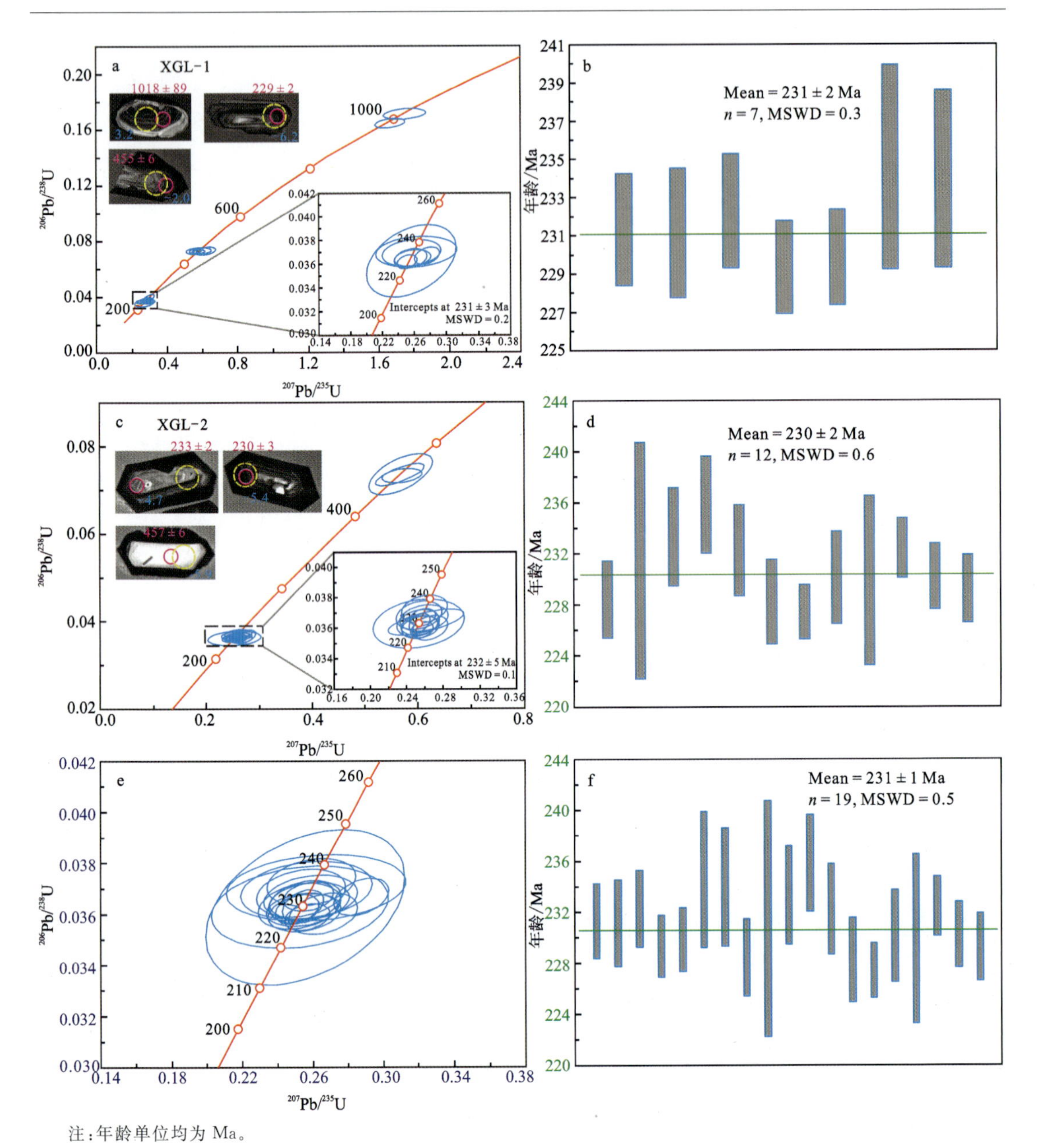

注：年龄单位均为 Ma。

图 4-1 小坑高岭土矿锆石 CL 图像及 U-Pb 定年结果(e 和 f 为 XGL-1 和 XGL-2 合并结果)

对 XGL-2 样品也开展了 18 点的 U-Pb 分析(表 4-1)，其中 15 个谐和点可分为 2 个时代群(图 4-1c)。①晚奥陶世：XGL-2-06、XGL-2-12 和 XGL-2-14 3 点所在的锆石具环带的亮晶核并被暗环带包裹，其核部 U 和 Th 含量分别为 $975\times10^{-6}\sim1564\times10^{-6}$ 和 $93.9\times10^{-6}\sim627\times10^{-6}$，Th/U 比值为 0.08～0.40，$^{206}Pb/^{238}U$ 年龄为(459±10)～(456±6)Ma。②晚三叠世：12 颗谐和锆石具有清晰的生长振荡环带，且 U 和 Th 含量分别为 $583\times10^{-6}\sim10\,016\times10^{-6}$ 和 $192\times10^{-6}\sim3842\times10^{-6}$，Th/U 比值为 0.15～1.14，为岩浆成因。这 12 个测点 $^{206}Pb/^{238}U$ 年龄为(236±4)～(229±3)Ma，谐和年龄为 232±5Ma(MSWD=0.1)，加权年龄为 230±2Ma(MSWD=0.6)(图 4-1c、d)。

表 4-1　小坑高岭土矿区高岭土矿及侵入岩锆石 U-Pb 定年结果

岩性	点号	Th/$\times10^{-6}$	U/$\times10^{-6}$	Th/U	U-Th-Pb 同位素比值								U-Th-Pb 同位素年龄/Ma					
					$^{207}Pb/^{206}Pb$	1σ	$^{207}Pb/^{235}U$	1σ	$^{206}Pb/^{238}U$	1σ	$^{208}Pb/^{232}Th$	1σ	$^{207}Pb/^{206}Pb$	1σ	$^{207}Pb/^{235}U$	1σ	$^{206}Pb/^{238}U$	1σ
高岭土矿	XGL-1-01	170	1714	0.10	0.073 2	0.003 3	1.736 3	0.079 2	0.171 2	0.002 5	0.055 5	0.002 5	1018	90	1022	29	1019	14
	XGL-1-02	682	1638	0.42	0.055 6	0.002 8	0.565 3	0.024 1	0.072 5	0.001 0	0.024 8	0.000 8	439	113	455	16	451	6
	XGL-1-03	354	771	0.46	0.051 0	0.003 2	0.258 1	0.015 0	0.036 5	0.000 5	0.012 1	0.000 4	243	144	233	12	231	3
	XGL-1-04	312	840	0.37	0.056 2	0.002 4	0.563 4	0.023 7	0.072 6	0.001 0	0.023 1	0.000 7	457	93	454	15	452	6
	XGL-1-05	261	721	0.36	0.050 6	0.003 0	0.255 4	0.013 6	0.036 5	0.000 5	0.011 7	0.000 4	233	137	231	11	231	3
	XGL-1-06	475	1226	0.39	0.072 1	0.002 4	1.652 5	0.057 0	0.164 5	0.002 1	0.049 5	0.001 2	987	69	991	22	982	12
	XGL-1-08	447	1671	0.27	0.051 7	0.003 1	0.277 0	0.014 8	0.039 0	0.000 6	0.013 6	0.000 6	276	168	248	12	247	4
	XGL-1-09	423	705	0.60	0.054 4	0.004 5	0.278 7	0.019 8	0.039 5	0.001 7	0.011 2	0.000 5	387	187	250	16	250	11
	XGL-1-10	2192	4725	0.46	0.056 6	0.002 1	0.287 5	0.010 4	0.036 7	0.000 5	0.012 9	0.000 3	476	81	257	8	232	3
	XGL-1-11	1300	2623	0.50	0.050 1	0.001 7	0.250 9	0.008 3	0.036 2	0.000 4	0.011 7	0.000 3	211	78	227	7	229	2
	XGL-1-12	304	1113	0.27	0.046 8	0.003 9	0.255 8	0.037 2	0.036 3	0.002 0	0.012 0	0.000 7	39	189	231	30	230	2
	XGL-1-14	263	947	0.28	0.061 1	0.003 8	0.607 5	0.037 1	0.073 2	0.001 8	0.027 6	0.001 0	643	136	482	23	455	11
	XGL-1-15	364	939	0.39	0.056 3	0.004 8	0.566 0	0.046 8	0.073 1	0.001 5	0.023 7	0.001 0	461	191	455	30	455	9
	XGL-1-16	1143	1605	0.71	0.050 3	0.006 0	0.262 0	0.033 5	0.037 1	0.000 9	0.011 7	0.000 8	209	256	236	27	235	5
	XGL-1-17	913	2092	0.44	0.054 2	0.002 2	0.546 7	0.021 4	0.073 2	0.001 0	0.024 3	0.000 7	389	95	443	14	455	6
	XGL-1-18	219	527	0.42	0.051 2	0.005 2	0.256 5	0.024 6	0.037 0	0.000 7	0.013 4	0.000 7	256	222	232	20	234	5
	XGL-2-01	530	917	0.58	0.051 2	0.002 8	0.255 2	0.013 6	0.036 1	0.000 5	0.010 7	0.000 3	256	124	231	11	229	3
	XGL-2-02	1507	10 016	0.15	0.053 3	0.002 0	0.273 6	0.007 8	0.036 6	0.001 5	0.015 5	0.000 7	343	85	246	6	232	9
	XGL-2-03	214	941	0.23	0.050 1	0.003 4	0.253 6	0.016 6	0.036 9	0.000 6	0.011 7	0.000 7	211	159	229	13	233	4
	XGL-2-04	433	583	0.74	0.051 2	0.003 6	0.259 5	0.016 6	0.037 3	0.000 6	0.010 9	0.000 4	256	165	234	13	236	4
	XGL-2-05	1690	1479	1.14	0.051 5	0.003 7	0.258 8	0.017 4	0.036 7	0.000 6	0.011 0	0.000 3	265	160	234	14	232	4
	XGL-2-06	627	1564	0.40	0.056 1	0.002 5	0.570 2	0.025 2	0.073 3	0.001 0	0.022 2	0.000 7	457	94	458	16	456	6
	XGL-2-08	500	1963	0.25	0.053 1	0.002 5	0.265 7	0.012 9	0.036 1	0.000 5	0.013 0	0.000 5	332	107	239	10	228	3

续表 4-1

岩性	点号	Th/$\times10^{-6}$	U/$\times10^{-6}$	Th/U	U-Th-Pb 同位素比值								U-Th-Pb 同位素年龄/Ma					
					$^{207}Pb/^{206}Pb$	1σ	$^{207}Pb/^{235}U$	1σ	$^{206}Pb/^{238}U$	1σ	$^{208}Pb/^{232}Th$	1σ	$^{207}Pb/^{206}Pb$	1σ	$^{207}Pb/^{235}U$	1σ	$^{206}Pb/^{238}U$	1σ
高岭土矿	XGL-2-09	192	5372	0.04	0.051 3	0.001 7	0.256 8	0.008 3	0.035 9	0.000 3	0.011 0	0.000 5	254	69	232	7	228	2
	XGL-2-12	93.9	1242	0.08	0.056 7	0.003 2	0.568 7	0.039 9	0.073 7	0.003 1	0.021 5	0.003 2	480	124	457	26	459	19
	XGL-2-13	512	738	0.69	0.051 3	0.003 3	0.252 6	0.015 5	0.036 4	0.000 6	0.011 2	0.000 4	254	152	229	13	230	4
	XGL-2-14	312	975	0.32	0.056 0	0.003 3	0.568 2	0.033 4	0.073 5	0.001 0	0.022 6	0.000 9	454	136	457	22	457	6
	XGL-2-15	416	635	0.66	0.050 1	0.006 9	0.252 8	0.033 1	0.036 3	0.001 1	0.010 9	0.001 0	198	302	229	27	230	7
	XGL-2-16	1327	3246	0.41	0.050 7	0.001 8	0.257 8	0.009 4	0.036 7	0.000 4	0.011 5	0.000 3	228	83	233	8	233	2
	XGL-2-17	3842	6230	0.62	0.050 6	0.001 6	0.254 1	0.007 7	0.036 4	0.000 4	0.010 9	0.000 3	233	72	230	6	230	3
	XGL-2-18	1629	1684	0.97	0.050 7	0.002 7	0.253 9	0.013 4	0.036 2	0.000 4	0.012 4	0.000 3	228	120	230	11	229	3
黑云母二长花岗岩	ZK001-01	914	18730	0.05	0.050 9	0.001 3	0.271 4	0.007 6	0.038 3	0.000 5	0.010 2	0.000 4	239	61	244	6	242	3
	ZK001-02	3098	5676	0.55	0.073 3	0.001 6	1.765 3	0.038 2	0.173 1	0.001 5	0.056 6	0.001 2	1033	38	1033	14	1029	8
	ZK001-04	4552	3539	1.29	0.051 0	0.002 3	0.264 7	0.011 5	0.037 8	0.000 5	0.012 0	0.000 3	239	104	238	9	239	3
	ZK001-05	850	2713	0.31	0.055 2	0.002 9	0.553 9	0.028 6	0.072 1	0.001 0	0.022 2	0.000 9	420	151	448	19	449	6
	ZK001-06	3187	4823	0.66	0.050 6	0.003 0	0.263 3	0.015 9	0.037 5	0.000 7	0.012 0	0.000 4	220	137	237	13	237	4
	ZK001-07	1119	1544	0.72	0.054 4	0.008 6	0.298 5	0.048 1	0.041 7	0.001 3	0.012 7	0.000 6	387	318	265	38	264	8
	ZK001-08	986	1372	0.72	0.050 8	0.004 1	0.261 7	0.020 9	0.037 6	0.000 7	0.012 3	0.000 5	232	189	236	17	238	4
	ZK001-09	2011	3001	0.67	0.050 9	0.002 7	0.267 9	0.014 1	0.038 0	0.000 6	0.011 9	0.000 4	239	122	241	11	241	4
	ZK001-10	1557	2176	0.72	0.051 1	0.002 9	0.266 9	0.015 9	0.037 7	0.000 5	0.011 1	0.000 3	243	131	240	13	238	3
	ZK001-11	1884	4903	0.38	0.051 6	0.002 4	0.266 4	0.012 0	0.037 5	0.000 4	0.011 4	0.000 3	265	101	240	10	237	3
	ZK001-12	856	3562	0.24	0.051 1	0.002 8	0.268 1	0.014 7	0.038 3	0.000 6	0.011 0	0.000 5	243	121	241	12	243	4
	ZK001-13	3954	6739	0.59	0.051 0	0.001 9	0.268 5	0.009 9	0.038 2	0.000 5	0.011 7	0.000 3	243	85	241	8	241	3
	ZK001-14	2398	4468	0.54	0.051 2	0.003 4	0.265 5	0.017 2	0.037 5	0.000 7	0.011 4	0.000 4	256	147	239	14	238	4
	ZK001-15	1136	10 225	0.11	0.050 2	0.001 4	0.261 3	0.007 5	0.037 6	0.000 3	0.011 6	0.000 3	211	67	236	6	238	2
	ZK001-16	2978	21 708	0.14	0.052 9	0.001 6	0.279 7	0.008 1	0.038 2	0.000 5	0.014 5	0.000 5	324	67	250	6	242	3

续表 4-1

岩性	点号	Th/×10⁻⁶	U/×10⁻⁶	Th/U	U-Th-Pb同位素比值								U-Th-Pb同位素年龄/Ma					
					$^{207}Pb/^{206}Pb$	1σ	$^{207}Pb/^{235}U$	1σ	$^{206}Pb/^{238}U$	1σ	$^{208}Pb/^{232}Th$	1σ	$^{207}Pb/^{206}Pb$	1σ	$^{207}Pb/^{235}U$	1σ	$^{206}Pb/^{238}U$	1σ
黑云母二长花岗岩	ZK001-17	2148	2742	0.78	0.051 6	0.002 6	0.274 1	0.013 4	0.038 5	0.000 5	0.010 6	0.000 3	333	113	246	11	244	3
	ZK001-18	11 238	5262	2.14	0.050 7	0.003 3	0.264 2	0.017 2	0.037 5	0.000 6	0.011 0	0.000 3	233	147	238	14	237	4
白云母花岗岩	XMSG-1-01	4506	6335	0.71	0.051 7	0.002 4	0.262 3	0.011 1	0.036 8	0.000 5	0.011 2	0.000 3	272	104	237	9	233	3
	XMSG-1-02	1043	1148	0.91	0.051 9	0.005 4	0.249 9	0.023 7	0.035 7	0.000 7	0.012 1	0.000 5	280	234	227	19	226	5
	XMSG-1-03	408	7805	0.05	0.055 1	0.001 5	0.517 7	0.013 5	0.067 8	0.000 6	0.021 3	0.000 9	417	63	424	9	423	4
	XMSG-1-04	2641	7477	0.35	0.050 6	0.002 0	0.254 9	0.010 2	0.036 3	0.000 4	0.011 7	0.000 3	233	89	231	8	230	3
	XMSG-1-05	4471	23 618	0.19	0.050 8	0.001 3	0.257 8	0.007 3	0.036 5	0.000 4	0.010 9	0.000 3	232	64	233	6	231	2
	XMSG-1-06	2978	24 852	0.12	0.050 6	0.001 3	0.258 2	0.007 6	0.036 8	0.000 6	0.012 9	0.000 6	233	59	233	6	233	4
	XMSG-1-07	778	2057	0.38	0.052 9	0.003 7	0.255 4	0.017 5	0.036 3	0.000 7	0.012 3	0.000 4	324	155	231	14	230	4
	XMSG-1-08	3435	21 366	0.16	0.050 2	0.002 5	0.257 6	0.013 8	0.036 4	0.000 6	0.011 6	0.000 4	206	115	233	11	231	3
	XMSG-1-09	2672	8354	0.32	0.049 9	0.001 8	0.248 6	0.009 0	0.036 0	0.000 4	0.011 4	0.000 3	191	83	225	7	228	3
	XMSG-1-10	1803	6474	0.28	0.054 2	0.001 7	0.464 8	0.016 3	0.062 1	0.001 1	0.022 0	0.000 6	389	72	388	11	388	7
	XMSG-1-11	1115	29 591	0.04	0.050 5	0.001 6	0.256 4	0.008 8	0.036 6	0.000 5	0.012 9	0.000 6	217	81	232	7	232	3
	XMSG-1-12	1272	19 960	0.06	0.049 8	0.003 8	0.247 9	0.017 4	0.036 2	0.000 7	0.011 9	0.001 1	183	167	225	14	229	4
	XMSG-1-13	1786	5570	0.32	0.051 5	0.002 6	0.262 4	0.013 1	0.036 7	0.000 4	0.013 3	0.000 4	265	117	237	11	232	2
	XMSG-1-14	556	1843	0.30	0.051 2	0.004 3	0.251 9	0.020 6	0.036 0	0.000 7	0.013 4	0.000 6	250	188	228	17	228	4
	XMSG-1-15	725	3284	0.22	0.050 6	0.002 3	0.254 6	0.011 0	0.036 6	0.000 4	0.011 7	0.000 4	233	104	230	9	231	3
	XMSG-1-17	1286	2104	0.61	0.051 1	0.002 4	0.257 5	0.012 2	0.036 7	0.000 5	0.011 8	0.000 3	256	109	233	10	232	3
	XMSG-1-18	1908	3241	0.59	0.051 2	0.002 7	0.257 6	0.013 3	0.036 5	0.000 5	0.012 2	0.000 4	250	119	233	11	231	3
	XMSG-5-01	699	1570	0.45	0.051 0	0.002 5	0.257 1	0.011 6	0.036 7	0.000 6	0.012 1	0.000 4	239	113	232	9	233	4
	XMSG-5-03	1946	1819	1.07	0.052 4	0.002 5	0.267 1	0.013 5	0.036 6	0.000 5	0.011 2	0.000 3	302	111	240	11	232	3
	XMSG-5-04	1083	3398	0.32	0.050 4	0.002 2	0.260 1	0.011 3	0.037 1	0.000 5	0.011 4	0.000 3	213	100	235	9	235	3
	XMSG-5-05	1204	6346	0.19	0.050 6	0.001 7	0.257 3	0.007 5	0.036 4	0.000 4	0.008 7	0.000 3	233	80	233	6	230	3

续表 4-1

岩性	点号	Th/×10^{-6}	U/×10^{-6}	Th/U	U-Th-Pb 同位素比值								U-Th-Pb 同位素年龄/Ma					
					^{207}Pb/^{206}Pb	1σ	^{207}Pb/^{235}U	1σ	^{206}Pb/^{238}U	1σ	^{208}Pb/^{232}Th	1σ	^{207}Pb/^{206}Pb	1σ	^{207}Pb/^{235}U	1σ	^{206}Pb/^{238}U	1σ
白云母花岗岩	XMSG-5-06	547	4292	0.13	0.050 7	0.002 0	0.258 2	0.010 0	0.036 8	0.000 5	0.011 8	0.000 7	233	95	233	8	233	3
	XMSG-5-07	1038	7681	0.14	0.049 2	0.001 7	0.252 2	0.008 3	0.036 7	0.000 5	0.012 4	0.000 7	154	78	228	7	233	3
	XMSG-5-08	1237	5112	0.24	0.054 2	0.001 8	0.276 4	0.009 1	0.036 5	0.000 4	0.011 9	0.000 3	389	74	248	7	231	2
	XMSG-5-09	630	1516	0.42	0.050 4	0.002 4	0.249 3	0.011 3	0.036 0	0.000 5	0.011 8	0.000 3	213	109	226	9	228	3
	XMSG-5-10	338	1456	0.23	0.054 7	0.002 3	0.550 0	0.023 0	0.072 2	0.000 8	0.021 5	0.000 7	467	97	445	15	449	5
	XMSG-5-11	585	1157	0.51	0.051 3	0.003 0	0.282 7	0.016 6	0.039 9	0.000 7	0.012 3	0.000 4	257	132	253	13	252	4
	XMSG-5-12	1904	16 659	0.11	0.052 6	0.001 7	0.265 7	0.008 0	0.036 4	0.000 4	0.013 7	0.000 4	322	74	239	6	230	3
	XMSG-5-13	504	1032	0.49	0.050 2	0.002 5	0.251 5	0.012 0	0.036 3	0.000 5	0.011 9	0.000 4	211	119	228	10	230	3
	XMSG-5-14	504	10 813	0.05	0.050 0	0.002 3	0.254 8	0.011 4	0.036 6	0.000 5	0.013 9	0.000 8	195	107	230	9	232	3
	XMSG-5-15	1733	4110	0.42	0.048 9	0.002 5	0.247 6	0.010 7	0.036 3	0.000 6	0.011 8	0.000 6	143	120	225	9	230	4
	XMSG-5-16	2439	2932	0.83	0.049 5	0.002 7	0.250 6	0.013 9	0.036 2	0.000 6	0.011 1	0.000 3	172	131	227	11	229	4
	XMSG-5-17	1303	2381	0.55	0.049 5	0.001 9	0.252 5	0.009 5	0.036 8	0.000 5	0.012 3	0.000 3	172	87	229	8	233	3
	XMSG-5-18	3570	5495	0.65	0.049 5	0.002 2	0.248 2	0.011 8	0.035 7	0.000 5	0.011 8	0.000 4	172	106	225	10	226	3
黑云母正长花岗岩	XAG-1-01	740	12 352	0.06	0.050 7	0.001 5	0.250 3	0.008 0	0.035 5	0.000 4	0.015 2	0.000 5	228	66	227	6	225	2
	XAG-1-02	410	742	0.55	0.056 1	0.002 8	0.559 9	0.026 0	0.072 8	0.001 1	0.023 0	0.001 2	457	111	451	17	453	7
	XAG-1-03	2076	1900	1.09	0.050 9	0.002 5	0.252 9	0.011 8	0.036 3	0.000 5	0.010 9	0.000 3	235	111	229	10	230	3
	XAG-1-04	3672	4126	0.89	0.053 5	0.002 7	0.267 3	0.012 7	0.036 1	0.000 5	0.011 2	0.000 3	346	115	241	10	229	3
	XAG-1-05	4107	3717	1.11	0.050 3	0.002 0	0.249 8	0.010 2	0.036 0	0.000 5	0.011 3	0.000 3	209	90	226	8	228	3
	XAG-1-06	889	7014	0.13	0.052 5	0.001 6	0.266 2	0.008 3	0.036 4	0.000 4	0.012 1	0.000 4	309	69	240	7	231	2
	XAG-1-07	1598	1903	0.84	0.049 6	0.002 6	0.254 8	0.014 5	0.036 6	0.000 5	0.010 9	0.000 4	176	119	230	12	232	3
	XAG-1-09	2544	5060	0.50	0.052 9	0.002 0	0.262 9	0.010 2	0.035 6	0.000 4	0.010 7	0.000 3	324	85	237	8	226	3
	XAG-1-10	605	432	1.40	0.053 0	0.008 0	0.273 8	0.036 0	0.038 8	0.001 1	0.013 5	0.000 6	328	311	246	29	246	7
	XAG-1-11	2010	3136	0.64	0.051 0	0.002 0	0.259 5	0.010 5	0.036 7	0.000 4	0.011 1	0.000 3	239	93	234	8	232	3

续表 4-1

岩性	点号	Th/×10⁻⁶	U/×10⁻⁶	Th/U	U-Th-Pb 同位素比值								U-Th-Pb 同位素年龄/Ma					
					$^{207}Pb/^{206}Pb$	1σ	$^{207}Pb/^{235}U$	1σ	$^{206}Pb/^{238}U$	1σ	$^{208}Pb/^{232}Th$	1σ	$^{207}Pb/^{206}Pb$	1σ	$^{207}Pb/^{235}U$	1σ	$^{206}Pb/^{238}U$	1σ
黑云母正长花岗岩	XAG-1-12	210	941	0.22	0.056 0	0.003 7	0.567 1	0.037 9	0.072 7	0.001 1	0.027 3	0.001 5	450	146	456	25	452	7
	XAG-1-13	239	2212	0.11	0.050 1	0.003 3	0.253 7	0.017 5	0.036 2	0.000 6	0.011 5	0.001 0	198	156	230	14	229	4
	XAG-1-14	306	2040	0.15	0.055 6	0.002 2	0.570 5	0.023 6	0.073 5	0.001 0	0.023 7	0.001 0	439	85	458	15	457	6
	XAG-1-15	1952	5085	0.38	0.051 5	0.002 4	0.259 2	0.011 9	0.036 3	0.000 6	0.011 1	0.000 3	265	109	234	10	230	4
	XAG-1-16	2756	4826	0.57	0.055 3	0.001 8	0.560 8	0.017 3	0.073 2	0.000 7	0.022 0	0.000 5	433	70	452	11	455	4
	XAG-1-17	1285	20 103	0.06	0.051 6	0.001 7	0.260 2	0.007 6	0.036 2	0.000 6	0.016 9	0.001 1	333	74	235	6	229	4
	XAG-1-18	524	3313	0.16	0.051 0	0.001 9	0.252 7	0.009 3	0.035 8	0.000 5	0.011 5	0.000 4	243	79	229	8	227	3
	XAG-3-01	766	1825	0.42	0.050 5	0.003 4	0.295 8	0.020 1	0.042 1	0.000 7	0.013 2	0.000 5	220	157	263	16	266	5
	XAG-3-02	488	3975	0.12	0.051 8	0.002 4	0.303 5	0.014 8	0.042 3	0.001 1	0.015 1	0.000 9	280	107	269	12	267	7
	XAG-3-03	1577	2500	0.63	0.050 8	0.002 0	0.254 8	0.009 5	0.036 2	0.000 4	0.010 5	0.000 3	232	60	231	8	229	3
	XAG-3-05	375	1795	0.21	0.054 6	0.002 6	0.532 3	0.019 8	0.070 1	0.000 9	0.022 8	0.000 7	394	107	433	13	437	5
	XAG-3-06	283	2755	0.10	0.050 7	0.002 0	0.255 0	0.009 5	0.036 1	0.000 4	0.013 2	0.000 6	228	58	231	8	228	3
	XAG-3-07	1287	2460	0.52	0.052 3	0.003 0	0.263 9	0.015 2	0.036 0	0.000 6	0.011 7	0.000 4	302	134	238	12	228	4
	XAG-3-08	1030	11 471	0.09	0.052 0	0.001 5	0.264 7	0.008 0	0.036 4	0.000 4	0.012 2	0.000 4	287	69	238	6	231	3
	XAG-3-09	179	5141	0.03	0.049 9	0.001 5	0.248 8	0.007 3	0.035 9	0.000 4	0.011 2	0.000 6	187	68	226	6	227	2
	XAG-3-12	1208	2544	0.47	0.051 3	0.002 2	0.292 9	0.013 5	0.041 2	0.000 8	0.012 6	0.000 4	254	98	261	11	260	5
	XAG-3-13	2935	2997	0.98	0.050 9	0.002 1	0.255 6	0.010 0	0.036 3	0.000 5	0.011 1	0.000 3	235	62	231	8	230	3
	XAG-3-14	956	8003	0.12	0.053 0	0.002 5	0.267 5	0.013 1	0.036 3	0.000 6	0.010 0	0.000 6	328	107	241	11	230	4
	XAG-3-15	537	2841	0.19	0.050 7	0.001 8	0.254 2	0.008 9	0.036 2	0.000 4	0.011 5	0.000 4	233	81	230	7	229	3
	XAG-3-16	459	2184	0.21	0.051 0	0.002 1	0.259 2	0.011 2	0.036 6	0.000 5	0.012 5	0.000 5	239	94	234	9	232	3
	XAG-3-17	824	9463	0.09	0.054 7	0.001 7	0.274 5	0.009 3	0.036 0	0.000 5	0.011 0	0.000 4	398	75	246	7	228	3

续表 4-1

岩性	点号	Th/×10⁻⁶	U/×10⁻⁶	Th/U	U-Th-Pb 同位素比值						U-Th-Pb 同位素年龄/Ma					
					$^{207}Pb/^{206}Pb$	1σ	$^{207}Pb/^{235}U$	1σ	$^{206}Pb/^{238}U$	1σ	$^{208}Pb/^{232}Th$	1σ	$^{207}Pb/^{206}Pb$	1σ	$^{207}Pb/^{235}U$	1σ	$^{206}Pb/^{238}U$	1σ
细晶岩脉	XFG-1-01	1167	9652	0.12	0.050 6	0.001 7	0.255 0	0.008 6	0.036 4	0.000 4	0.011 7	0.000 3	233	78	231	7	230	2
	XFG-1-02	383	736	0.52	0.069 1	0.002 6	1.436 2	0.053 3	0.150 8	0.001 8	0.042 9	0.001 1	902	78	904	22	906	10
	XFG-1-03	1708	7442	0.23	0.050 2	0.001 7	0.249 9	0.008 1	0.036 0	0.000 4	0.010 9	0.000 3	211	76	226	7	228	2
	XFG-1-04	1813	4739	0.38	0.050 4	0.001 7	0.250 2	0.008 9	0.035 7	0.000 5	0.010 5	0.000 5	213	50	227	7	226	3
	XFG-1-05	402	8418	0.05	0.048 5	0.001 6	0.243 1	0.009 3	0.036 1	0.000 6	0.012 1	0.000 7	120	80	221	8	229	4
	XFG-1-06	1431	28 560	0.05	0.049 7	0.001 3	0.205 4	0.004 9	0.029 9	0.000 3	0.011 2	0.000 6	189	61	190	4	190	2
	XFG-1-07	3678	8088	0.45	0.050 7	0.002 4	0.253 3	0.011 1	0.036 0	0.000 5	0.011 6	0.000 4	233	105	229	9	228	3
	XFG-1-08	693	5777	0.12	0.050 7	0.002 0	0.255 4	0.010 1	0.036 2	0.000 4	0.011 2	0.000 5	228	60	231	8	229	3
	XFG-1-09	662	2358	0.28	0.056 0	0.002 6	0.569 7	0.027 6	0.073 2	0.001 0	0.022 1	0.000 8	454	106	458	18	455	6
	XFG-1-10	618	1364	0.45	0.055 5	0.002 7	0.560 3	0.025 8	0.073 0	0.001 1	0.021 4	0.000 7	432	142	452	17	454	7
	XFG-1-11	2997	4168	0.72	0.050 8	0.001 9	0.255 7	0.009 3	0.036 2	0.000 5	0.011 2	0.000 3	235	85	231	8	230	3
	XFG-1-12	347	13 322	0.03	0.050 8	0.001 5	0.256 8	0.007 5	0.036 3	0.000 5	0.011 0	0.000 5	235	67	232	6	230	3
	XFG-1-13	1854	3828	0.48	0.049 4	0.002 6	0.203 1	0.009 8	0.029 7	0.000 6	0.008 4	0.000 4	165	124	188	8	188	4
	XFG-1-14	4250	13 070	0.33	0.050 6	0.002 3	0.253 1	0.011 7	0.036 1	0.000 6	0.011 2	0.000 4	220	101	229	9	228	4
	XFG-1-15	3421	6364	0.54	0.050 2	0.001 9	0.255 2	0.009 8	0.036 6	0.000 5	0.010 6	0.000 2	211	82	231	8	231	3
	XFG-1-16	741	16 913	0.04	0.051 6	0.002 5	0.254 9	0.010 1	0.036 1	0.000 5	0.011 6	0.001 2	265	113	231	8	229	3
	XFG-1-17	3245	3900	0.83	0.051 8	0.004 4	0.306 4	0.019 1	0.043 3	0.001 0	0.013 2	0.000 5	276	190	271	15	273	6

二、独居石 U-Pb 年代学及微量元素特征

小坑高岭土矿床中独居石为大多为长柱状—等粒状，粒径一般为 50～90μm，少数可达 150μm。BSE 照片中大多呈比较均一的暗灰色，少数具有简单的分带结构，即暗灰色核部和外缘稍亮的边部(图 4-2a)。甚至可见暗色-亮色交替环带，可能与生长过程中 U-Th-Pb 含量不均有关。对该样品开展了 18 个测点的 U-Th-Pb 同位素测定(表 4-2)，均位于谐和曲线上(图 4-2a)，明显可分为 2 个时代群。①晚奥陶世：XGL-2(Mz)-06、XGL-2(Mz)-11 和 XGL-2(Mz)-18 3 点均位于独居石核部或暗色部位，其 U 和 Th 含量分别为 1653×10^{-6}～4368×10^{-6} 和 $34\ 841\times10^{-6}$～$51\ 905\times10^{-6}$，Th/U 比值为 10.3～31.4，$^{206}Pb/^{238}U$ 年龄为 (450±10)～(446±6)Ma，加权年龄为 448±5Ma(MSWD=0.2)。②晚三叠世：另外 15 颗独居石 BSE 图像较均一或位于边部，U 和 Th 含量分别为 1830×10^{-6}～6031×10^{-6} 和 $48\ 623\times10^{-6}$～$84\ 862\times10^{-6}$，Th/U 比值为 8.9～38.3。15 个测点 $^{206}Pb/^{238}U$ 年龄为(232±2)～(226±3)Ma，加权年龄为 230±1Ma(MSWD=0.7)(图 4-2b)。

小坑高岭土矿中的独居石以富集稀土元素为特征(表 4-3)。448±5Ma 年龄组 3 颗独居石 ΣREE 含量为 $517\ 643\times10^{-6}$～$527\ 327\times10^{-6}$，其中 La 含量为 $136\ 313\times10^{-6}$～$146\ 575\times10^{-6}$，Ce 含量为 $241\ 262\times10^{-6}$～$246\ 451\times10^{-6}$，Sm 和 Nd 含量分别为 $11\ 983\times10^{-6}$～$13\ 302\times10^{-6}$ 和 $86\ 328\times10^{-6}$～$89\ 329\times10^{-6}$，但 Eu(259×10^{-6}～379×10^{-6})和重稀土元素(HREE)含量较低。Eu/Eu* 值为 0.08～0.12，$(Gd/Lu)_N$ 值为 72.04～155.75，球粒陨石标准化稀土配分型式呈轻稀土富集重稀土亏损特征(图 4-3a)。230±1Ma 年龄组独居石 ΣREE 含量为 $465\ 001\times10^{-6}$～$519\ 806\times10^{-6}$，较晚奥陶世独居石含量略低。同时相对于前者，晚三叠世独居石 La($102\ 883\times10^{-6}$～$125\ 216\times10^{-6}$)和 Ce($211\ 286\times10^{-6}$～$243\ 503\times10^{-6}$)含量偏低，但 Sm($13\ 662\times10^{-6}$～$17\ 609\times10^{-6}$)、Nd($86\ 470\times10^{-6}$～$97\ 574\times10^{-6}$)、Eu(141×10^{-6}～546×10^{-6})和 HREE 含量稍高。Eu/Eu* 和$(Gd/Lu)_N$值分别为 0.04～0.14 和 21.65～673.77，标准化配分曲线也显示 HREE 元素略富集特征(图 4-3a)。

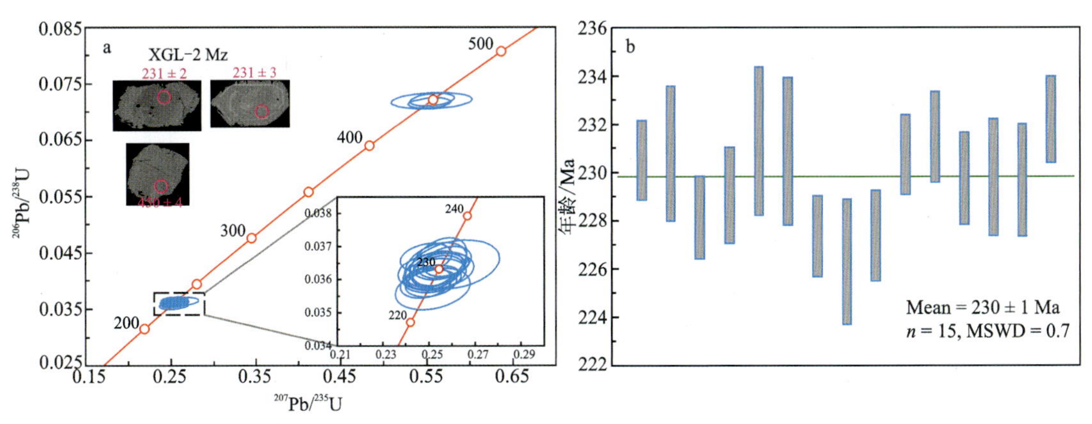

注：年龄单位均为 Ma。

图 4-2 小坑高岭土矿独居石 BSE 图像及 U-Pb 定年结果

表 4-2　小坑矿区高岭土矿中独居石 U-Pb 定年结果

点号	Th/$\times10^{-6}$	U/$\times10^{-6}$	Th/U	U-TH-Pb 同位素比值								同位素年龄/Ma					
				$^{207}Pb/^{207}Pb$	1σ	$^{207}Pb/^{235}U$	1σ	$^{206}Pb/^{238}U$	1σ	$^{208}Pb/^{232}Th$	1σ	$^{207}Pb/^{206}Pb$	1σ	$^{207}Pb/^{235}U$	1σ	$^{206}Pb/^{238}U$	1σ
XGL-2(Mz)-01	50 204	5600	9.0	0.050 6	0.001 5	0.254 5	0.007 4	0.036 4	0.000 3	0.011 3	0.000 1	233	73	230	6	231	2
XGL-2(Mz)-02	73 116	3200	22.8	0.050 2	0.002 2	0.252 9	0.008 9	0.036 5	0.000 4	0.011 6	0.000 1	211	104	229	7	231	3
XGL-2(Mz)-03	78 408	4479	17.5	0.050 5	0.001 6	0.251 6	0.008 2	0.036 0	0.000 3	0.011 5	0.000 1	217	79	228	7	228	2
XGL-2(Mz)-04	48 623	3159	15.4	0.050 6	0.001 8	0.252 4	0.009 0	0.036 2	0.000 3	0.011 6	0.000 1	220	53	229	7	229	2
XGL-2(Mz)-05	48 990	5514	8.9	0.050 8	0.001 7	0.254 0	0.008 1	0.036 5	0.000 5	0.011 6	0.000 1	232	80	230	7	231	3
XGL-2(Mz)-06	45 099	4368	10.3	0.055 8	0.001 7	0.556 1	0.016 9	0.072 3	0.000 7	0.022 5	0.000 1	443	69	449	11	450	4
XGL-2(Mz)-07	73 034	1906	38.3	0.052 4	0.002 8	0.261 1	0.012 9	0.036 5	0.000 5	0.011 4	0.000 1	302	120	236	10	231	3
XGL-2(Mz)-08	55 789	5816	9.6	0.050 6	0.001 5	0.250 9	0.007 3	0.035 9	0.000 3	0.011 6	0.000 1	220	69	227	6	227	2
XGL-2(Mz)-09	73 499	2949	24.9	0.051 3	0.002 3	0.251 6	0.010 7	0.035 7	0.000 4	0.011 3	0.000 1	254	102	228	9	226	3
XGL-2(Mz)-10	76 033	6031	12.6	0.050 2	0.001 5	0.248 7	0.007 4	0.035 9	0.000 3	0.011 6	0.000 1	211	70	226	6	227	2
XGL-2(Mz)-11	34 841	3197	10.9	0.055 8	0.001 7	0.552 9	0.016 2	0.071 7	0.000 6	0.022 4	0.000 2	456	67	447	11	446	4
XGL-2(Mz)-12	81 685	5591	14.6	0.051 0	0.001 5	0.256 2	0.007 3	0.036 4	0.000 3	0.011 4	0.000 1	243	69	232	6	231	2
XGL-2(Mz)-13	84 862	4755	17.8	0.051 2	0.001 4	0.257 9	0.006 9	0.036 6	0.000 3	0.011 3	0.000 1	250	68	233	6	232	2
XGL-2(Mz)-14	80 374	4933	16.3	0.050 8	0.001 5	0.253 9	0.007 3	0.036 3	0.000 3	0.011 3	0.000 1	232	67	230	6	230	2
XGL-2(Mz)-15	76 598	3014	25.4	0.050 8	0.001 8	0.252 3	0.008 4	0.036 3	0.000 4	0.011 2	0.000 1	232	88	228	7	230	2
XGL-2(Mz)-16	66 159	1830	36.2	0.050 9	0.002 3	0.253 1	0.010 9	0.036 3	0.000 4	0.011 3	0.000 1	235	108	229	9	230	2
XGL-2(Mz)-17	74 623	4767	15.7	0.049 0	0.001 4	0.248 6	0.007 3	0.036 7	0.000 3	0.011 5	0.000 1	150	69	225	6	232	2
XGL-2(Mz)-18	51 905	1653	31.4	0.058 1	0.005 2	0.555 2	0.031 0	0.072 1	0.000 9	0.022 5	0.000 2	532	196	448	20	449	5

表 4-3　小坑矿区高岭土矿中独居石微量元素测试结果

点号	Ti	Y	Nb	La	Ce	Pr	Nd	Sm	Eu	Gd	Tb	Dy	Ho	Er	Tm	Yb	Lu	Hf	Ta	Pb_{common}	Pb_{total}	Th	U	ΣREE	Eu/Eu*	$(Gd/Lu)_N$
XGL-2-01	1.094	10 237	0.04	121 168	229 218	25 500	94 834	17 333	345	13 066	1474	4685	372	334	14.7	38.0	2.40	0.77	0.06		709	50 204	5600	508 384	0.07	673.77
XGL-2-02	0	14 671	0.12	115 428	226 979	25 008	89 916	15 091	292	9445	1072	4361	602	1065	88.2	335	29.4	0.46	0.12		871	73 116	3200	489 713	0.07	39.76
XGL-2-03	0	16 718	0	107 899	220 179	24 926	90 587	15 797	298	10 106	1184	4923	671	1222	104	412	35.3	0.35	0.16	2.38	966	78 408	4479	478 346	0.07	35.37
XGL-2-04	1.050	9822	0	125 216	243 503	26 754	97 574	13 662	465	7349	771	3044	403	731	63.8	250	21.4	0.51	0.04	0.87	613	48 623	3159	519 806	0.13	42.43
XGL-2-05	1.440	19 189	0	116 415	218 535	24 522	91 994	17 416	329	14 292	1659	6185	764	1233	95.4	340	32.0	1.33	0.34	9.51	697	48 990	5514	493 811	0.06	55.16
XGL-2-06		8072	0.02	136 313	241 262	25 484	89 329	13 302	289	7316	719	2585	320	519	39.5	153	12.6	0.48	0.07		1202	45 099	4368	517 643	0.08	72.04
XGL-2-07	1.400	8121	0.05	119 588	229 551	25 735	92 802	14 662	141	8262	788	2662	335	526	40.0	153	12.8	0.30	0.12	3.49	808	73 034	1906	495 258	0.04	80.09
XGL-2-08	1.252	22 527	0.05	115 766	218 354	24 182	88 260	14 751	366	10 303	1328	5951	917	1786	154	640	58.8	0.82	0.25	0	775	55 789	5816	482 817	0.09	21.65
XGL-2-09	1.030	14 487	0	118 420	226 795	25 498	91 486	14 983	238	9432	1072	4358	604	1059	87.7	321	27.2	0.92	0.15	1.02	839	73 499	2949	494 381	0.06	42.82
XGL-2-10	1.105	17 085	0.08	108 784	219 357	24 834	89 721	16 511	195	10 528	1279	5230	707	1232	106	445	37.4	0.18	0.11		993	76 033	6031	478 966	0.04	34.82
XGL-2-11		6817		146 575	246 451	25 279	86 328	11 983	379	6557	635	2255	278	448	33.7	116	9.37	0.67	0.06	3.51	915	34 841	3197	527 327	0.12	86.47
XGL-2-12	0	19 170	0.08	104 921	214 301	24 131	88 280	16 833	194	11 087	1350	5612	783	1391	117	477	40.4	0.89	0.21	3.22	1024	81 685	5591	469 518	0.04	33.90
XGL-2-13	0	19 611	0.08	102 883	211 286	23 988	86 470	17 609	521	11 951	1499	6153	802	1331	107	371	30.0	1.07	0.18	5.13	1025	84 862	4755	465 001	0.10	49.21
XGL-2-14		17 564	0.04	109 815	220 084	24 451	88 778	15 851	311	10 282	1241	5129	727	1311	110	434	39.6	0.83	0.09	7.08	979	80 374	4933	478 563	0.07	32.13
XGL-2-15	0.980	11 451	0.07	119 737	235 811	25 434	88 824	13 663	187	7877	830	3394	492	913	77.4	299	27.9	0.64	0.03	4.14	873	76 598	3014	497 566	0.05	34.88
XGL-2-16	0	14 920	0.04	118 125	228 751	25 274	91 869	14 366	546	8722	992	4292	623	1156	96.3	374	34.3	0.55	0.06		732	66 159	1830	495 221	0.14	31.43
XGL-2-17	0	17 242	0.05	108 950	221 079	24 771	88 412	15 490	186	9895	1192	5099	719	1287	107	437	39.2	0.68	0.16	0	935	74 623	4767	477 662	0.04	31.16
XGL-2-18		5379		141 857	241 195	24 763	87 103	12 725	259	7091	621	1995	230	332	22.7	77.8	5.63	0.25	0.04	3.00	1152	51 905	1653	518 278	0.08	155.75

注:微量元素及ΣREE 单位为$\times 10^{-6}$。

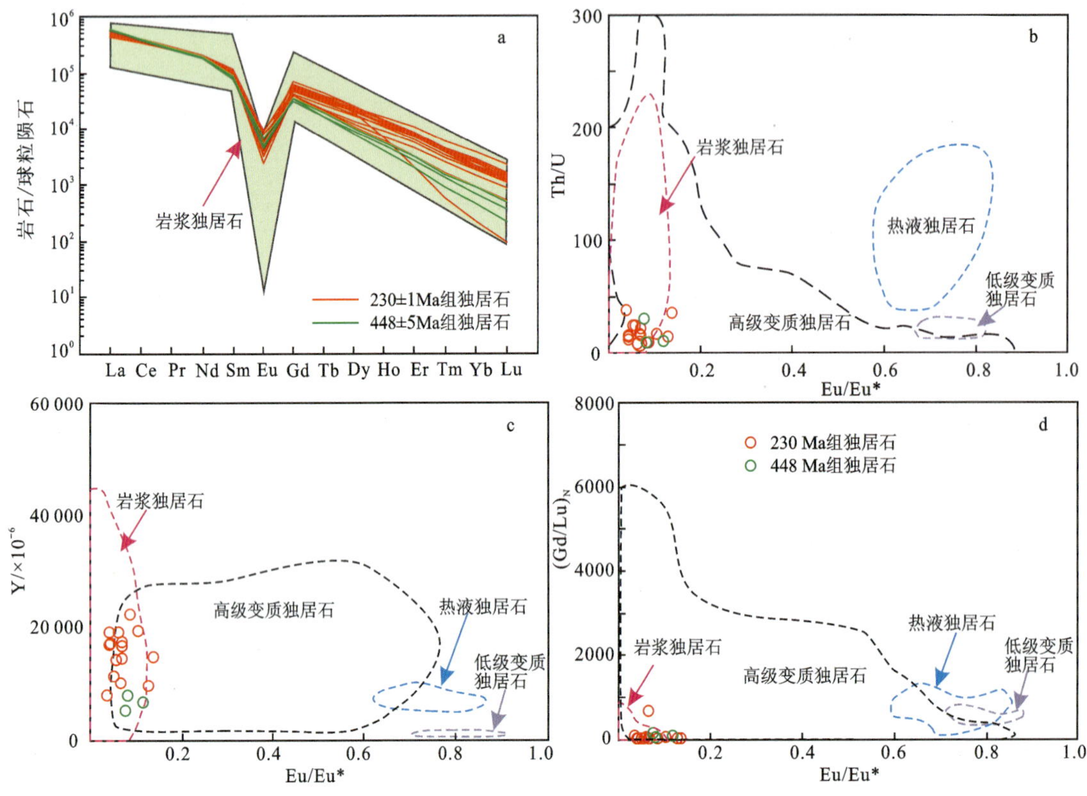

图 4-3　小坑高岭土矿独居石成因判别图解(底图修改自梁晓等,2021)

第二节　成岩年代谱系

本次研究对小坑矿区内的主要岩浆岩岩性黑云母二长花岗岩、钠长石白云母花岗岩、黑云母正长花岗岩和细晶岩脉均进行了系统的锆石 LA-ICPMS U-Pb 定年研究,同时对白云母花岗岩开展了白云母 K-Ar 和 Ar-Ar 定年分析,精确厘定这些岩性的成岩时代,分析成岩年代学谱系。

一、黑云母二长花岗岩

黑云母二长花岗岩中锆石为浅黄色—无色透明,以长柱状和短柱状为主,另有少量的不规则粒状。粒径大多为 70～120μm,少量达 200μm。CL 图像显示锆石有两种类型(图 4-4):①发育典型岩浆成因的生长振荡环带,无晶核和增生边;②具有典型的核边结构,包括具环带暗晶核被亮环带锆石包裹和亮环带晶核被暗次生增生边包裹两种情况,这是黑云母二长花岗岩主要的锆石结构类型。

对黑云母花岗岩 ZK001 样品不同 CL 特征锆石开展了 20 点的 U-Pb 定年测试,其中谐和点为 17 个(表 4-1),并可分为 4 个时代群(图 4-4)。①中—新元古代:测点 ZK001-02 的

$^{206}Pb/^{238}U$ 年龄为 1029±8Ma，$^{207}Pb/^{206}Pb$ 年龄为 1033±38Ma。该颗粒为微弱环带暗晶核，对应的 U 含量为 5676×10^{-6} 和 Th 含量为 3098×10^{-6}，Th/U 比值为 0.55（表 4-1），为岩浆成因。②晚奥陶世：1 颗具亮环带锆石（点 ZK001-05）的 U 和 Th 含量分别为 2713×10^{-6} 和 850×10^{-6}，Th/U 比值为 0.31，$^{206}Pb/^{238}U$ 年龄为 449±6Ma。③中二叠世：点 ZK001-07 具有暗的晶核，Th 和 U 含量分别为 1119×10^{-6} 和 1544×10^{-6}，Th/U 比值为 0.72，$^{206}Pb/^{238}U$ 年龄为 264±8Ma。④中三叠世：14 颗谐和锆石均位于环带边部且振荡环带清晰部位，且 U 和 Th 含量分别为 1372×10^{-6}～21 708×10^{-6} 和 856×10^{-6}～11 238×10^{-6}，Th/U 比值为 0.21～2.14，也为岩浆成因。这些测点 $^{206}Pb/^{238}U$ 年龄为(243±4)～(237±4)Ma，谐和年龄为 239±6Ma(MSWD=0.1)，而加权年龄为 240±2Ma(MSWD=0.5)（图 4-4）。

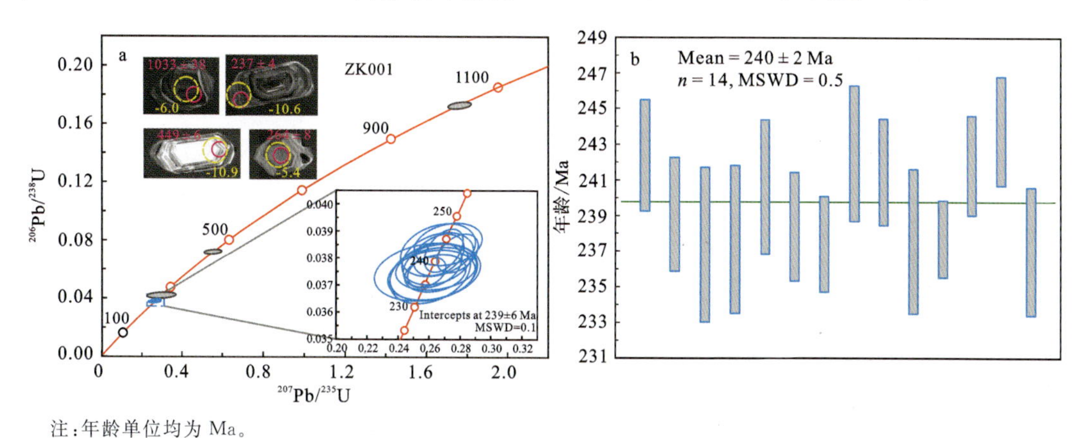

注：年龄单位均为 Ma。

图 4-4 小坑高岭土矿区黑云母二长花岗岩锆石 CL 图像及 U-Pb 定年结果

二、钠长石化白云母花岗岩

1. 锆石 U-Pb 年龄

在露天采坑中南北缘分别采集了两件新鲜的钠长石化白云母花岗岩用于锆石 U-Pb 定年工作。锆石均为浅黄色—无色透明，以长柱状和短柱状为主，粒径大多为 50～100μm，少量达 150μm 以上。CL 图像显示白云母花岗岩中锆石有两种类型（图 4-5）：①发育典型岩浆成因的生长振荡环带，无晶核和增生边；②具核边结构，包括具微弱环带暗晶核被亮环带锆石包裹和亮环带晶核被暗的次生增生边包裹两种情况。两种类型锆石均大量发育。

对 XMSG-1 和 XMSG-5 均进行了 20 个点的 U-Pb 定年分析，两者有效谐和点均为 17 点。XMSG-1 样品可分为 3 个时代群（图 4-5a）。①晚志留世：亮核部测点 XMSG-1-03 的 $^{206}Pb/^{238}U$ 年龄为 423±4Ma，对应的 U 含量为 7805×10^{-6}，Th 含量为 408×10^{-6}，Th/U 比值为 0.05（表 4-1），清晰的生长环带也应为岩浆成因。②中泥盆世：1 颗具亮环带锆石（点 XMSG-1-10）的 U 和 Th 含量分别为 6474×10^{-6} 和 1803×10^{-6}，Th/U 比值为 0.28，$^{206}Pb/^{238}U$ 年龄为 388±7Ma。③晚三叠世：15 颗谐和锆石均位于环带边部且振荡环带清晰部位，且 U 和 Th 含量分别为 1843×10^{-6}～29 591×10^{-6} 和 556×10^{-6}～4471×10^{-6}，Th/U 比值为

0.04～0.91，也为岩浆成因。这些测点 $^{206}Pb/^{238}U$ 年龄为(233±4)～(228±4)Ma，谐和年龄为 230±7Ma(MSWD=0.03)，而加权年龄为 231±2Ma(MSWD=0.3)(图 4-5a、b)。

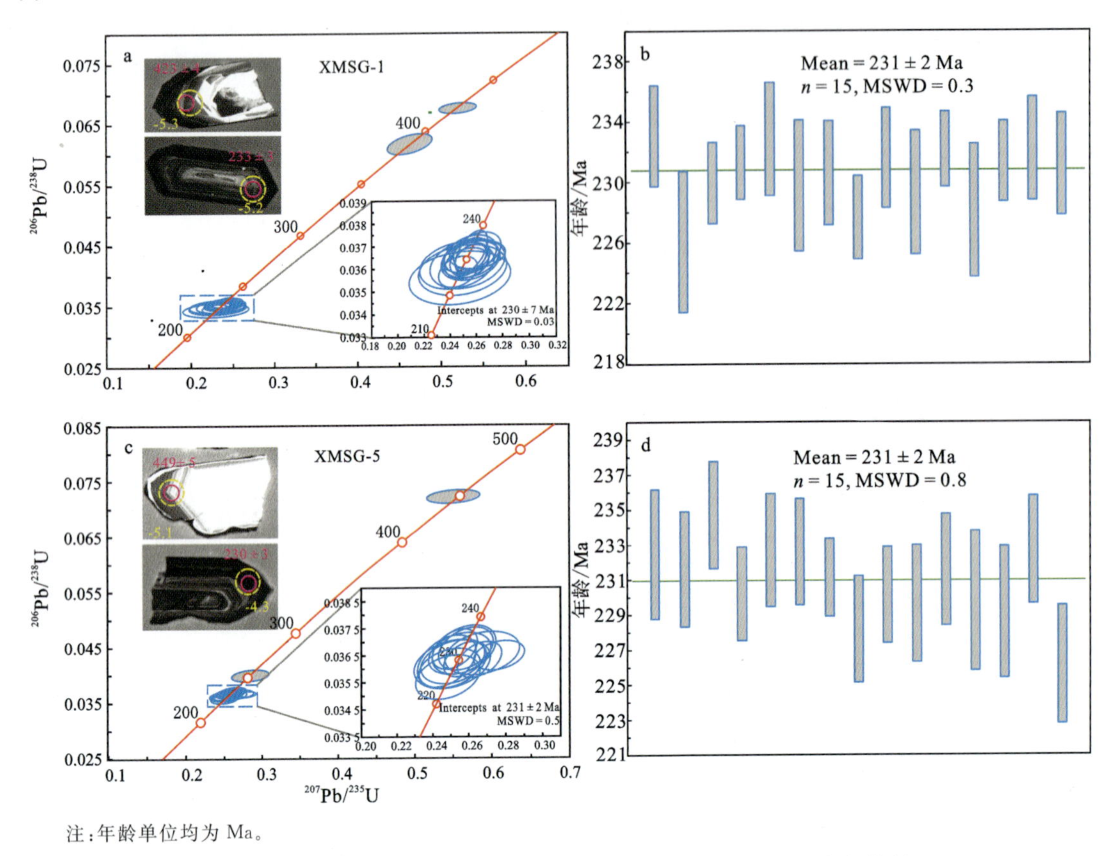

注：年龄单位均为 Ma。

图 4-5 小坑高岭土矿区白云母花岗岩锆石 CL 图像及 U-Pb 定年结果

XMSG-5 样品 17 个分析点可分为 3 个时代群(图 4-5c)。①晚奥陶世(1 点)：具亮环带锆石(点 XMSG-5-10)U 和 Th 含量分别为 1456×10^{-6} 和 338×10^{-6}，Th/U 比值为 0.23，$^{206}Pb/^{238}U$ 年龄为 449±5Ma。②晚二叠世：点 XMSG-5-11 具有亮晶核，Th 和 U 含量分别为 1157×10^{-6} 和 585×10^{-6}，Th/U 比值为 0.51，$^{206}Pb/^{238}U$ 年龄为 252±4Ma。③晚三叠世：15 颗位于环带边部且振荡环带清晰部位的谐和锆石 U 和 Th 含量分别为 1032×10^{-6}～$16\ 659\times10^{-6}$ 和 504×10^{-6}～3570×10^{-6}，Th/U 比值为 0.05～1.07。这些测点 $^{206}Pb/^{238}U$ 年龄为(235±3)～(226±3)Ma，谐和年龄为 231±2Ma(MSWD=0.5)，加权年龄为 231±2Ma(MSWD=0.8)(图 4-5c、d)，两者一致。

2. 白云母 K-Ar 和 Ar-Ar 年龄

小坑高岭土矿成矿母岩 1 件白云母单矿物 K-Ar 法年龄和 Ar^{40}/Ar^{39} 法年龄测试工作由核工业北京地质研究院分析测试研究中心完成。K-Ar 测试结果列于表 4-4。白云母样品 KD-GS-1 的($^{40}Ar/^{38}Ar$)m 和($^{38}Ar/^{36}Ar$)m 分别为 13.845 5 和 664.703 0，表观年龄为 212.2±3.9Ma。

表 4-4　小坑高岭土矿区白云母花岗岩中白云母 K-Ar 法年龄测试结果

样品	名称	K_2O/%	^{40}K/($mol \cdot g^{-1}$)	质量/g	($^{40}Ar/^{38}Ar$)m	($^{38}Ar/^{36}Ar$)m	$^{40}Ar^*$/($mol \cdot g^{-1}$)	$^{40}Ar^*/^{40}Ar$/%	$^{40}Ar^*/^{40}K$	年龄/Ma	±1σ
KD-GS-1	白云母	10.21	2.45×10^{-7}	0.00 420	13.845 5	664.703 0	3.20×10^{-9}	96.73	0.013 1	212.2	3.9

白云母(KD-GS-1)^{40}Ar-^{39}Ar 阶段升温测年数据见表 4-5，相应的平年龄谱和等时线年龄如图 4-6 所示。在 800～1400℃温度范围内，对该白云母样品进行了 12 个阶段的释热分析。其中 900～1250℃构成的坪年龄为 212.8±1.5Ma，对应了 96.46%的^{39}Ar 释放量。相应的$^{39}Ar/^{36}Ar$-$^{40}Ar/^{36}Ar$ 等时线年龄为 206.0±4.3Ma，略低于坪年龄。白云母 Ar-Ar 阶段坪年龄与其 K-Ar 法测试结果一致，但与其锆石 U-Pb 年龄相差约 8Ma，显示坪年龄为后期蚀变作用时代。

表 4-5　小坑高岭土矿区白云母花岗岩中白云母^{40}Ar-^{39}Ar 阶段升温测年数据结果

温阶/℃	($^{40}Ar/^{39}Ar$)m	($^{36}Ar/^{39}Ar$)m	($^{37}Ar/^{39}Ar$)m	$^{40}Ar^*$/%	F($^{40}Ar^*/^{39}Ar$)	^{39}Ar/$\times10^{-14}$mol	^{39}Ar/%	年龄/Ma	±1σ
800	179.950 6	0.045 3	0.078 8	92.57	166.59	0.12	0.96	185.5	1.1
850	192.879 6	0.038 9	0.036 3	94.05	181.41	0.24	1.92	201.2	1.0
900	195.233 3	0.017 6	0.013 2	97.34	190.04	0.88	7.15	210.2	1.0
950	195.087 9	0.002 1	0.006 5	99.68	194.46	2.74	22.12	214.8	1.0
1000	192.430 6	0.001 3	0.006 7	99.80	192.05	3.34	26.98	212.3	1.0
1050	187.617 7	0.001 4	0.008 2	99.79	187.22	2.05	16.56	207.2	1.0
1100	192.151 0	0.002 7	0.012 5	99.59	191.37	1.03	8.31	211.6	1.0
1150	196.079 1	0.002 7	0.009 7	99.60	195.29	1.31	10.58	215.7	1.0
1200	195.898 7	0.002 5	0.025 2	99.62	195.15	0.49	3.93	215.5	1.0
1250	190.525 0	0.013 7	0.090 7	97.88	186.50	0.10	0.83	206.5	1.3
1300	155.040 4	0.041 4	0.161 1	92.12	142.84	0.05	0.44	160.2	1.4
1400	206.422 3	0.098 7	0.326 9	85.89	177.34	0.03	0.24	196.9	2.8

三、黑云母正长花岗岩

对露天采坑南北两端的黑云母正长花岗岩株分别采集风化严重的样品并用于锆石 U-Pb 定年工作。其中的锆石为浅黄色—无色透明，以长柱状为主，另有少量的短柱状和不规则粒状。粒径大多为 70～120μm，少量达 200μm。CL 图像显示锆石大多具有明显的核边结构，核部大多为具弱 CL 环带的亮晶核，少数为暗色。少数锆石颗粒不具核边结构，但发育明显的生长振荡环带。

对 2 件黑云母正长花岗岩样品不同 CL 特征锆石进行了 U-Pb 定年测试。样品 XAG-1

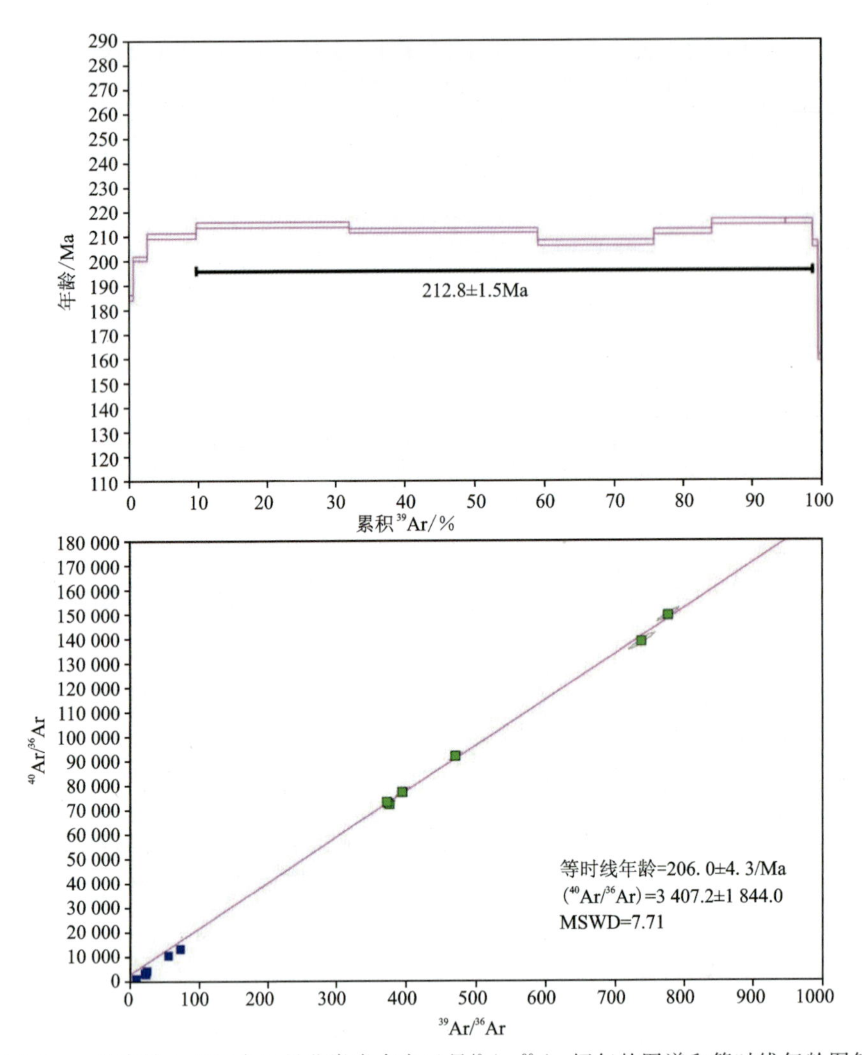

图 4-6 小坑高岭土矿区白云母花岗岩中白云母 ^{40}Ar-^{39}Ar 坪年龄图谱和等时线年龄图解

中 17 个谐和分析点(表 4-1)年龄可分为 3 个时代群(图 4-7a)。①晚奥陶世:4 颗环带清晰的锆石亮晶核(点 XAG-1-02、XAG-1-12、XAG-1-14、XAG-1-16)的 U 和 Th 含量分别为 $472\times10^{-6}\sim4826\times10^{-6}$ 和 $210\times10^{-6}\sim2756\times10^{-6}$,Th/U 比值为 0.15~0.57,$^{206}Pb/^{238}U$ 年龄为(457±6)~(452±7)Ma。②中三叠世:点 XAG-1-10 具有亮的晶核,Th 和 U 含量分别为 432×10^{-6} 和 605×10^{-6},Th/U 比值为 1.40,$^{206}Pb/^{238}U$ 年龄为 246±7Ma。③晚三叠世:12 颗谐和锆石均位于环带边部且振荡环带清晰部位,且 U 和 Th 含量分别为 $1900\times10^{-6}\sim20\ 103\times10^{-6}$ 和 $239\times10^{-6}\sim4107\times10^{-6}$,Th/U 比值为 0.06~1.11,也为岩浆成因。这些测点 $^{206}Pb/^{238}U$ 年龄为(232±3)~(226±3)Ma,加权年龄为 229±2Ma(MSWD=0.7)(图 4-7b)。

样品 XAG-3 中 14 个谐和分析点可分为 3 个时代群(图 4-7c)。①早志留世(1 个测点):具亮环带锆石(点 XAG-3-05)U 和 Th 含量分别为 1795×10^{-6} 和 375×10^{-6},Th/U 比值为 0.21,$^{206}Pb/^{238}U$ 年龄为 437±5Ma。②中二叠世:3 颗具有清晰 CL 环带锆石晶核(点 XAG-1-01、XAG-1-02、XAG-1-12)Th 和 U 含量分别为 $1825\times10^{-6}\sim3975\times10^{-6}$ 和 $488\times10^{-6}\sim1208\times$

10^{-6},Th/U 比值为 0.12～0.47,$^{206}Pb/^{238}U$ 年龄为(267±7)～(260±5)Ma。③晚三叠世：10 颗位于环带边部且振荡环带清晰部位的谐和锆石 U 和 Th 含量分别为 2184×10^{-6}～$11\ 471\times10^{-6}$和 179×10^{-6}～2935×10^{-6},Th/U 比值为 0.03～0.98。这些测点$^{206}Pb/^{238}U$ 年龄为(232±3)～(227±3)Ma,谐和年龄为 229±2Ma(MSWD=0.3),加权年龄为 229±2Ma(MSWD=0.2)(图 4-7c、d)。

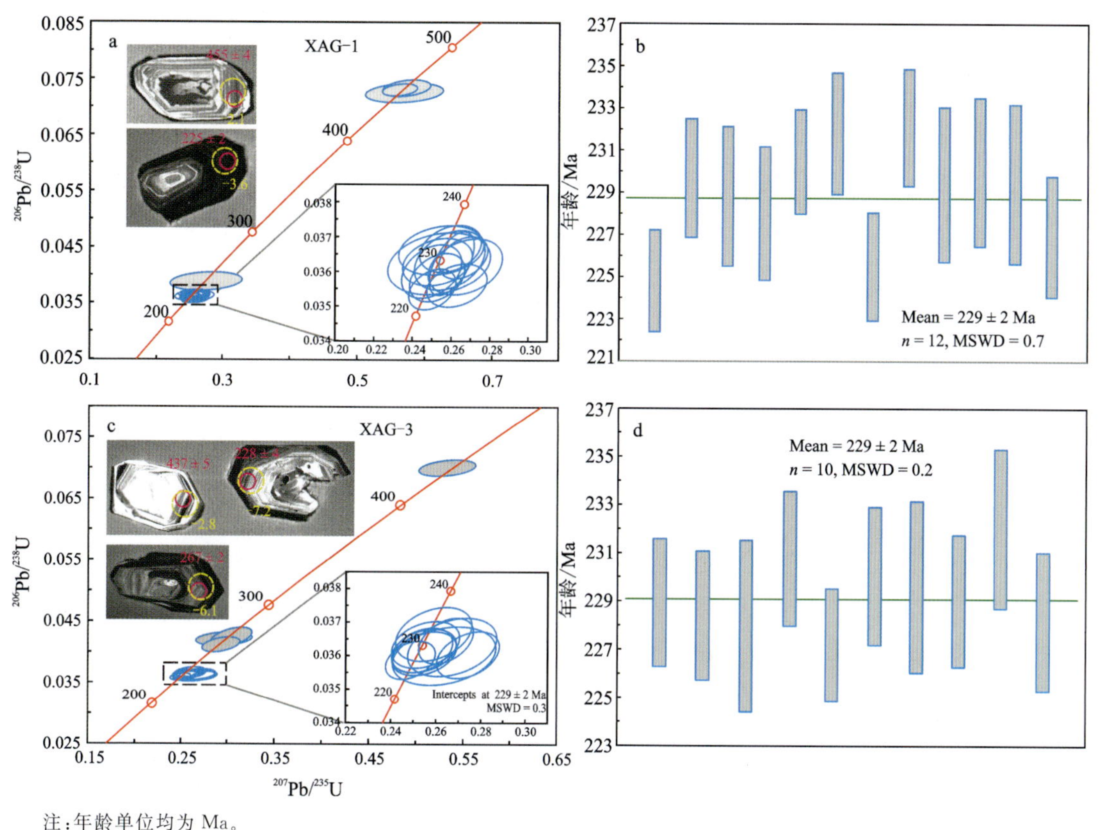

注：年龄单位均为 Ma。

图 4-7　小坑高岭土矿区黑云母正长花岗岩锆石 CL 图像及 U-Pb 定年结果

四、细晶岩脉

在露天采坑北缘底部采集了一件风化严重的细晶岩脉进行锆石 U-Pb 定年研究。锆石为淡黄色—无色透明,以长柱状和短柱状为主。粒径大多为 80～150μm,少量达 200μm。CL 图像显示大多数锆石具有明显的核边结构,核部为具弱 CL 环带的亮晶核,少数为暗色。少数锆石颗粒不具核边结构,但发育明显的生长振荡环带。

对细晶岩脉 XFG-1 中核边结构或 CL 生长振荡环带清晰的 20 颗锆石开展了 20 个测试的 U-Pb 定年分析。其中的 17 个谐和锆石点位于谐和曲线上且颗构成 5 个时代群(图 4-8)。①新元古代：测点 XFG-1-02 为微弱环带亮晶核,对应的 U 含量为 736×10^{-6},Th 含量为 383×10^{-6},Th/U 比值为 0.52(表 4-1),为岩浆成因。$^{206}Pb/^{238}U$ 年龄为 906±10Ma,为新元古代继承锆石。②晚奥陶世：2 颗具亮环带锆石(点 XFG-1-09 和 XFG-1-10)U 和 Th 含量分别为 1364×10^{-6}～2358×10^{-6}和 618×10^{-6}～662×10^{-6},Th/U 比值为 0.28～0.45,$^{206}Pb/^{238}U$ 年

龄为 455±6～454±7Ma。③中二叠世：点 XFG-1-17 为亮晶核，Th 和 U 含量分别为 3900×10^{-6} 和 3245×10^{-6}，Th/U 比值为 0.83，$^{206}Pb/^{238}U$ 年龄为 273±6Ma。④晚三叠世：11 颗谐和锆石均位于振荡环带清晰部位，且 U 和 Th 含量分别为 4168×10^{-6}～$16\ 913\times10^{-6}$ 和 347×10^{-6}～4250×10^{-6}，Th/U 比值为 0.03～0.54。尽管少数两三个测点 Th/U 比值较低，但其振荡环带清晰且 U 含量大于 $10\ 000\times10^{-6}$，也为岩浆成因。11 个测点 $^{206}Pb/^{238}U$ 年龄为 (231±3)～(226±3)Ma，加权年龄为 229±2Ma(MSWD=0.2)，与黑云母正长花岗岩一致，为捕获锆石。⑤早侏罗世：2 颗具环带清晰锆石(点 XFG-1-06 和 XFG-1-13)U 和 Th 含量分别为 3828×10^{-6}～$28\ 560\times10^{-6}$ 和 1431×10^{-6}～1854×10^{-6}，Th/U 比值为 0.05～0.48，$^{206}Pb/^{238}U$ 年龄为(190±2)～(188±4)Ma。这 2 个测点加权年龄为 190±3Ma(MSWD=0.1)，表明细晶岩脉形成于中侏罗世。这与赣南地区寨北、柯树北和披头等 A 型花岗岩同期(191～188Ma，Jiang et al.，2015)。

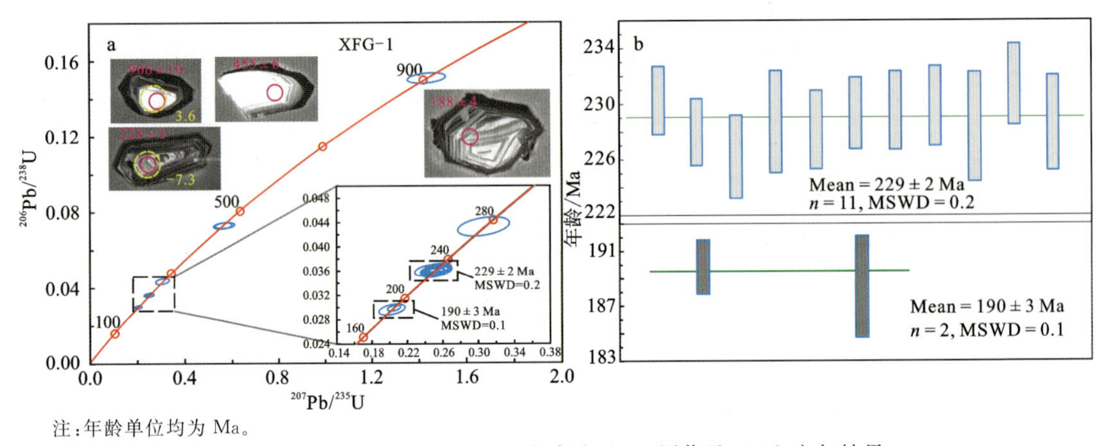

注：年龄单位均为 Ma。

图 4-8　小坑高岭土矿区细晶岩脉锆石 CL 图像及 U-Pb 定年结果

第三节　成矿母岩厘定

风化壳剖面研究确定小坑高岭土矿成矿原岩为白云母花岗岩，且从顶部往下发育明显的分带。另外，采坑中采集的高质量高岭土矿也主要是由白云母花岗岩风化而成。成矿母岩白云母花岗岩被前人认为形成于晚侏罗世(罗青，2017；罗青等，2017)，但缺少精确的年代学数据限定。尽管周雪桂等(2017)获得了 227Ma 的钠长石白云母花岗岩 U-Pb 年龄，但数据点偏差较大。

小坑高岭土矿两件锆石 U-Pb 定年法获得了 4 个阶段的锆石年龄：1018～987Ma、459～451Ma、250～247Ma 和 236～229Ma(表 4-1)。第一阶段可能为岩浆源区继承锆石年龄。而第二和第三阶段可能为成岩过程中捕获的锆石，因湘东、桂东南及海南岛西北部等地区也已发现 453～440Ma 的花岗岩(周云等，2021；刘明辉等，2021；刘飏等，2022)。XGL-1 样品 7 颗谐和锆石 $^{206}Pb/^{238}U$ 谐和年龄为 231±3Ma，加权年龄为 231±2Ma。XGL-2 样品 12 个锆石点谐和年龄为 232±5Ma，加权年龄为 230±2Ma(图 4-1)，与 XGL-1 谐和及加权年龄在误差范围内一致。两件样品共 19 个晚三叠世测点 $^{206}Pb/^{238}U$ 年龄加权年龄为 231±1Ma(MSWD=0.5)

(图 4-1)。这些年龄数据显示小坑高岭土矿成矿原岩形成于晚三叠世。

因独居石具有岩浆、高级变质、低级变质及热液 4 种成因类型,其成因类型的确定有利于年代学数据的解释(梁晓等,2021)。梁晓等(2021)总结认为,可以从矿物共生关系和组构特征、外部形态-内部结构、Th、U、Y、Ca、Pb、REE 元素等含量及比值关系进行独居石成因类型的识别。岩浆独居石往往边缘平直、有棱角或港湾状,发育振荡环带和均一的内部结构,且具有强烈的 Eu 负异常,Th、U、Pb、Y、HREE 含量相对较高。小坑高岭土中的独居石 BSE 照片显示出典型的岩浆独居石的平直边缘、棱角或港湾状、振荡环带或均一结构等特征(图 4-2)。448±5Ma 年龄组和 230±1Ma 年龄组独居石也具有相似的化学元素特征(图 4-3),富集 LREE 且 Eu/Eu^* 值极低(0.04~0.14),与典型岩浆独居石具有一致的稀土元素配分曲线(图 4-3a)。测点 Y 含量为 5379×10^{-6}~$22\ 527\times10^{-6}$,Th/U(8.9~38.3)和$(Gd/Lu)_N$(21.65~673.77)比值均较低,在成因图解上主体位于岩浆独居石范围内,显示为岩浆成因(图 4-3)。因此,晚奥陶世的岩浆独居石可能为成岩过程中捕获的岩浆来源独居石,指示了该时期的岩浆活动,而晚三叠世独居石则代表了小坑高岭土矿床成矿原岩的形成时代。锆石和独居石成因及其 U-Pb 年龄结果限定了小坑高岭土矿床成矿原岩形成时代为晚三叠世(231~230Ma)。

两件白云母花岗岩中锆石核部及边部 U-Pb 定年结果也厘定了多期次岩浆活动事件,即 449~388Ma、252Ma 和(235±3)~(226±3)Ma。第一期(晚奥陶世—中泥盆世)和第二期(晚二叠世)点位均为锆石核部,分布对应于加里东期和海西期构造岩浆事件,应为岩浆作用过程中的捕获锆石。第三期点位均为锆石边部或无核边结构锆石 CL 振荡环带清晰部位,Th/U 比值等也表明为岩浆成因。XMSG-1 样品 15 个测点 $^{206}Pb/^{238}U$ 年龄为(233±4)~(228±4)Ma,谐和年龄为 230±7Ma(MSWD=0.03),而加权年龄为 231±2Ma(MSWD=0.3)(图 4-5a、b)。XMSG-5 样品 15 个测点 $^{206}Pb/^{238}U$ 年龄为(235±3)~(226±3)Ma,谐和年龄为 231±2Ma(MSWD=0.5),加权年龄为 231±2Ma(MSWD=0.8)(图 4-5c、d)。两者谐和年龄和加权年龄均相似,也同高岭土矿中锆石和独居石 U-Pb 年龄一致,进一步佐证了白云母花岗岩为小坑高岭土矿床的原岩。

晚三叠世也是华南地区一个重要的岩浆活动阶段,已有越来越多的成岩事件报道(图 4-9),如蔡江、高溪、翁山、大爽、大银厂、富城、邓阜仙等地的 A 型花岗岩形成于 234~226Ma(Cai et al.,2015; Gao et al.,2014; Sun et al.,2011; Wang et al.,2013a; Xia and Xu,2020; Zhao et al.,2013)。华南地区另发育以浦北、旧州、台马和锡田岩体(236~229 Ma)为代表的 S 型花岗岩(刘飚等,2022; Wang et al.,2013a; 邓希光等,2004)及以罗古岩(234—227Ma)为代表的 I 型花岗岩(向庭富等,2013)。显然,小坑高岭土成矿岩体与上述 S 型、I 型和 A 型花岗岩形成于同时代,均为华南地区这一时期岩浆活动的产物。

华南地区尤其是江西和福建两省分布有大量的风化型高岭土矿床,最新也圈定了多个重要的高岭土矿远景区,如福建永春县大份山-大德寨、龙岩、宁化、大田和江西瑞金老安背等远景区(阴江宁等,2022)。风化型高岭土大多认为与燕山期酸性—中酸性花岗岩和岩脉有关(阴江宁等,2022),如福建溪东宫下超大型矿床与燕山早期花岗岩有关(李绪章,1991),大田地区高岭土矿化与燕山晚期石英斑岩有关(阴江宁等,2022),江西新干县丹元高岭土矿床的母岩为燕山期中细粒白云二长花岗岩(钟学斌,2020),瑞金老安背高岭土矿床原岩为燕山早

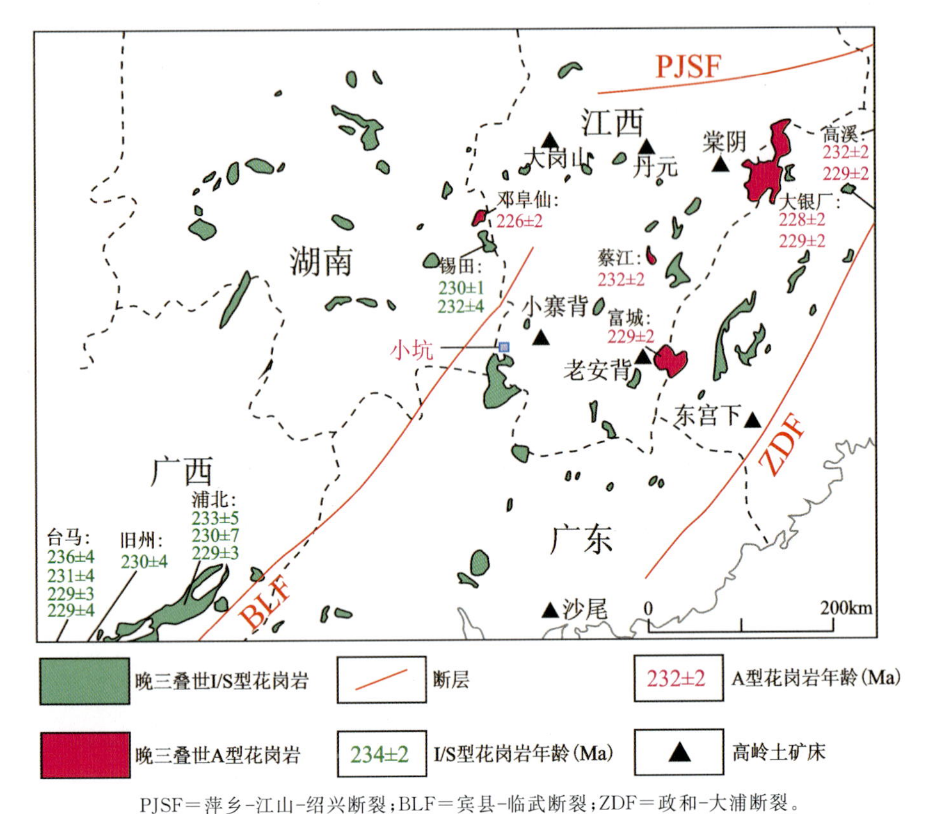

PJSF＝萍乡-江山-绍兴断裂；BLF＝宾县-临武断裂；ZDF＝政和-大浦断裂。

图4-9　华南部分地区三叠纪花岗岩及高岭土矿床分布简图(修改自Zhao et al.,2013；Xia and Xu,2020)［三叠纪花岗岩数据来源：浦北、旧州、台马和锡田S型花岗岩据邓希光等(2004),Wang等(2013a),刘飏等(2022)；蔡江、高溪、大银厂、富城、邓阜仙等A型花岗岩据Zhao等(2013),Cai等(2015),Gao等(2014),Sun等(2011),Wang等(2013a),Xia和Xu(2020)；罗古岩I型花岗岩据向庭富等(2013)］

期珠兰埠复式花岗岩体(阴江宁等,2022)。此外,华南地区还有部分高岭土矿床与加里东中晚期岩浆活动有关,如广西合浦十字路和耀康高岭土矿床均赋存于加里东晚期钾长花岗岩风化壳中(熊培文,1991；叶张煌等,2016)；江西大岗山(简平和朱瑞辰,2019)和棠阴(姜智东等,2019)高岭土矿床形成原岩分别为志留纪花岗岩和花岗伟晶岩；上犹小寨背高岭土矿床原岩为加里东晚期龙头花岗岩(郑翔等,2018)。这些实例显示华南地区风化型高岭土矿床的成矿原岩主要形成于加里东期和燕山期。小坑矿床的发现表明晚三叠世岩浆岩也可形成高品质的风化型高岭土矿床。这拓展了华南地区高岭土矿找矿方向。

第四节　岩石学特征

对小坑高岭土矿区内出露的4种主要侵入岩进行了系统取样,通过手标本及薄片鉴定选定无蚀变或蚀变较弱的样品开展了主微量元素分析。其中黑云母二长花岗岩样品9件、白云母花岗岩11件、黑云母正长花岗岩9件、细晶岩6件,测试结果列于表4-6。

表 4-6　小坑高岭土矿区侵入岩主量和微量元素测试结果

氧化物及元素	黑云母二长花岗岩									白云母花岗岩										
	ZK001	ZK003	ZK306	ZK701	XC1	XC2	XC3	XC4	XC5	XMSG-1	XMSG-2	XMSG-3	XMSG-5	XMSG-6	XMSG-7	KD-1	KSD-1	ZK903	ZK501	LB-5-2
SiO_2	75.83	74.00	72.10	76.49	72.61	69.03	68.38	70.81	67.42	73.97	74.16	74.48	74.05	74.55	74.11	74.10	75.98	74.24	74.85	74.81
Al_2O_3	12.51	14.00	14.77	12.22	14.87	17.37	16.24	15.17	16.20	15.07	14.96	14.84	15.12	14.83	15.05	15.81	14.51	15.42	14.87	15.12
$Fe_2O_3^t$	0.01	0.06	0.03	0.59	2.14	1.85	3.10	2.07	3.33	0.18	0.52	0.24	0.29	0.35	0.20	1.20	1.30	1.30	1.73	1.58
CaO	0.55	0.49	0.53	0.29	0.79	0.80	1.30	0.71	1.34	0.07	0.07	0.05	0.10	0.05	0.05	0.21	0.46	0.19	0.43	0.20
MgO	0.68	0.36	0.32	0.45	0.37	0.31	0.52	0.39	0.61	0.14	0.15	0.13	0.13	0.13	0.13	0.06	0.06	0.22	0.09	0.11
Na_2O	2.68	2.87	3.03	2.33	2.60	3.06	3.35	2.36	3.11	2.93	3.06	3.03	3.29	3.27	2.99	2.75	3.21	2.41	3.17	2.26
K_2O	4.27	6.36	6.88	5.38	4.83	5.98	4.84	6.70	5.91	4.28	4.10	4.26	4.31	4.09	4.04	3.70	3.70	3.80	3.65	3.74
TiO_2	0.26	0.12	0.18	0.21	0.31	0.28	0.45	0.30	0.52	0.08	0.07	0.07	0.07	0.05	0.07	0.06	0.06	0.08	0.09	0.09
MnO	0.05	0.02	0.02	0.03						0.07	0.07	0.07	0.05	0.04	0.07					
P_2O_5	0.14	0.12	0.13	0.14	0.18	0.16	0.25	0.15	0.26	0.30	0.32	0.27	0.31	0.32	0.31	0.37	0.32	0.28	0.33	0.26
LOI	1.24	0.86	0.94	0.96	1.27	1.10	1.45	1.21	1.20	2.27	2.18	2.00	1.76	1.93	2.31	1.61	0.75	1.91	0.72	1.70
合计	98.22	99.26	98.92	99.09	99.97	99.94	99.88	99.87	99.90	99.35	99.65	99.45	99.47	99.61	99.34	99.87	100.35	99.85	99.93	99.87
K_2O+Na_2O	6.95	9.23	9.91	7.71	7.43	9.04	8.19	9.06	9.02	7.21	7.16	7.29	7.60	7.36	7.03	6.45	6.91	6.21	6.82	6.00
K_2O/Na_2O	1.59	2.22	2.27	2.31	1.86	1.95	1.44	2.84	1.90	1.46	1.34	1.41	1.31	1.25	1.35	1.35	1.15	1.58	1.15	1.65
V	18.3	8.37	12.6	14.8	22.8	19.4	35.3	22.0	33.7	2.08	1.23	1.93	1.41	1.41	1.13	3.17	3.06	3.12	3.29	3.94
Cr	4.26	2.02	2.92	3.06	124	96.2	97.4	104	172	2.53	1.58	1.68	1.38	1.60	1.60	12.1	17.2	9.79	26.4	15.2
Co	77.3	56.7	51.5	72.9	3.33	2.87	5.01	3.11	5.09	77.20	40.4	53.4	49.7	63.2	64.0	0.65	0.75	0.82	1.09	0.98
Ni	4.93	3.23	3.44	4.18	3.63	3.37	4.08	3.69	5.19	4.82	2.82	3.46	3.20	3.67	4.10	0.59	1.58	0.98	1.46	1.08
Ga	19.6	17.6	17.6	16.9	21.1	21.0	25.8	20.2	23.8	26.8	26.2	25.7	26.7	24.8	25.8	24.7	22.9	23.3	22.8	21.5
Sr	46.9	59.8	78.4	60.1	96.0	124	112	106	131	5.72	6.46	5.46	4.31	4.68	6.18	6.69	6.98	5.43	5.81	8.80
Rb	423	506	472	437	294	331	283	354	298	776	708	768	720	684	759	705	609	711	649	550
Y	22.2	12.6	10.8	17.0	30.6	25.2	33.7	30.1	34.4	4.76	5.62	4.70	6.77	3.14	3.52	5.67	6.33	2.30	6.30	2.65
Zr	148	74.6	82.1	99.2	137	144	213	123	254	30.0	37.7	32.8	32.6	28.8	32.6	31.2	23.7	23.8	23.9	25.2

续表 4-6

氧化物及元素	黑云母二长花岗岩									白云母花岗岩										
	ZK001	ZK003	ZK306	ZK701	XC1	XC2	XC3	XC4	XC5	XMSG-1	XMSG-2	XMSG-3	XMSG-5	XMSG-6	XMSG-7	KD-1	KSD-1	ZK903	ZK501	LB-5-2
Nb	24.9	11.0	14.4	17.3	20.3	17.3	29.3	19.4	29.0	48.0	54.7	45.2	49.0	34.2	39.8	34.1	33.8	31.5	41.7	42.4
Sn	18.3	9.17	13.3	12.5						37.0	32.2	34.7	28.0	25.9	31.1					
Cs	23.6	27.9	23.8	22.5	26.4	22.0	20.2	20.0	14.4	98.6	84.6	96.8	84.1	58.4	77.5	96.0	95.3	91.9	81.5	43.8
Ba	198	289	634	320	279	422	382	446	799	19.7	24.8	20.9	19.5	14.8	22.2	21.5	24.8	23.1	14.8	26.9
La	31.9	15.4	24.6	30.3	40.5	35.2	43.5	35.7	53.2	4.78	4.94	5.29	6.04	4.32	4.28	5.51	4.68	5.88	5.55	9.70
Ce	61.0	28.4	44.4	56.2	80.7	70.3	94.2	77.8	107	9.64	9.89	10.8	12.00	8.59	8.64	11.4	9.77	11.1	12.1	14.7
Pr	7.54	3.52	5.41	6.87	9.87	8.24	10.6	8.88	13.2	1.28	1.31	1.41	1.58	1.19	1.14	1.39	1.18	1.30	1.46	3.38
Nd	27.7	12.9	19.4	24.6	36.1	30.6	39.3	32.1	47.9	4.76	4.85	5.17	5.77	4.73	4.51	5.10	4.42	4.89	5.50	18.9
Sm	5.76	2.76	3.70	4.82	6.93	5.71	8.16	6.33	9.44	1.40	1.86	1.51	1.72	1.62	1.39	1.51	1.27	1.35	1.51	5.20
Eu	0.56	0.48	0.84	0.57	0.75	0.75	0.91	0.75	1.03	0.07	0.08	0.08	0.11	0.11	0.07	0.07	0.07	0.06	0.06	0.54
Gd	5.05	2.34	3.07	3.88	5.89	4.84	6.66	5.57	8.17	1.07	1.56	1.51	1.77	1.17	0.94	1.38	1.21	1.06	1.39	3.22
Tb	0.78	0.40	0.44	0.61	0.97	0.78	1.17	0.91	1.27	0.22	0.30	0.29	0.34	0.20	0.16	0.26	0.22	0.16	0.25	0.40
Dy	4.44	2.27	2.26	3.48	5.33	4.23	6.27	5.00	6.74	1.16	1.60	1.49	1.75	0.87	0.82	1.37	1.23	0.71	1.27	1.41
Ho	0.80	0.42	0.39	0.67	1.04	0.85	1.21	1.02	1.19	0.18	0.24	0.21	0.25	0.13	0.13	0.22	0.20	0.10	0.21	0.16
Er	2.13	1.17	1.04	1.87	3.02	2.49	3.47	2.98	3.56	0.45	0.54	0.47	0.59	0.32	0.32	0.59	0.59	0.26	0.57	0.39
Tm	0.35	0.20	0.17	0.32	0.48	0.36	0.53	0.46	0.50	0.08	0.10	0.09	0.10	0.06	0.06	0.09	0.10	0.04	0.09	0.04
Yb	2.37	1.33	1.09	2.16	2.97	2.46	3.29	2.98	3.18	0.60	0.68	0.59	0.78	0.43	0.48	0.75	0.69	0.35	0.66	0.33
Lu	0.33	0.18	0.15	0.30	0.44	0.36	0.50	0.44	0.46	0.08	0.09	0.08	0.10	0.06	0.07	0.11	0.11	0.05	0.09	0.05
Hf	4.98	2.48	2.68	3.34	4.14	4.24	5.88	3.69	7.63	1.83	2.40	2.07	2.20	1.91	2.06	1.98	1.50	1.61	1.71	1.70
Ta	4.25	2.45	2.44	3.10	4.29	3.74	5.30	3.89	5.27	12.2	17.0	12.2	15.8	8.39	8.98	8.54	10.2	7.09	15.3	18.6
W					8.47	4.12	10.2	7.25	8.81							10.8	9.4	13.0	18.9	66.6
Pb	29.0	59.0	47.3	32.0	42.8	57.4	45.2	51.0	47.5	6.89	6.52	6.54	11.3	8.73	6.94	11.1	11.3	10.7	12.5	24.1
Th	22.4	8.8	14.6	16.9	24.5	19.8	26.7	21.9	31.7	2.42	2.38	2.42	2.21	1.52	3.96	4.03	3.29	3.92	4.19	3.95

续表 4-6

氧化物及元素	黑云母二长花岗岩									白云母花岗岩										
	ZK001	ZK003	ZK306	ZK701	XC1	XC2	XC3	XC4	XC5	XMSG-1	XMSG-2	XMSG-3	XMSG-5	XMSG-6	XMSG-7	KD-1	KSD-1	ZK903	ZK501	LB-5-2
U	14.6	33.0	5.33	15.3	4.12	5.18	9.61	3.15	24.9	3.05	3.12	2.11	5.45	3.07	3.35	5.29	19.2	8.61	10.6	2.40
A/CNK	1.25	1.12	1.10	1.20	1.36	1.34	1.24	1.22	1.16	1.57	1.56	1.53	1.47	1.50	1.60	1.77	1.43	1.83	1.49	1.86
CaO/Na_2O	0.20	0.17	0.17	0.12	0.30	0.26	0.39	0.30	0.43	0.02	0.02	0.02	0.03	0.01	0.02	0.08	0.14	0.08	0.14	0.09
$10^4 \times Ga/Al$	2.96	2.37	2.25	2.61	2.68	2.28	3.00	2.52	2.78	3.36	3.31	3.27	3.34	3.16	3.24	2.95	2.98	2.85	2.89	2.68
Zr+Nb+Ce+Y	256	127	152	190	269	257	370	250	424	92.4	108	93.5	100	74.7	84.6	82.4	73.5	68.7	83.9	85.0
ΣREE	151	71.8	107	137	195	167	220	181	257	25.8	28.0	29.0	32.9	23.8	23.0	29.8	25.7	27.3	30.7	58.4
LREE/HREE	8.27	7.64	11.42	9.28	8.68	9.21	8.52	8.34	9.24	5.70	4.49	5.13	4.79	6.34	6.73	5.23	4.92	8.98	5.79	8.73
Eu/Eu^*	0.31	0.56	0.74	0.39	0.35	0.42	0.37	0.38	0.35	0.18	0.14	0.16	0.19	0.23	0.18	0.15	0.16	0.16	0.11	0.37
$(La/Yb)_N$	9.65	8.31	16.19	10.06	9.78	10.26	9.48	8.59	12.00	5.71	5.21	6.43	5.55	7.21	6.40	5.28	4.84	11.95	6.08	21.02
$(Gd/Yb)_N$	1.76	1.46	2.33	1.49	1.64	1.63	1.67	1.55	2.13	1.48	1.90	2.12	1.88	2.25	1.62	1.52	1.44	2.48	1.76	8.05

氧化物及元素	黑云母正长花岗岩									细晶岩					
	XD1	LB-1	LB-2-1	LB-2-2	LB-3	LY16-17	LY16-18	JD5-4	JD5-3	XB-1	XB-2	XB-3	XB-4	XB-5	XB-6
SiO_2	72.38	76.54	73.40	77.75	71.99	74.10	76.92	73.97	75.31	71.34	71.62	69.55	71.66	72.04	72.15
Al_2O_3	15.14	13.15	13.68	11.55	15.10	13.51	12.56	13.86	13.64	15.84	13.39	16.69	15.48	14.82	15.29
$Fe_2O_3^t$	2.48	1.79	2.26	2.44	1.85	1.12	0.74	0.65	0.68	2.27	1.75	2.41	2.42	2.35	2.22
CaO	0.40	0.94	0.77	0.62	0.95	0.95	0.56	0.64	0.58	0.24	3.37	0.05	0.03	0.07	0.03
MgO	0.56	0.29	0.55	0.58	0.43	0.55	0.15	0.32	0.22	0.43	0.34	0.43	0.47	0.42	0.41
Na_2O	2.69	1.18	2.35	1.93	2.86	1.88	3.25	3.27	3.35	0.15	0.24	0.17	0.16	0.17	0.16
K_2O	4.48	3.65	5.36	3.52	5.71	5.13	4.02	4.93	4.26	5.38	5.06	5.53	5.43	5.73	5.78
TiO_2	0.33	0.30	0.31	0.32	0.26	0.19	0.07	0.16	0.09	0.30	0.26	0.33	0.32	0.33	0.28
MnO															
P_2O_5	0.21	0.16	0.21	0.19	0.12	0.22	0.28	0.29	0.24	0.10	0.09	0.09	0.09	0.09	0.12
LOI	1.28	2.30	1.04	1.31	0.68	1.45	0.67	0.87	1.22	3.77	3.56	4.46	3.70	3.62	3.30

续表 4-6

氧化物及元素	黑云母正长花岗岩									细晶岩					
	XD1	LB-1	LB-2-1	LB-2-2	LB-3	LY16-17	LY16-18	JD5-4	JD5-3	XB-1	XB-2	XB-3	XB-4	XB-5	XB-6
合计	99.95	100.30	99.93	100.21	99.95	99.10	99.22	98.96	99.59	99.82	99.68	99.71	99.76	99.64	99.74
K_2O+Na_2O	7.17	4.83	7.71	5.45	8.57	7.01	7.27	8.2	7.61	5.53	5.3	5.7	5.59	5.9	5.94
K_2O/Na_2O	1.67	3.09	2.28	1.82	2.00	2.73	1.24	1.51	1.27	35.9	21.1	32.5	33.9	33.7	36.1
V	30.0	15.4	17.8	19.5	9.64					26.2	21.4	25.0	25.2	23.2	22.7
Cr	119	18.10	104	125	163					59.7	49.0	45.2	44.5	31.6	8.16
Co	3.66	2.38	3.41	3.31	1.81					4.48	2.98	3.48	4.03	3.79	5.87
Ni	3.72	2.02	6.26	3.68	2.88					5.29	6.58	6.32	7.43	7.18	6.48
Ga	22.1	17.1	16.9	16.2	15.6					26.1	20.7	25.1	25.7	24.6	25.1
Sr	69.5	62.7	55.4	38.7	68.1					54.2	50.9	63.2	49.2	44.6	79.4
Rb	278	487	401	308	441					532	267	331	310	281	298
Y	25.1	19.9	22.3	30.7	20.1					19.0	13.5	22.9	20.7	18.6	36.2
Zr	169	78.2	78.7	100	57.4					138	148	172	167	171	166
Nb	21.7	22.5	17.8	19.9	14.9					27.8	23.1	26.5	25.8	24.6	22.6
Sn															
Cs	21.1	94.7	16.8	16.7	21.9					86.9	16.3	25.8	37.1	22.5	26.7
Ba	255	223	334	142	391					349	349	369	341	349	549
La	41.3	31.1	28.2	45.9	26.2					71.9	24.0	40.8	56.8	43.8	120
Ce	64.4	63.8	60.5	98.0	54.6					112	49.1	61.4	74.3	65.5	116
Pr	9.74	7.51	7.09	11.3	6.52					18.8	5.63	11.1	14.0	9.64	31.5
Nd	35.4	26.8	26.6	41.6	23.2					65.2	20.5	48.4	48.3	34.5	112
Sm	6.97	5.42	5.45	8.26	4.66					12.1	4.48	10.1	9.29	6.49	21.5
Eu	0.73	0.47	0.61	0.61	0.69					1.06	0.52	1.10	0.84	0.62	2.33
Gd	5.85	5.02	5.10	7.70	4.13					8.17	3.74	6.84	5.87	4.72	14.7

续表 4-6

氧化物及元素	黑云母正长花岗岩									细晶岩					
	XD1	LB-1	LB-2-1	LB-2-2	LB-3	LY16-17	LY16-18	JD5-4	JD5-3	XB-1	XB-2	XB-3	XB-4	XB-5	XB-6
Tb	0.92	0.74	0.79	1.14	0.66					1.25	0.60	1.06	0.98	0.72	2.21
Dy	5.04	3.79	4.24	5.87	3.61					4.94	2.89	4.64	4.52	3.78	9.23
Ho	0.95	0.69	0.79	1.10	0.72					0.80	0.50	0.82	0.81	0.68	1.41
Er	2.83	2.05	2.29	3.11	2.29					2.04	1.34	2.08	2.28	1.87	3.69
Tm	0.39	0.30	0.32	0.42	0.37					0.27	0.20	0.28	0.33	0.28	0.47
Yb	2.44	2.02	2.10	2.73	2.62					1.68	1.26	1.99	1.93	1.85	2.78
Lu	0.35	0.30	0.30	0.40	0.40					0.22	0.19	0.27	0.27	0.25	0.39
Hf	5.01	3.18	3.00	3.94	2.49					4.03	4.24	4.62	4.38	4.40	4.74
Ta	4.10	5.23	3.05	3.34	3.51					4.94	3.50	3.81	3.74	3.59	3.28
W	14.5	43.4	3.94	5.13	3.23					31.5	3.85	7.63	4.99	4.57	4.27
Pb	24.2	50.8	31.4	26.0	51.4					43.8	63.0	64.3	54.1	58.2	71.4
Th	22.4	17.7	22.1	30.3	17.3					31.3	29.8	39.7	33.4	34.9	32.4
U	9.49	3.00	11.4	46.9	17.3					13.1	17.7	19.9	21.8	16.5	12.0
A/CNK	1.51	1.73	1.23	1.42	1.20	1.30	1.17	1.17	1.22	2.43	1.11	2.62	2.49	2.24	2.32
CaO/Na_2O	0.15	0.80	0.33	0.32	0.33	0.51	0.17	0.20	0.17	1.60	14.04	0.29	0.19	0.41	0.19
$10^4 \times Ga/Al$	2.76	2.46	2.33	2.65	1.95					3.11	2.92	2.84	3.14	3.14	3.10
Zr+Nb+Ce+Y	280	184	179	249	147					297	234	283	288	280	341
ΣREE	177	150	144	228	131					300	115	191	221	175	438
LREE/HREE	8.45	9.06	8.07	9.15	7.84					14.51	9.73	9.62	11.98	11.35	11.56
Eu/Eu^*	0.34	0.27	0.35	0.23	0.47					0.31	0.37	0.38	0.32	0.32	0.38
$(La/Yb)_N$	12.14	11.04	9.63	12.06	7.17					30.70	13.66	14.71	21.11	16.98	30.96
$(Gd/Yb)_N$	1.98	2.06	2.01	2.33	1.30					4.02	2.46	2.84	2.51	2.11	4.38

注：主量元素含量单位为%；微量元素单位为$\times 10^{-6}$。

一、中三叠世黑云母二长花岗岩

黑云母二长花岗岩总体显示高硅富碱特征，SiO_2 含量变化范围较大（67.42%～76.49%）。Na_2O 含量为 2.33%～3.35%，全碱 K_2O+Na_2O 含量为 6.95%～9.06%。在 $K_2O+Na_2O-SiO_2$ 图中，样品大多显示为花岗岩-石英正长岩（图 4-10a）。且 K_2O 含量很高（4.27%～6.88%），属高钾钙碱性-钾玄质系列（图 4-11d）。黑云母二长花岗岩具有高的 Al_2O_3 含量（12.22%～17.37%）和低的 CaO 含量（0.29%～1.34%）。铝饱和指数 A/CNK=1.10～1.36，为过铝质花岗岩（图 4-10b）。此外，样品中的 $Fe_2O_3^t$（0.01%～3.33%）、TiO_2（0.12%～0.52%）和 P_2O_5（0.12%～0.26%）含量均较低，且总体显示与 SiO_2 含量呈负相关关系（图 4-11）。

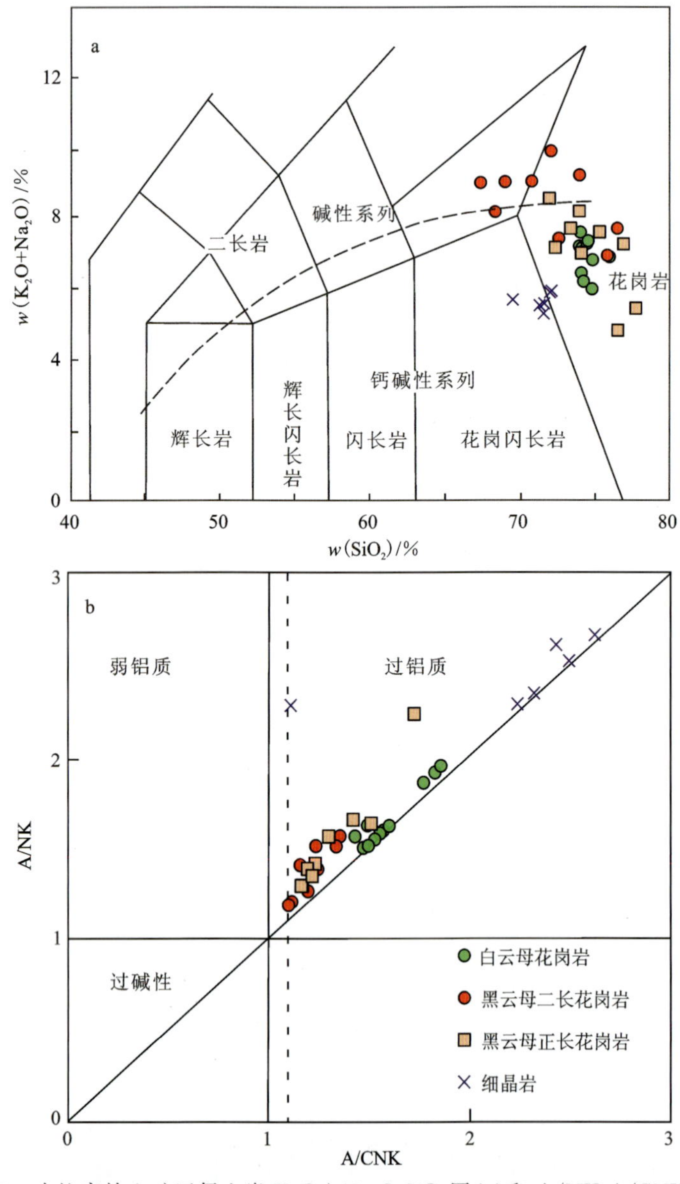

图 4-10 小坑高岭土矿区侵入岩 $K_2O+Na_2O-SiO_2$ 图(a)和 A/NK-A/CNK 图(b)

样品稀土元素总量∑REE 为 $71.8\times10^{-6}\sim257\times10^{-6}$，LREE/HREE 变化于 7.64～11.42 之间(表 4-6)，表明轻稀土元素(LREE)相对富集，重稀土元素(HREE)相对亏损。$(La/Yb)_N$ 为8.31～16.19，轻、重稀土分馏较明显。重稀土元素相对平坦，$(Gd/Yb)_N$变化不大，集中在 1.46～2.33。岩石主体表现为具有强一中等程度的 Eu 负异常($Eu/Eu^*=0.31\sim0.74$)。岩石球粒陨石标准化稀土配分型式主体呈较明显的右倾配分模式(图 4-12a)。微量元素方面，岩石整体上显示大离子亲石元素(LILE)富集而高场强元素(HFSE)亏损特征。在原始地幔标准化蛛网图上，表现出显著的 Rb、U 和 Pb 正异常和 Nb、Sr 和 Ti 负异常(图 4-12b)。样品 Ga 含量较低($16.9\times10^{-6}\sim25.8\times10^{-6}$)，$10^4\times Ga/Al$ 比值范围为 2.25～3.00。Zr、Nb、Ce、Y 等元素的含量中等，Zr＋Nb＋Ce＋Y 值为 $127\times10^{-6}\sim424\times10^{-6}$。

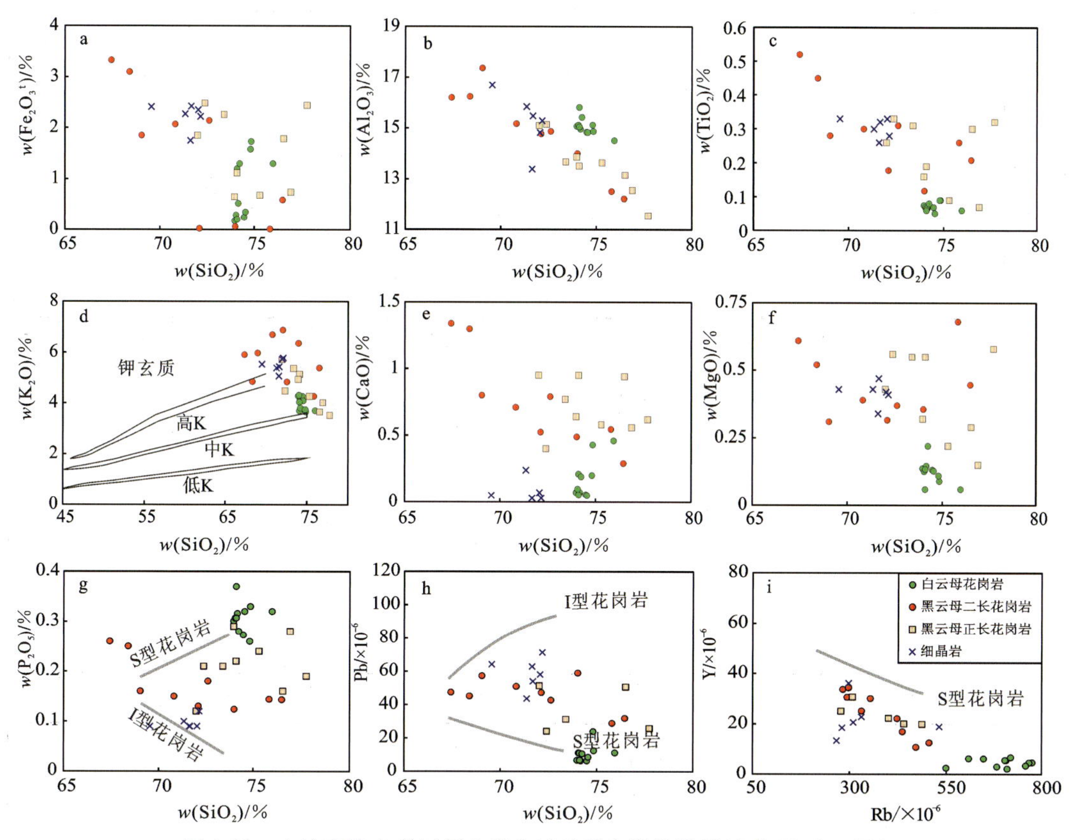

图 4-11　小坑高岭土矿区侵入岩主量元素和部分微量元素 Harker 图解

二、晚三叠世花岗岩类

白云母花岗岩和黑云母正长花岗岩 SiO_2 含量变化范围为 71.99%～77.75%，Na_2O 含量为 1.88%～3.35%，但 K_2O 含量相对黑云母二长花岗岩较低(3.52%～5.71%)，均位于高钾钙碱性系列区域(图 4-11d)。Al_2O_3 含量为 11.55%～15.42%，铝饱和指数 A/CNK 为 1.17～1.86，均属强过铝质岩石(图 4-10b)。白云母花岗岩 MgO 含量为 0.06%～0.15%、CaO 含量为0.05%～0.43%、$Fe_2O_3^t$含量为 0.18%～1.73%、TiO_2 含量为 0.05%～0.09%和 P_2O_5 含量

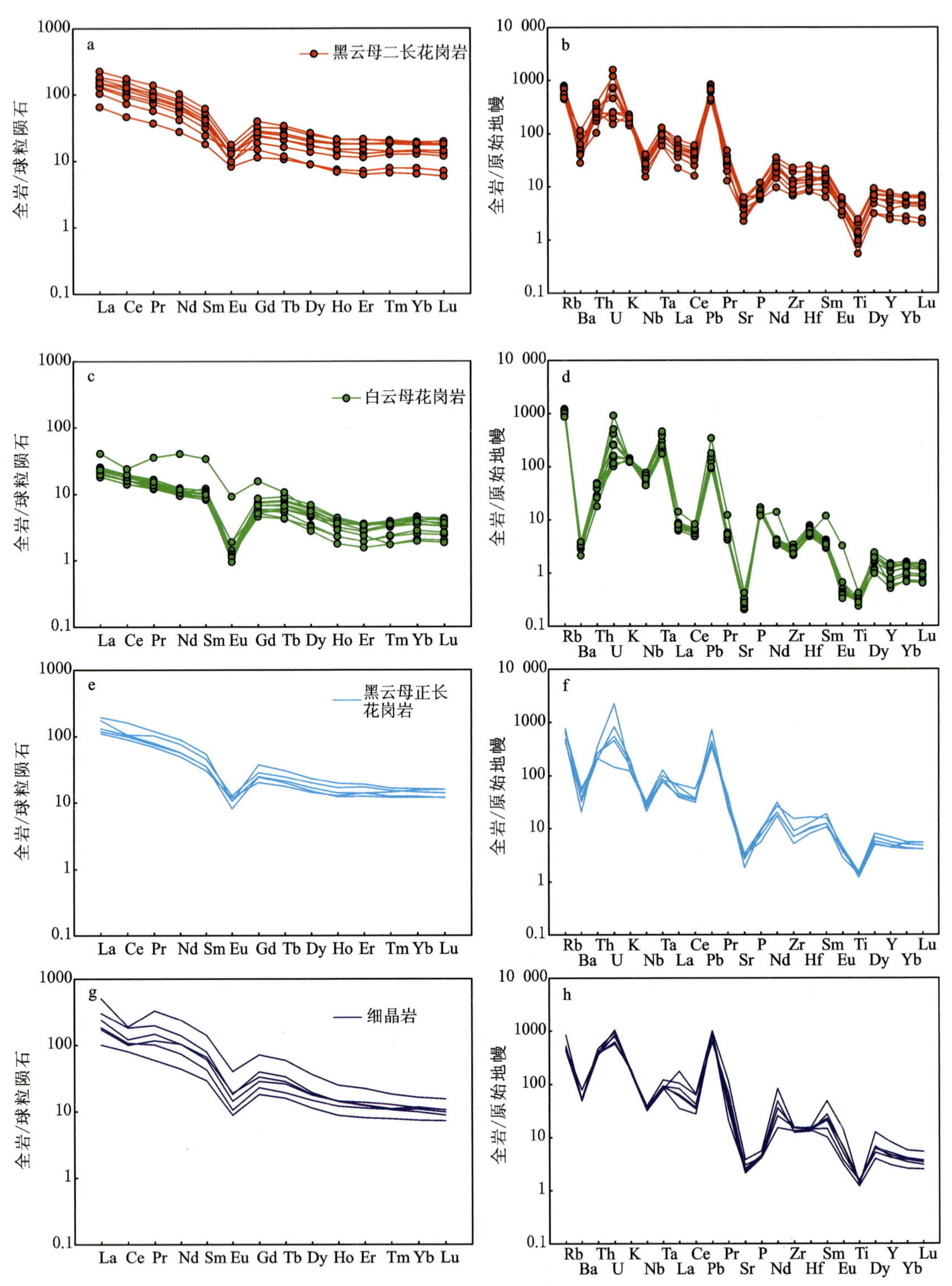

图 4-12　小坑高岭土矿区侵入岩稀土元素球粒陨石标准化配分图(a、c、e、g)
和微量元素原始地幔标准化蛛网图(b、d、f、h)
(标准化数据引自 Sun and McDonough,1989)

为 0.26%～0.37%，整体含量均较低。但相对于白云母花岗岩，黑云母正长花岗岩具有稍低的 Al_2O_3（11.55%～15.14%）和 P_2O_5 含量（0.12%～0.29%），但 $Fe_2O_3{}^t$（0.65%～2.48%）、TiO_2（0.07%～0.33%）、MgO（0.15%～0.58%）和 CaO（0.40%～0.95%）含量稍高（图 4-11）。两者 P_2O_5 与 SiO_2 含量呈正相关关系（图 4-11g），但其他主量元素均显示负相关关系。

白云母花岗岩稀土元素总量∑REE 极低（23.0×10^{-6}～58.4×10^{-6}），LREE/HREE 变化于 4.49～8.98（表 4-6），LREE 相对富集，HREE 相对亏损。黑云母正长花岗岩的稀土元素总量较白云母花岗岩明显要高得多（∑REE＝131×10^{-6}～228×10^{-6}），但 LREE/HREE 比值（7.84～9.15）基本一致。球粒陨石标准化稀土配分模式上两者均呈较明显的右倾配分模式（图 4-12c、e），具有中等—强烈的 Eu 负异常（Eu/Eu^*＝0.11～0.47）。微量元素方面也显示 LILE 富集而 HFSE 亏损特征，表现出显著的 Rb、U 和 Pb 正异常和 Nb、Sr 和 Ti 负异常（图 4-12b）。两者样品 Ga 含量较高（15.6×10^{-6}～26.8×10^{-6}）且基本一致，$10^4\times Ga/Al$ 比值范围为 1.95～3.36，Zr、Nb、Ce、Y 等元素的含量变化较大，白云母花岗岩 Zr＋Nb＋Ce＋Y 值为 68.7×10^{-6}～107×10^{-6}，而黑云母正长花岗岩明显较高（Zr＋Nb＋Ce＋Y 值为 147×10^{-6}～280×10^{-6}）。

三、早侏罗世细晶岩脉

细晶岩脉 SiO_2 含量为 69.55%～72.15%，全碱（K_2O+Na_2O）相对较低（5.30%～5.94%），主体显示为花岗闪长岩-花岗岩（图 4-10a）。K_2O 含量较高（5.06%～5.78%），属高钾钙碱性-钾玄质系列（图 4-11d）。Al_2O_3 含量为 13.39%～15.84%，但 CaO 含量低（0.03%～0.24%）。铝饱和指数 A/CNK＝1.11～2.62，为强过铝质花岗岩（图 4-10b）。样品 $Fe_2O_3{}^t$（1.75%～2.42%）、TiO_2（0.26%～0.33%）和 MgO（0.34%～0.47%）含量均较高，且总体显示与 SiO_2 含量呈负相关关系（图 4-11）。但 P_2O_5（0.09%～0.12%）含量极低，且显示与 SiO_2 呈正相关关系（图 4-11g）。

6 件样品稀土元素总量∑REE 为 115×10^{-6}～438×10^{-6}，LREE/HREE 变化于 9.62～14.51（表 4-6），轻稀土元素（LREE）相对富集重稀土元素（HREE）相对亏损。$(La/Yb)_N$ 为 13.66～30.96，轻、重稀土分馏较明显。$(Gd/Yb)_N$ 为 2.11～4.38，表明重稀土元素相对平坦。样品具有强烈的 Eu 负异常（Eu/Eu^*＝0.31～0.38）。岩石球粒陨石标准化稀土配分型式呈较明显的右倾配分模式（图 4-12g）。另外，在原始地幔标准化蛛网图上，岩石表现出显著的 Rb、U 和 Pb 正异常和 Nb、Sr 和 Ti 负异常（图 4-12h）。样品 Ga 含量较低（20.7×10^{-6}～26.1×10^{-6}），$10^4\times Ga/Al$ 比值范围为 2.84～3.14。Zr、Nb、Ce、Y 等元素的含量较高，Zr＋Nb＋Ce＋Y 值为 234×10^{-6}～341×10^{-6}。

第五节　Sr-Nd 同位素特征

4 件黑云母二长花岗岩和 6 件白云母花岗岩 Sr-Nd 同位素测试结果列于表 4-7 中。$(^{87}Sr/^{86}Sr)_i$、$\varepsilon_{Nd}(t)$ 和 T_{DM2}（Ga）值等用对应的锆石 U-Pb 年龄计算。黑云母二长花岗岩

$^{87}Rb/^{86}Sr$值为 17.516～26.298，$^{87}Sr/^{86}Sr$ 值为 0.764 74～0.787 50。年龄校正后的($^{87}Sr/^{86}Sr$)$_i$值为 0.697 7～0.704 9，其中样品 ZK001 的($^{87}Sr/^{86}Sr$)$_i$值(0.697 7)偏低，可能由于样品发育弱风化蚀变作用引起 Sr 同位素的变化。$^{147}Sm/^{144}Nd$ 值为 0.115 3～0.129 3，$^{143}Nd/^{144}Nd$ 值为 0.512 005～0.512 059，计算后的$\varepsilon_{Nd}(t)$和 T_{DM2}(Ga)值分别为－10.0～－9.2 和 1.82～1.76Ga。

表 4-7　小坑高岭土矿区侵入岩 Sr-Nd 同位素测试结果

样号	岩性	t/Ma	Rb/$\times10^{-6}$	Sr/$\times10^{-6}$	$^{87}Rb/^{86}Sr$	$^{87}Sr/^{86}Sr$	$\pm2\sigma$	($^{87}Sr/^{86}Sr$)$_i$	Sm/$\times10^{-6}$
XMSG-1	白云母花岗岩	231	776	5.72	439.465	1.930 53	0.000 017	0.486 6	1.40
XMSG-2		231	708	6.46	345.496	1.623 35	0.000 017	0.488 2	1.86
XMSG-3		231	768	5.46	452.911	1.861 86	0.000 018	0.373 8	1.51
XMSG-5		231	720	4.31	530.577	1.707 02	0.000 017		1.72
XMSG-6		231	684	4.68	467.335	1.782 84	0.000 012	0.247 4	1.62
XMSG-7		231	759	6.18	396.390	1.888 72	0.000 009	0.586 3	1.39
ZK001	黑云母二长花岗岩	240	423	46.9	26.298	0.787 50	0.000 003	0.697 7	5.76
ZK003		240	506	59.8	24.665	0.784 29	0.000 007	0.700 1	2.76
ZK306		240	472	78.4	17.516	0.764 74	0.000 008	0.704 9	3.70
ZK701		240	437	60.1	21.180	0.777 16	0.000 015	0.704 9	4.82

样号	岩性	Nd/$\times10^{-6}$	$^{147}Sm/^{144}Nd$	$^{143}Nd/^{144}Nd$	$\pm2\sigma$	($^{143}Nd/^{144}Nd$)$_t$	$\varepsilon_{Nd}(t)$	T_{DM2}/Ga
XMSG-1	白云母花岗岩	4.76	0.177 8	0.512 038	0.000 007	0.511 769	－11.2	1.91
XMSG-2		4.85	0.231 8	0.512 106	0.000 005	0.511 756	－11.4	1.93
XMSG-3		5.17	0.176 5	0.512 062	0.000 003	0.511 795	－10.6	1.87
XMSG-5		5.77	0.180 2	0.512 013	0.000 008	0.511 741	－11.7	1.96
XMSG-6		4.73	0.207 0	0.512 027	0.000 008	0.511 714	－12.2	2.00
XMSG-7		4.51	0.186 3	0.512 026	0.000 008	0.511 744	－11.6	1.95
ZK001	黑云母二长花岗岩	27.7	0.125 7	0.512 016	0.000 007	0.511 819	－10.0	1.82
ZK003		12.9	0.129 3	0.512 059	0.000 008	0.511 856	－9.2	1.76
ZK306		19.4	0.115 3	0.512 005	0.000 006	0.511 824	－9.9	1.82
ZK701		24.6	0.118 4	0.512 009	0.000 006	0.511 823	－9.9	1.82

白云母花岗岩$^{87}Rb/^{86}Sr$ 和$^{87}Sr/^{86}Sr$ 值分别为 345.496～530.599 和 1.623 35～1.930 53。年龄校正后的($^{87}Sr/^{86}Sr$)$_i$值变化极大(0.247 4～0.587 8)，均较正常 Sr 同位素低得多，这由其发育强烈的钠长石化、白云母化、电气石化等强烈蚀变引起 Sr 同位素的改变有关。$^{147}Sm/^{144}Nd$ 值为 0.176 5～0.231 8，$^{143}Nd/^{144}Nd$ 值为 0.512 013～0.512 106，计算后的 $\varepsilon_{Nd}(t)$和 T_{DM2}(Ga)值分别为－12.2～－10.6 和 2.00～1.87Ga。

第六节　Hf同位素特征

一、高岭土矿

利用LA-MC-ICP-MS对两件已开展U-Pb年龄测试的高岭土矿样品中谐和锆石共进行了22个点的Lu-Hf同位素分析，结果列于表4-8。2颗中—新元古代锆石（年龄分别为1018Ma和982Ma）$^{176}Lu/^{177}Hf$比值分别为0.003 591和0.001 330，$^{176}Hf/^{177}Hf$比值分别为0.282 295和0.282 360，以对应年龄计算出锆石$\varepsilon_{Hf}(t)$分别为3.2和6.3（表4-8），对应的二阶段Hf模式年龄T_{DM2}为1579Ma和1380Ma。3个晚奥陶世分析点$^{176}Lu/^{177}Hf$比值为0.000 685～0.002 092，$^{176}Hf/^{177}Hf$比值为0.282 328～0.282 451，$\varepsilon_{Hf}(t)=-5.9\sim-2.0$，Hf模式年龄$T_{DM2}=1637\sim1418$Ma。17个晚三叠世锆石点$^{176}Lu/^{177}Hf$比值为0.000 562～0.003 591，$^{176}Hf/^{177}Hf$比值为0.282 071～0.282 589，对应的$\varepsilon_{Hf}(t)=-19.9\sim-1.2$（表4-8），二阶段Hf模式年龄$T_{DM2}=2228\sim1198$Ma。

二、中三叠世黑云母二长花岗岩

对黑云母二长花岗岩样品ZK001中谐和锆石进行了12个点的Lu-Hf同位素分析（表4-8）。1颗中元古代锆石（年龄为1029Ma）分析点$^{176}Lu/^{177}Hf$比值为0.001 000，$^{176}Hf/^{177}Hf$比值为0.281 979，$\varepsilon_{Hf}(t)$为-6.0（表4-8），对应的T_{DM2}为2090Ma。1个晚奥陶世分析点$^{176}Lu/^{177}Hf$比值为0.001 861，$^{176}Hf/^{177}Hf$比值为0.282 200，$\varepsilon_{Hf}(t)=-10.9$，Hf模式年龄$T_{DM2}=1906$Ma。1个中二叠世分析点$^{176}Lu/^{177}Hf$比值为0.001 200，$^{176}Hf/^{177}Hf$比值为0.282 461，$\varepsilon_{Hf}(t)=-5.4$，Hf模式年龄$T_{DM2}=1457$Ma。9个中三叠世锆石点$^{176}Lu/^{177}Hf$比值为0.000 926～0.002 189，$^{176}Hf/^{177}Hf$比值为0.282 331～0.282 500，对应点锆石年龄计算出的$\varepsilon_{Hf}(t)=-10.6\sim-4.5$（表4-8），二阶段Hf模式年龄$T_{DM2}=1720\sim1392$Ma。

三、晚三叠世白云母花岗岩

对两件白云母花岗岩样品共进行了23个点的Lu-Hf同位素分析（表4-8）。1颗晚奥陶世（449±5Ma）锆石$^{176}Lu/^{177}Hf$比值为0.001 440，$^{176}Hf/^{177}Hf$比值为0.282 361，以对应年龄计算出锆石$\varepsilon_{Hf}(t)$为-5.1，对应的二阶段Hf模式年龄T_{DM2}为1586Ma。1个晚志留世（423±4Ma）分析点$^{176}Lu/^{177}Hf$比值为0.002 341，$^{176}Hf/^{177}Hf$比值为0.282 380，$\varepsilon_{Hf}(t)$为-5.1，T_{DM2}为1572Ma。20个晚三叠世分析点$^{176}Lu/^{177}Hf$比值为0.000 968～0.003 695，$^{176}Hf/^{177}Hf$比值为0.282 243～0.282 547，对应点锆石年龄计算出的$\varepsilon_{Hf}(t)=-13.9\sim-3.1$，二阶段Hf模式年龄$T_{DM2}=1901\sim1303$Ma。另有测点XMSG-1-8的$^{176}Hf/^{177}Hf$比值为0.282 863，$\varepsilon_{Hf}(t)=7.9$，$T_{DM2}=609$Ma。

表 4-8　小坑矿区高岭土矿及侵入岩锆石 Lu-Hf 同位素测试结果

岩性	点号	年龄/Ma	$^{176}Hf/^{177}Hf$	1σ	$^{176}Lu/^{177}Hf$	1σ	$^{176}Yb/^{177}Hf$	1σ	$\varepsilon_{Hf}(0)$	1σ	$\varepsilon_{Hf}(t)$	1σ	T_{DM1}	T_{DM2}	$f_{Lu/Hf}$
高岭土矿	XGL-1Zr-1	1018	0.282 295	0.000 038	0.003 591	0.000 021	0.160 479	0.001 123	−16.9	1.4	3.2	1.5	1450	1579	−0.89
	XGL-1Zr-3	231	0.282 355	0.000 016	0.001 102	0.000 031	0.053 627	0.001 645	−14.8	0.8	−9.9	0.8	1271	1677	−0.97
	XGL-1Zr-5	231	0.282 367	0.000 012	0.001 160	0.000 008	0.047 347	0.000 260	−14.3	0.7	−9.4	0.7	1255	1653	−0.97
	XGL-1Zr-6	982	0.282 360	0.000 015	0.001 330	0.000 016	0.056 832	0.000 344	−14.6	0.7	6.3	0.8	1270	1380	−0.96
	XGL-1Zr-10	232	0.282 454	0.000 017	0.002 106	0.000 026	0.085 486	0.001 086	−11.2	0.8	−6.5	0.8	1161	1490	−0.94
	XGL-1Zr-11	229	0.282 463	0.000 017	0.001 907	0.000 042	0.077 306	0.001 578	−10.9	0.8	−6.2	0.8	1142	1472	−0.94
	XGL-1Zr-16	235	0.282 589	0.000 013	0.001 570	0.000 049	0.067 499	0.002 161	−6.5	0.7	−1.5	0.7	952	1220	−0.95
	XGL-1Zr-17	455	0.282 451	0.000 014	0.002 092	0.000 041	0.086 362	0.001 384	−11.4	0.7	−2.0	0.7	1166	1418	−0.94
	XGL-1Zr-18	234	0.282 448	0.000 013	0.001 878	0.000 029	0.072 147	0.000 967	−11.4	0.7	−6.6	0.7	1163	1499	−0.94
	XGL-2Zr-1	229	0.282 602	0.000 015	0.001 467	0.000 034	0.064 960	0.001 623	−6.0	0.7	−1.2	0.7	932	1198	−0.96
	XGL-2Zr-2	232	0.282 546	0.000 014	0.002 331	0.000 053	0.099 913	0.002 065	−8.0	0.7	−3.3	0.7	1035	1313	−0.93
	XGL-2Zr-3	233	0.282 509	0.000 010	0.000 756	0.000 012	0.032 361	0.000 621	−9.3	0.6	−4.3	0.6	1043	1371	−0.98
	XGL-2Zr-4	233	0.282 380	0.000 014	0.001 218	0.000 011	0.049 447	0.000 409	−13.9	0.7	−8.9	0.7	1239	1628	−0.96
	XGL-2Zr-6	456	0.282 348	0.000 011	0.000 685	0.000 036	0.030 964	0.001 582	−15.0	0.6	−5.2	0.7	1266	1595	−0.98
	XGL-2Zr-8	228	0.282 330	0.000 011	0.000 733	0.000 010	0.030 672	0.000 444	−15.6	0.6	−10.7	0.7	1292	1723	−0.98
	XGL-2Zr-9	228	0.282 420	0.000 013	0.000 562	0.000 036	0.026 277	0.001 494	−12.4	0.7	−7.5	0.7	1162	1546	−0.98
	XGL-2Zr-13	230	0.282 358	0.000 012	0.001 209	0.000 009	0.050 168	0.000 315	−14.6	0.7	−9.8	0.7	1270	1672	−0.96
	XGL-2Zr-14	457	0.282 328	0.000 009	0.000 851	0.000 014	0.036 322	0.000 683	−15.7	0.6	−5.9	0.6	1299	1637	−0.97
	XGL-2Zr-15	230	0.282 071	0.000 010	0.000 935	0.000 005	0.035 646	0.000 165	−24.8	0.6	−19.9	0.6	1660	2228	−0.97
	XGL-2Zr-16	233	0.282 501	0.000 014	0.001 795	0.000 012	0.076 018	0.000 541	−9.6	0.7	−4.7	0.7	1084	1395	−0.95
	XGL-2Zr-17	230	0.282 483	0.000 014	0.001 711	0.000 027	0.073 635	0.001 210	−10.2	0.7	−5.4	0.7	1109	1432	−0.95

续表 4-8

岩性	点号	年龄/Ma	$^{176}Hf/^{177}Hf$	1σ	$^{176}Lu/^{177}Hf$	1σ	$^{176}Yb/^{177}Hf$	1σ	$\varepsilon_{Hf}(0)$	1σ	$\varepsilon_{Hf}(t)$	1σ	T_{DM1}	T_{DM2}	$f_{Lu/Hf}$
高岭土矿	XGL-2Zr-18	229	0.282 417	0.000 010	0.001 079	0.000 024	0.046 000	0.001 103	−12.6	0.6	−7.7	0.6	1183	1557	−0.97
黑云母二长花岗岩	ZK001-1	242	0.282 437	0.000 013	0.002 956	0.000 032	0.120 785	0.001 394	−11.8	0.7	−7.0	0.7	1214	1527	−0.91
	ZK001-2	1029	0.281 979	0.000 014	0.001 000	0.000 010	0.037 864	0.000 332	−28.0	0.7	−6.0	0.8	1789	2090	−0.97
	ZK001-4	239	0.282 411	0.000 012	0.000 962	0.000 008	0.039 012	0.000 464	−12.8	0.7	−7.7	0.7	1187	1562	−0.97
	ZK001-6	237	0.282 331	0.000 012	0.000 932	0.000 007	0.036 862	0.000 244	−15.6	0.7	−10.6	0.7	1298	1720	−0.97
	ZK001-5	449	0.282 200	0.000 012	0.001 861	0.000 018	0.074 593	0.000 829	−20.2	0.7	−10.9	0.7	1518	1906	−0.94
	ZK001-7	264	0.282 461	0.000 010	0.001 200	0.000 005	0.047 939	0.000 208	−11.0	0.6	−5.4	0.6	1124	1457	−0.96
	ZK001-9	241	0.282 457	0.000 009	0.000 926	0.000 001	0.037 955	0.000 096	−11.1	0.6	−6.0	0.6	1121	1471	−0.97
	ZK001-11	237	0.282 463	0.000 014	0.001 388	0.000 032	0.057 927	0.001 488	−10.9	0.7	−5.9	0.7	1127	1466	−0.96
	ZK001-12	243	0.282 500	0.000 013	0.001 488	0.000 033	0.062 337	0.001 345	−9.6	0.7	−4.5	0.7	1077	1392	−0.96
	ZK001-13	241	0.282 456	0.000 011	0.002 189	0.000 053	0.089 617	0.002 252	−11.2	0.6	−6.2	0.7	1161	1484	−0.93
	ZK001-14	238	0.282 489	0.000 010	0.001 160	0.000 005	0.046 904	0.000 207	−10.0	0.6	−5.0	0.6	1084	1413	−0.97
	ZK001-15	238	0.282 409	0.000 010	0.001 230	0.000 020	0.047 738	0.000 833	−12.9	0.6	−7.8	0.6	1199	1570	−0.96
白云母花岗岩	XMSG-1-1	233	0.282 484	0.000 011	0.001 411	0.000 023	0.055 230	0.001 066	−10.2	0.6	−5.3	0.7	1099	1427	−0.96
	XMSG-1-2	226	0.282 529	0.000 012	0.001 153	0.000 008	0.045 211	0.000 396	−8.6	0.7	−3.8	0.7	1027	1338	−0.97
	XMSG-1-3	423	0.282 380	0.000 010	0.002 341	0.000 047	0.100 088	0.002 085	−13.9	0.6	−5.2	0.7	1277	1572	−0.93
	XMSG-1-4	230	0.282 470	0.000 011	0.001 097	0.000 020	0.046 791	0.000 928	−10.7	0.6	−5.8	0.7	1108	1452	−0.97
	XMSG-1-6	233	0.282 463	0.000 014	0.003 419	0.000 023	0.143 782	0.001 154	−10.9	0.7	−6.3	0.7	1191	1483	−0.90
	XMSG-1-7	230	0.282 315	0.000 010	0.001 019	0.000 004	0.045 205	0.000 179	−16.1	0.6	−11.3	0.6	1323	1753	−0.97
	XMSG-1-8	231	0.282 863	0.000 075	0.002 440	0.000 027	0.103 866	0.001 179	3.2	2.7	7.9	2.7	573	690	−0.93
	XMSG-1-11	232	0.282 243	0.000 016	0.002 033	0.000 017	0.082 464	0.000 830	−18.7	0.8	−13.9	0.8	1462	1901	−0.94

续表 4-8

岩性	点号	年龄/Ma	$^{176}Hf/^{177}Hf$	1σ	$^{176}Lu/^{177}Hf$	1σ	$^{176}Yb/^{177}Hf$	1σ	$\varepsilon_{Hf}(0)$	1σ	$\varepsilon_{Hf}(t)$	1σ	T_{DM1}	T_{DM2}	$f_{Lu/Hf}$
白云母花岗岩	XMSG-1-12	229	0.282 399	0.000 012	0.003 695	0.000 016	0.152 461	0.000 723	−13.2	0.7	−8.7	0.7	1297	1612	−0.89
	XMSG-1-13	232	0.282 409	0.000 013	0.002 194	0.000 030	0.091 484	0.001 475	−12.8	0.7	−8.1	0.7	1230	1580	−0.93
	XMSG-1-14	228	0.282 447	0.000 011	0.002 108	0.000 042	0.093 661	0.002 098	−11.5	0.6	−6.8	0.7	1172	1506	−0.94
	XMSG-1-18	231	0.282 456	0.000 009	0.000 995	0.000 001	0.041 644	0.000 053	−11.2	0.6	−6.2	0.6	1124	1477	−0.97
	XMSG-5-3	232	0.282 547	0.000 012	0.001 419	0.000 021	0.061 980	0.000 987	−7.9	0.7	−3.1	0.7	1008	1302	−0.96
	XMSG-5-5	230	0.282 516	0.000 013	0.002 001	0.000 020	0.083 025	0.000 958	−9.1	0.7	−4.3	0.7	1070	1370	−0.94
	XMSG-5-8	231	0.282 482	0.000 012	0.001 656	0.000 016	0.071 844	0.000 690	−10.3	0.7	−5.4	0.7	1108	1433	−0.95
	XMSG-5-9	228	0.282 550	0.000 015	0.001 972	0.000 020	0.085 512	0.000 791	−7.8	0.7	−3.1	0.8	1019	1303	−0.94
	XMSG-5-10	449	0.282 361	0.000 010	0.001 440	0.000 042	0.059 371	0.001 811	−14.5	0.6	−5.1	0.7	1273	1586	−0.96
	XMSG-5-13	230	0.282 481	0.000 009	0.000 968	0.000 004	0.040 246	0.000 178	−10.3	0.6	−5.4	0.6	1090	1430	−0.97
	XMSG-5-14	232	0.282 445	0.000 011	0.002 722	0.000 022	0.109 736	0.000 747	−11.6	0.6	−6.9	0.7	1196	1514	−0.92
	XMSG-5-15	230	0.282 501	0.000 011	0.000 981	0.000 029	0.041 493	0.001 322	−9.6	0.7	−4.7	0.7	1062	1391	−0.97
	XMSG-5-16	229	0.282 517	0.000 011	0.001 427	0.000 016	0.060 221	0.000 584	−9.0	0.6	−4.2	0.6	1052	1363	−0.96
	XMSG-5-17	233	0.282 476	0.000 022	0.001 597	0.000 012	0.070 449	0.000 614	−10.5	0.9	−5.6	1.0	1114	1443	−0.95
	XMSG-5-18	226	0.282 471	0.000 013	0.001 579	0.000 020	0.067 893	0.000 903	−10.7	0.7	−5.9	0.7	1122	1457	−0.95
黑云母正长花岗岩	XAG-1-1	225	0.282 540	0.000 018	0.002 562	0.000 054	0.099 221	0.001 720	−8.2	0.8	−3.6	0.8	1051	1329	−0.92
	XAG-1-3	230	0.282 481	0.000 012	0.002 239	0.000 069	0.091 519	0.002 233	−10.3	0.7	−5.6	0.7	1128	1441	−0.93
	XAG-1-5	228	0.282 474	0.000 012	0.001 542	0.000 025	0.064 284	0.001 113	−10.5	0.7	−5.8	0.7	1116	1448	−0.95
	XAG-1-6	231	0.282 485	0.000 011	0.001 855	0.000 050	0.076 833	0.002 097	−10.1	0.6	−5.4	0.7	1110	1429	−0.94
	XAG-1-13	229	0.282 258	0.000 012	0.001 107	0.000 025	0.046 123	0.001 264	−18.2	0.7	−13.3	0.7	1406	1865	−0.97
	XAG-1-16	455	0.282 443	0.000 011	0.001 572	0.000 022	0.062 254	0.001 104	−11.6	0.6	−2.1	0.7	1161	1425	−0.95

续表 4-8

岩性	点号	年龄/Ma	$^{176}Hf/^{177}Hf$	1σ	$^{176}Lu/^{177}Hf$	1σ	$^{176}Yb/^{177}Hf$	1σ	$\varepsilon_{Hf}(0)$	1σ	$\varepsilon_{Hf}(t)$	1σ	T_{DM1}	T_{DM2}	$f_{Lu/Hf}$
黑云母正长花岗岩	XAG-1-17	229	0.282 417	0.000 010	0.002 512	0.000 056	0.101 410	0.002 354	−12.6	0.6	−7.9	0.6	1229	1568	−0.92
	XAG-1-18	227	0.282 333	0.000 009	0.001 045	0.000 004	0.039 093	0.000 194	−15.5	0.6	−10.7	0.6	1298	1720	−0.97
	XAG-1-14	457	0.282 412	0.000 009	0.001 264	0.000 013	0.051 275	0.000 512	−12.7	0.6	−3.0	0.6	1195	1479	−0.96
	XAG-1-15	230	0.282 495	0.000 013	0.001 790	0.000 020	0.071 968	0.000 829	−9.8	0.7	−5.0	0.7	1093	1408	−0.95
	XAG-1-9	226	0.282 471	0.000 013	0.001 793	0.000 049	0.068 251	0.002 179	−10.7	0.7	−6.0	0.7	1128	1458	−0.95
	XAG-1-11	232	0.282 455	0.000 014	0.001 473	0.000 054	0.061 086	0.002 288	−11.2	0.7	−6.3	0.7	1141	1484	−0.96
	XAG-3-1	266	0.282 493	0.000 011	0.001 475	0.000 051	0.058 192	0.002 170	−9.9	0.6	−4.3	0.7	1087	1397	−0.96
	XAG-3-2	267	0.282 441	0.000 010	0.001 687	0.000 029	0.063 718	0.001 252	−11.7	0.6	−6.1	0.6	1167	1499	−0.95
	XAG-3-3	229	0.282 447	0.000 011	0.001 232	0.000 007	0.048 473	0.000 345	−11.5	0.6	−6.7	0.7	1145	1499	−0.96
	XAG-3-5	437	0.282 427	0.000 008	0.000 822	0.000 010	0.030 559	0.000 348	−12.2	0.6	−2.8	0.6	1161	1451	−0.98
	XAG-3-6	228	0.282 408	0.000 012	0.001 051	0.000 006	0.039 796	0.000 196	−12.9	0.7	−8.0	0.7	1194	1574	−0.97
	XAG-3-7	228	0.282 432	0.000 009	0.001 021	0.000 014	0.040 543	0.000 550	−12.0	0.6	−7.2	0.6	1159	1527	−0.97
	XAG-3-8	231	0.282 453	0.000 012	0.002 711	0.000 027	0.102 071	0.001 023	−11.3	0.7	−6.6	0.7	1183	1498	−0.92
	XAG-3-9	227	0.282 320	0.000 010	0.000 769	0.000 014	0.033 097	0.000 440	−16.0	0.6	−11.1	0.6	1308	1744	−0.98
	XAG-3-13	230	0.282 572	0.000 016	0.002 682	0.000 023	0.108 109	0.000 867	−7.1	0.8	−2.4	0.8	1008	1266	−0.92
	XAG-3-15	229	0.282 443	0.000 010	0.001 001	0.000 007	0.037 904	0.000 347	−11.7	0.6	−6.8	0.6	1144	1506	−0.97
	XAG-3-16	232	0.282 421	0.000 011	0.001 638	0.000 034	0.062 306	0.001 221	−12.4	0.6	−7.6	0.7	1194	1551	−0.95
	XAG-3-17	228	0.282 435	0.000 009	0.002 505	0.000 029	0.092 121	0.001 093	−11.9	0.6	−7.3	0.6	1202	1532	−0.92
细晶岩脉	XFG-1-1	230	0.282 466	0.000 009	0.001 048	0.000 017	0.042 122	0.000 684	−10.8	0.6	−5.9	0.6	1113	1460	−0.97
	XFG-1-2	906	0.282 341	0.000 012	0.002 039	0.000 052	0.075 560	0.002 008	−15.2	0.7	3.6	0.7	1322	1470	−0.94
	XFG-1-4	226	0.282 453	0.000 012	0.001 803	0.000 010	0.069 692	0.000 405	−11.3	0.7	−6.6	0.7	1153	1492	−0.95

续表 4-8

岩性	点号	年龄/Ma	$^{176}Hf/^{177}Hf$	1σ	$^{176}Lu/^{177}Hf$	1σ	$^{176}Yb/^{177}Hf$	1σ	$\varepsilon_{Hf}(0)$	1σ	$\varepsilon_{Hf}(t)$	1σ	T_{DM1}	T_{DM2}	$f_{Lu/Hf}$
细晶岩脉	XFG-1-5	228	0.282 219	0.000 012	0.000 618	0.000 007	0.026 323	0.000 519	−19.6	0.7	−14.6	0.7	1442	1939	−0.98
	XFG-1-7	228	0.282 429	0.000 010	0.001 361	0.000 024	0.052 245	0.001 144	−12.1	0.6	−7.3	0.6	1175	1536	−0.96
	XFG-1-8	228	0.282 440	0.000 009	0.001 167	0.000 012	0.045 235	0.000 579	−11.8	0.6	−6.9	0.6	1153	1513	−0.96
	XFG-1-11	230	0.282 429	0.000 012	0.001 077	0.000 022	0.044 470	0.001 070	−12.1	0.7	−7.3	0.7	1166	1533	−0.97
	XFG-1-12	230	0.282 327	0.000 009	0.000 801	0.000 005	0.029 167	0.000 178	−15.7	0.6	−10.8	0.6	1299	1730	−0.98
	XFG-1-14	228	0.282 546	0.000 018	0.001 747	0.000 039	0.069 052	0.001 838	−8.0	0.8	−3.2	0.8	1019	1309	−0.95
	XFG-1-15	231	0.282 491	0.000 012	0.001 224	0.000 011	0.049 692	0.000 491	−10.0	0.7	−5.1	0.7	1083	1413	−0.96
	XFG-1-16	229	0.282 320	0.000 012	0.001 722	0.000 022	0.068 819	0.000 886	−16.0	0.7	−11.2	0.7	1341	1751	−0.95

四、晚三叠世黑云母正长花岗岩

对两件黑云母正长花岗岩样品共进行了24点的Lu-Hf同位素分析(表4-8)。2颗晚奥陶世(457～455Ma)锆石$^{176}Lu/^{177}Hf$比值为0.001 264～0.001 572,$^{176}Hf/^{177}Hf$比值为0.282 412～0.282 443,以对应年龄计算出锆石$\varepsilon_{Hf}(t)$为－3.0～－2.1,二阶段Hf模式年龄T_{DM2}为1479～1425Ma。1个测点早志留世(437±5Ma)分析点$^{176}Lu/^{177}Hf$比值为0.000 010,$^{176}Hf/^{177}Hf$比值为0.282 427,$\varepsilon_{Hf}(t)$为－2.8,T_{DM2}为1451Ma。21个晚三叠世分析点$^{176}Lu/^{177}Hf$比值为0.001 001～0.003 695,$^{176}Hf/^{177}Hf$比值为0.282 258～0.282 572,对应点锆石年龄计算出的$\varepsilon_{Hf}(t)$=－13.3～－3.6,二阶段Hf模式年龄T_{DM2}=1865～1321Ma。

五、早侏罗世细晶岩脉

对早侏罗世细晶岩脉谐和年龄锆石进行了11点的Lu-Hf同位素分析(表4-8)。1颗新元古代锆石(906Ma)$^{176}Lu/^{177}Hf$比值为0.002 039,$^{176}Hf/^{177}Hf$比值为0.282 341,计算后的锆石$\varepsilon_{Hf}(t)$为3.6,二阶段Hf模式年龄T_{DM2}为1470Ma。10个晚三叠世分析点$^{176}Lu/^{177}Hf$比值为0.000 618～0.001 803,$^{176}Hf/^{177}Hf$比值为0.282 219～0.282 546,计算出的$\varepsilon_{Hf}(t)$=－14.6～－3.2,二阶段Hf模式年龄T_{DM2}=1939～1309Ma。

第七节 中—晚三叠世岩石成因及构造背景

一、岩石类型

花岗岩可分为I型、S型、A型和M型4种类型。其中M型即幔源型,由蛇绿岩套中的奥长花岗岩组成,一般与辉长岩等基性岩伴生。小坑地区未发现大规模的中—晚三叠世基性岩,同时黑云母二长花岗岩、黑云母正长花岗岩和白云母花岗岩K_2O含量(3.65%～6.88%)均高于1%,故可排除这些岩石的M型成因。白云母花岗岩主要由石英、白云母和钠长石等组成,另发育堇青石和电气石等富铝矿物,具有S型花岗岩的富铝矿物组成特征。黑云母正长花岗岩尽管不发育白云母,但偶见电气石,也表明其具有富铝特征。尽管黑云母二长花岗岩未见石榴子石、白云母、电气石和堇青石等富铝矿物,但地球化学特征也不同于I和A型花岗岩特征。

黑云母二长花岗岩、白云母花岗岩和黑云母正长花岗岩3种岩性均发育不同程度的绢云母化、钠长石化等蚀变,但对应样品的Zr/Hf(分别为29.70～36.22、13.96～16.39和23.07～33.73)和Hf/Sm(分别为0.58～0.90、1.18～1.48和0.23～0.47)值变化不大,因此HFSE仍然可以用来判断其岩石类型和成因(李艳军等,2013;王凤林等,2022)。样品A/CNK值范围分别为1.10～1.36、1.43～1.66和1.17～1.73,均表现为强富铝质岩石,与典型S型花岗岩(Chappell,1999)特征类似。白云母花岗岩和黑云母正长花岗岩P_2O_5含量分别为0.26%～0.37%和0.12%～0.29%,且均与SiO_2呈正相关关系(图4-11g),显示为S型花岗岩。此外,两者 Pb 含量分别为 6.52×10^{-6}～12.5×10^{-6} 和 24.1×10^{-6}～51.4×10^{-6}，但均与 SiO_2 呈负相关关系(图 4-11h)。白云母花岗岩和黑云母正长花岗岩样品 Y 含量分别为 2.65×10^{-6}～6.77×10^{-6} 和 19.9×10^{-6}～30.7×10^{-6}，且与 Rb 呈负相关关系(图 4-11i)。尽管黑云母二长花岗岩 P_2O_5 含量与 SiO_2 呈负相关关系，但 Pb-SiO_2 和 Y-Rb 间均呈负相关关系(图 4-11g～i)。这些地球化学特征表明这 3 种岩性均为 S 型花岗岩(Li et al.，2007；Wu et al.，2003)。3 种岩性样品 Zr 含量(23.7×10^{-6}～254×10^{-6})均低于 A 型花岗岩最低含量。在 Zr-$10^4\times$Ga/Al 成因判别图中，大多样品均位于 I 型、S 型和 M 型花岗岩区域(图 4-13a)。所有样品在[Al_2O_3-(K_2O+Na_2O)]-CaO-($Fe_2O_3^t+MgO$)判别图解中均位于 S 型花岗岩区域(图 4-13b)。这些地球化学特征及图解均表明黑云母二长花岗岩、白云母花岗岩和黑云母正长花岗岩为 S 型花岗岩。

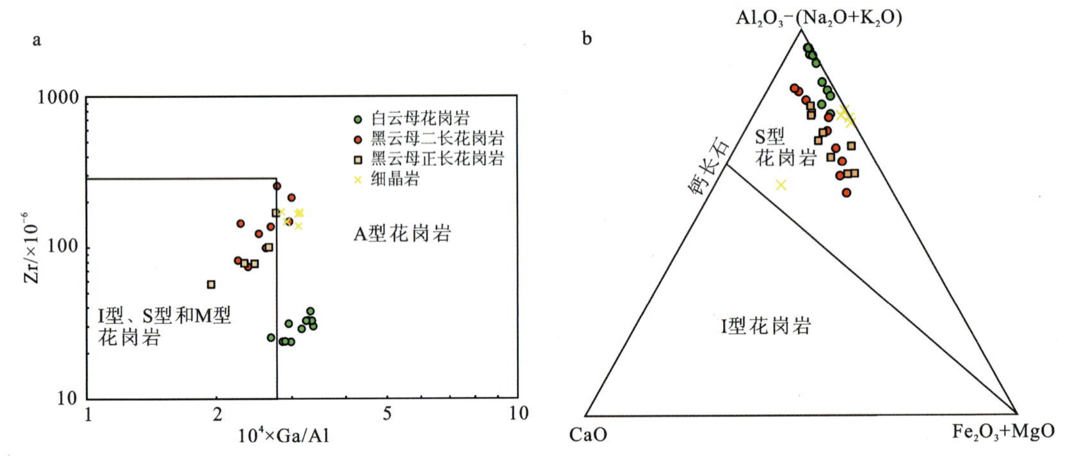

图 4-13　小坑高岭土矿区侵入岩 $10^4\times$Ga/Al-Zr(a)和[Al_2O_3-(K_2O+Na_2O)]-CaO-($Fe_2O_3^t+MgO$)(b)成因判别图解

[图 a 底图引自 Whalen et al.(1987)，图 b 底图引自 Healy et al.(2004)]

二、岩浆源区性质

晚二叠世—晚三叠世岩浆活动在华南地区也比较普遍，而且形成了桂东南—海南、湘南—赣南和武夷山等岩浆分布区域，组成该时代西、中和东 3 个岩浆带(Gao et al.，2017)。岩石类型主要有含堇青石花岗岩、含角闪石花岗岩、黑云母花岗岩、白云母花岗岩和 A 型花岗岩(Gao et al.，2017)。岩石成因类型有 S 型、I 型和 A 型 3 种，其中代表性 S 型花岗岩有桂东云开地区浦北、旧州和台马等岩体(Wu et al.，2003；Wu et al.，2016)，I 型以武夷山地区罗古岩岩体(向庭富等，2013)为代表，而 A 型花岗岩也主要发育于湘南—赣南和武夷山地区，如闽西北地区大银厂、湘南邓阜仙、浙东南地区大爽等岩体(Gao et al.，2014；Sun et al.，2011；Wang et al.，2013a；Zhao et al.，2013)。此外，还发育有晚三叠世夏茂辉绿岩脉(Wang et al.，2013a)。

华南晚二叠世—晚三叠世岩浆活动的源区目前也存在多种不同观点。祁昌实等(2007)通过对云开地区浦北、旧州和台马 3 个 S 型花岗岩体研究，认为其来源于古老地壳物质的重熔。湘南锡田 S 型花岗岩也被认为形成于这种机制(Wu et al.，2016)。甚至闽西北地区大银厂、湘南邓阜仙、浙东南地区大爽等A型花岗岩也被分别认为来源于古—中元古代角闪岩(Wang et al.,2013a)或古元古代壳源物质(Cai et al.,2015;Gao et al.,2014)部分熔融。Gao等(2017)基于晚二叠世—晚三叠世花岗岩与新元古代变质岩的空间关系和Sr-Nd同位素组成,认为所有该时代花岗岩均有新元古代地壳物质重熔形成。但是,晚三叠世夏茂辉绿岩脉被认为是富集地幔来源(Wang et al.,2013a)。只是幔源成分是否广泛地参与了该时期中酸性岩浆活动仍不明确。浙西北翁山A型花岗岩就被认为是古元古代变质基底部分熔融而成,而下地壳基性岩浆的底侵作用仅提供了热源(Sun et al.,2011)。但Zhao等(2013)对武夷山成矿带中蔡江和高溪2个晚三叠世A型的Sr-Nd-Hf同位素研究则提出其主要来源于前寒武纪基底部分熔融,但有部分地幔物质的加入。此外,罗古岩高分异I型花岗岩被认为是由类似于夏茂辉绿岩脉的富集地幔组分与基底地壳物质的熔融组分混合而成(向庭富等,2013)。Xia和Xu(2020)最近更是提出小陶、富城等A型花岗岩(229～225Ma)基性岩浆的地壳混染和分离结晶成因模式(AFC)。

小坑矿区黑云母二长花岗岩、白云母花岗岩和黑云母正长花岗岩三者均具有高的A/CNK值(1.10～1.73)和低Sr含量(4.31×10^{-6}～131×10^{-6}),表明这些岩石岩浆源区来源于片岩和千枚岩等富铝变质沉积岩(Nabelek and Glascock,1995; Sylvester,1998)。且它们具有高的Al_2O_3/TiO_2(31.2～291)和低的CaO/Na_2O(0.01～1.36)比值,大多样品均位于过铝质花岗岩范围及附近,而且源区以钠长石熔体为主(图4-14a)。在Rb/Ba-Rb/Sr图解(图4-14b)中,样品均位于富黏土端元,且白云母花岗岩具有高得多的Rb/Sr比值,表明岩浆源区以富铝壳源物质为主。

小坑矿区黑云母二长花岗岩$\varepsilon_{Nd}(t)$和T_{DM2}值分别为－10.0～－9.2和1.82～1.76Ga。白云母花岗岩$\varepsilon_{Nd}(t)$和T_{DM2}值分别为－12.2～－10.6和2.00～1.87Ga。两者$\varepsilon_{Nd}(t)$并未随SiO_2含量变化而变化(图4-15),反映Nd同位素可代表岩浆源区性质。黑云母二长花岗岩和白云母花岗岩Nd同位素组成与桂东大容山地区晚三叠世S型花岗岩[$\varepsilon_{Nd}(t)$=－12.6～－9.4;祁昌实等,2007]Nd同位素组成相似,但稍高于及其中包含的麻粒岩包体Nd同位素[$\varepsilon_{Nd}(t)$=－14.7～－11.1;Zhao et al.,2012]。这些中—晚三叠世岩浆岩Nd同位素均位于华夏中元古代地壳演化域(沈渭洲等,1999)中(图4-16),表明主体为华夏地区地壳基底物质重熔而成。

黑云母二长花岗岩中9个中三叠世锆石点$^{176}Hf/^{177}Hf$比值为0.282 331～0.282 500,$\varepsilon_{Hf}(t)$=－10.6～－4.5,二阶段Hf模式年龄T_{DM2}=1720～1392Ma(表4-8)。小坑高岭土矿床两件锆石$^{176}Hf/^{177}Hf$比值为0.282 071～0.282 589,$\varepsilon_{Hf}(t)$=－19.9～－1.2,Hf模式年龄T_{DM2}=2228～1198Ma(表4-8)。与成矿有关的白云母花岗岩20个晚三叠世分析点$^{176}Hf/^{177}Hf$比值为0.282 243～0.282 547,$\varepsilon_{Hf}(t)$=－13.9～－3.1,T_{DM2}=1901～1303Ma。另外,黑云母正长花岗岩21个晚三叠世分析点$^{176}Hf/^{177}Hf$比值为0.282 258～0.282 572,$\varepsilon_{Hf}(t)$=－13.3～－3.6,T_{DM2}=1865～1321Ma。3种侵入岩Hf结果与高岭土矿中锆石结果一致,也均与华南晚三叠世浦北等S型花岗岩[$\varepsilon_{Hf}(t)$=－12.0～－4.5,T_{DM2}=1.9～1.8Ga;祁昌实等,2007]、蔡江和高溪A型花岗岩[$\varepsilon_{Hf}(t)$=－13.9～－3.7,T_{DM2}=2.1～1.7Ga;Zhao et al.,2013]和罗古岩高分异I型花岗岩[$\varepsilon_{Hf}(t)$=－13.0～－6.8,T_{DM2}=2.1～1.7Ga;向庭富等,2013]一致

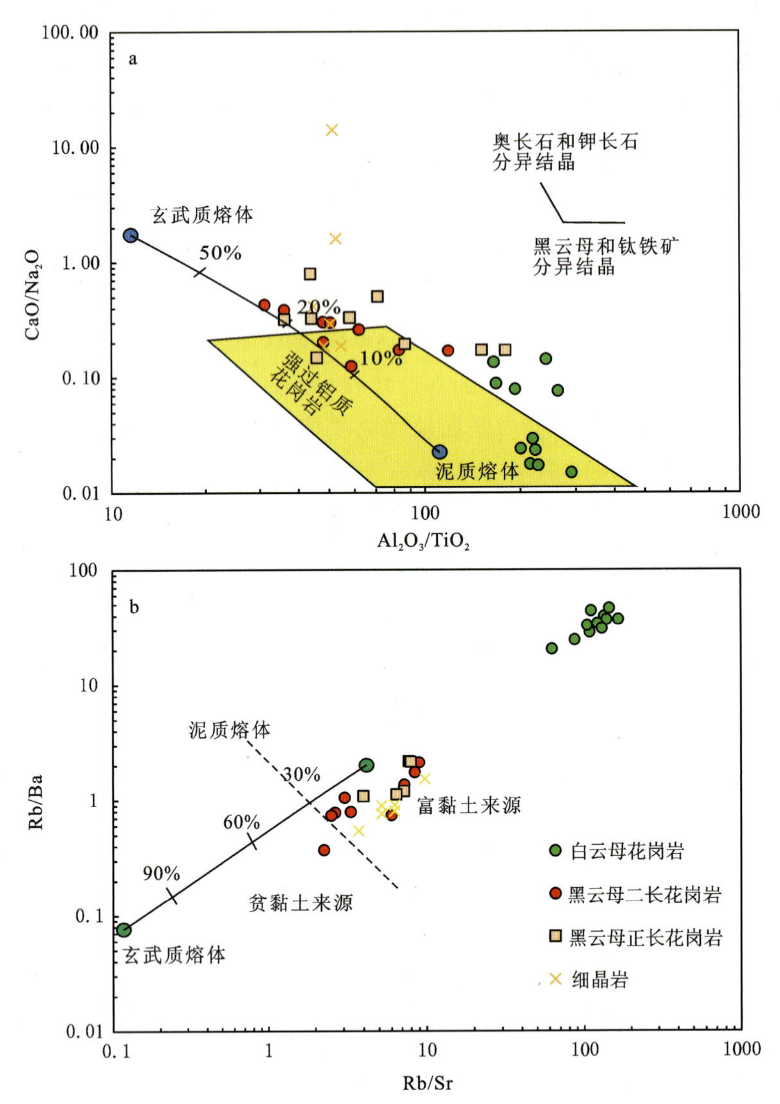

图 4-14　小坑矿区侵入岩 $CaO/Na_2O-Al_2O_3/TiO_2$(a)和 Rb/Ba-Rb/Sr(b)图解

[数据来源:过铝质花岗岩范围引自 Sylvester(1998);玄武岩和钠长石来源熔体端元引自 Patiño-Douce and Harris(1998),Sylvester(1998)]

(图 4-17),显示这些侵入岩及有关的高岭土矿原岩岩浆源区性质相似。周雪瑶等(2015)认为云开地区新元古代变质沉积岩是华夏地块一个重要的基底,且这些基底岩石中发育新太古代—新元古代 4 期岩浆作用。上述中—晚三叠世岩体及小坑高岭土矿 Hf 同位素组成主要位于华夏新元古代基底锆石(周雪瑶等,2015)中上部和 CHUR 范围内,表明主要由这些基底物质的部分熔融而成,且有部分幔源物质的加入(图 4-16)。白云母花岗岩测点 XMSG-1-8 的 $^{176}Hf/^{177}Hf$ 比值为 0.282 863,$\varepsilon_{Hf}(t)=7.9$,$T_{DM2}=609$Ma,也佐证了有幔源物质的加入。这与云开地区那丽中二叠世 S 型花岗岩(Li et al.,2016)、锡田晚三叠世 S 型花岗岩(Wu et al.,2016)及蔡江和高溪晚三叠世 A 型花岗岩(Zhao et al.,2013)成岩方式一致。且高岭土矿种 $\varepsilon_{Hf}(t)=-19.9$ 的锆石点可能显示了少量中元古代基底物质也参与了成岩。同时,3 颗古老继承锆石[$\varepsilon_{Hf}(t)=-6.0\sim6.3$，$T_{DM2}=2090\sim1380$ Ma]位于华夏基底继承锆石范围内，也表明中—新元古代的基底地壳物质对成岩的贡献。但是，晚奥陶世的锆石和独居石的存在可能表明小坑高岭土矿床成矿原岩及其他中—晚三叠世侵入岩在形成过程中混染了少量中上地壳物质。

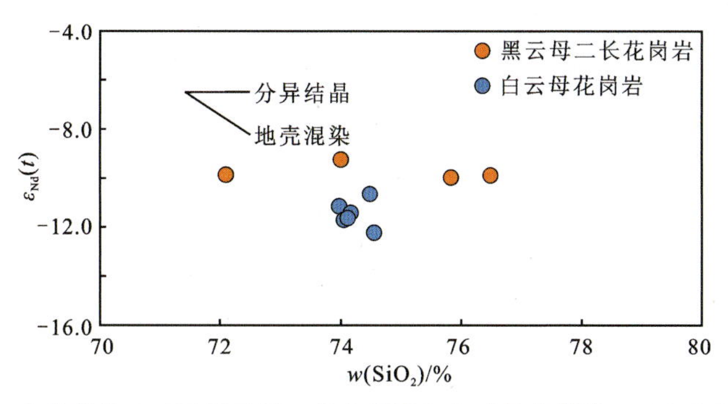

图 4-15　小坑高岭土矿区黑云母二长花岗岩和白云母花岗岩 $\varepsilon_{Nd}(t)$-SiO_2 关系图

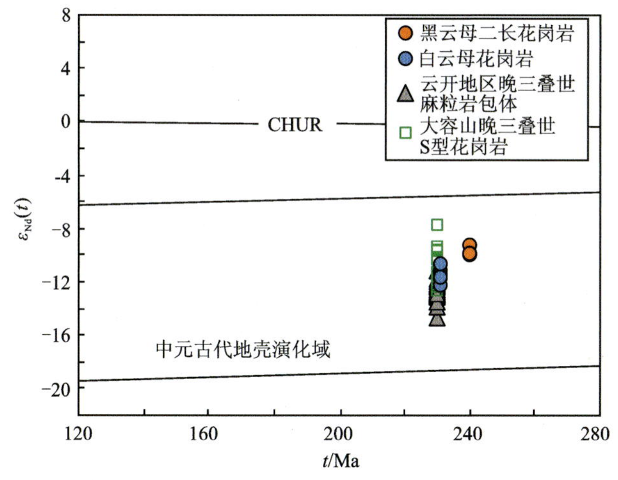

图 4-16　小坑高岭土矿区黑云母二长花岗岩和白云母花岗岩 $\varepsilon_{Nd}(t)$-t 图解

[数据来源：华夏中元古代地壳演化域据沈渭洲等(1999)；
云开地区晚三叠世麻粒岩包体据 Zhao et al. (2012)]

三、成岩构造背景

华南中—晚三叠世成岩构造背景仍存在争论，目前主要有两种构造成因模式。一种模式是古太平洋板块自中二叠世开始北西向平板俯冲，导致华南板块大规模的构造变形及花岗岩浆活动，形成华南内陆宽约 1300km 的晚古生代—早中生代岩浆带(Li and Li，2007；Li et al.，2007)。这种模式主要基于海南岛五指山中二叠世 I 型花岗岩地球化学特征及约 280Ma 碎屑锆石(Li and Li，2007；Li et al.，2007)。这种模式也被用来解释浙东南大爽 A 型花岗岩、闽西北大银厂 A 型花岗岩(237～228Ma)和夏茂辉绿岩脉(224Ma)的形成(Wang et al.，2013a；Sun et al.，2011)。但是，周新民(2003)认为印支期花岗岩分布少并缺少相应的火山岩与之共

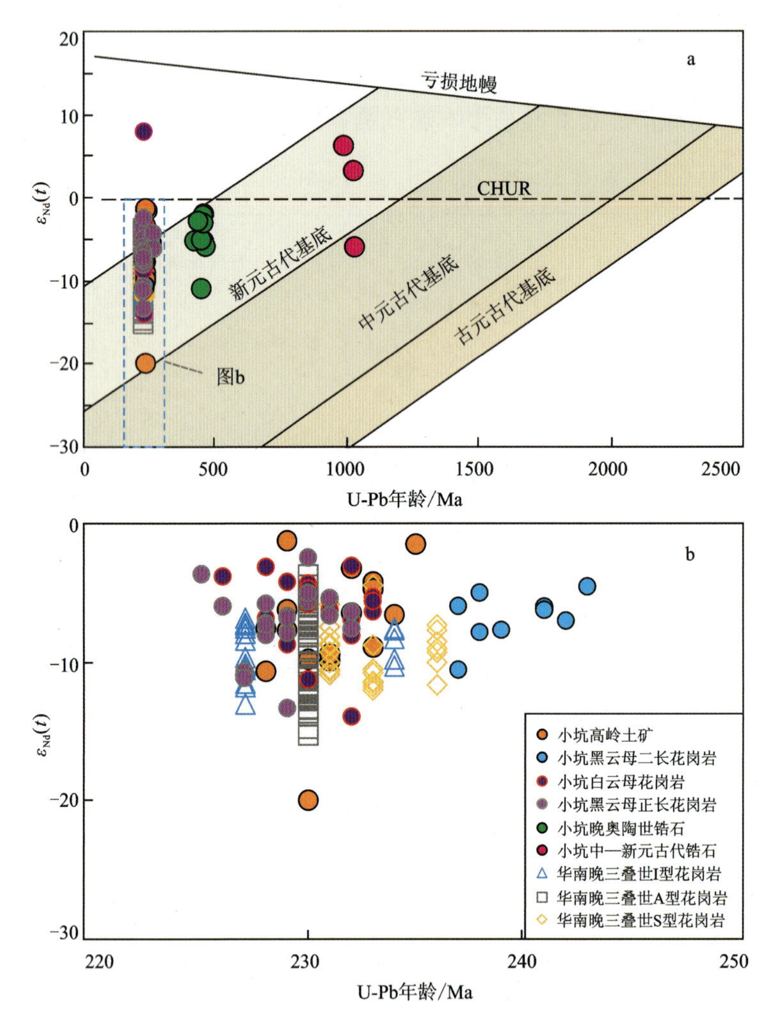

图 4-17　小坑高岭土矿区高岭土矿和侵入岩锆石 Hf 同位素组成图解

[数据来源:华南基底据周雪瑶等(2015);晚三叠世 S 型花岗岩据祁昌实等(2007);晚三叠世 A 型花岗岩据 Zhao et al.(2013);晚三叠世 I 型花岗岩据向庭富等(2013)]

生,不应与俯冲或碰撞作用直接关联。此外,研究表明古太平洋板块北西向向华南大陆俯冲始于早侏罗世(Zhou et al.,2006)甚至是晚三叠世初期(Jiang et al.,2022),并在 180～170Ma 期间结束(杨宗永和何斌,2013)。华南中—晚三叠世岩浆活动比古太平洋板块的俯冲早 30～40Ma,两者间应无成因联系。

另一种模式是华南地区中二叠世—晚三叠世岩浆事件均与华南板块与印支板块间的古特提斯演化有关(Cai and Zhang,2009;Faure et al.,2014;Lepvrier et al.,2004;Li et al.,2016;Yang et al.,2012a,b;Zhang et al.,2011;陈新跃等,2006;王智琳等,2013;温淑女等,2013)。古特提斯构造域主要作用于北部的华南板块和南部的印支板块间,且是沿着金沙江-哀牢山-Song Ma-海南邦溪-晨星缝合带发生构造岩浆作用(Li et al.,2016;Zhang et al.,2011;陈新跃等,2006,2011;王智琳等,2013;温淑女等,2013)。这一构造模式已得到广泛的沉积作用(Yang et al.,2012a,2012b;吴浩若等,1994a、b)、区域构造作用(陈新跃等,2006;

Lepvrier et al.,2011;Lin et al.,2008;Wang et al.,2013b;Yan et al.,2006;Zhang et al.,2011)和岩浆作用(陈新跃等,2011;温淑女等,2013;Gao et al.,2017;Li et al.,2016)的证实。这一模型被越来越多的研究人员所接受并用来解释华南南部金沙江-哀牢山-Song Ma-海南邦溪-晨星缝合带及邻区中二叠世—晚三叠世构造岩浆作用,甚至华南腹地及东部印支期花岗岩类的形成也被解释与古特提斯构造作用有关(Zhao et al.,2013;向庭富等,b;Gao et al.,2014;Gao et al.,2017;Jiang et al.,2022)。Li等(2016)总结了金沙江-哀牢山-Song Ma-海南邦溪-晨星缝合带及邻区构造岩浆事件年代学数据并提出了该造山过程的4个阶段,即晚泥盆世—早石炭世(D_3—C_1)东特提斯样扩张阶段、早二叠世(290~279Ma)弧后盆地阶段、中二叠世—中三叠世(272~245Ma)板片俯冲阶段和中—晚三叠世(245~230Ma)碰撞阶段(图4-18)。Gao等(2017)也提出了更为复杂的构造模型,认为华南腹地及东部地区的晚三叠世A型花岗岩形成于印支板块北向俯冲碰撞过程中江南造山带复活并斜向俯冲至华夏地块深部而形成的伸展背景下。

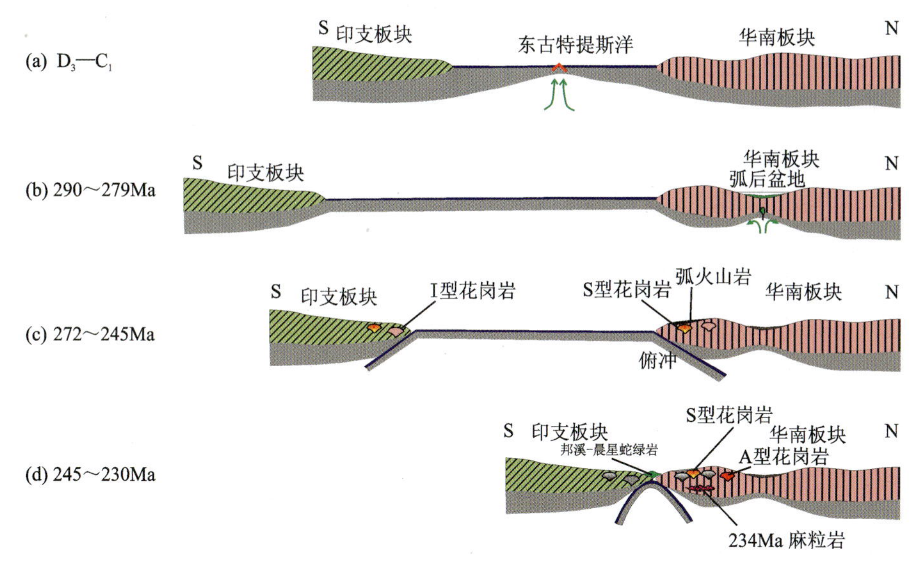

图4-18 东古特提斯构造-岩浆演化过程(Li et al.,2016)

A型花岗岩被广泛用来指示伸展构造背景。华南腹地及东部地区也发育中—晚三叠世(237~223Ma)A型花岗岩,如高溪、大银厂、邓阜仙及大爽等岩体(Gao et al.,2014;Sun et al.,2011;Wang et al.,2013a;Zhao et al.,2013),确实指示了这些岩体形成于伸展构造背景。但是,构造分析表明华南大部分地区该时期仍处于挤压构造背景,形成了大量的近东西向的逆冲推覆和韧性剪切带等构造(Wang et al.,2013b;Zhang et al.,2011),应力表明为挤压环境。同时期的A型花岗岩形成于这种挤压作用下的局部伸展背景中(Gao et al.,2014),只是伸展构造形成机制是印支板块北向俯冲碰撞造成的北东向左行走滑-局部伸展(Wang et al.,2013b)还是江南造山带南东向俯冲引起的局部伸展(Gao et al.,2017)还有待进一步研究。

小坑高岭土矿区黑云母二长花岗岩、白云母花岗岩和黑云母正长花岗岩形成于240~229Ma,与上述华南大地区A型花岗岩、S型花岗岩和I型花岗岩形成时代一致,表明形成于相似的构造背景，均对应于东古特提斯构造演化的第四阶段即印支板块和华南板块碰撞阶段（图 4-18），总体构造背景以挤压作用为主。在 Rb/30 - Hf - 3×Ta 判别图中，三者均位于同碰撞-后碰撞区域（图 4-19），表明也形成于伸展构造背景中。只是这种伸展背景也仅是局部的，由东古特提斯构造演化晚阶段印支板块与华南板块碰撞挤压造成的或更复杂的北东向局部伸展。在这种构造背景下，早期挤压增厚的下地壳发生重熔作用形成云开地区浦北及湘东锡田等 S 型花岗岩体（祁昌实等，2007；Wu et al.，2016），同时深部伸展背景下底侵的地幔岩浆提供热源（Sun et al.，2011）或少量与壳源岩浆混合（Gao et al.，2014；Zhao et al.，2013；向庭富 et al.，2013），形成华南地区中—晚三叠世 A 型、I 型和 S 型花岗岩，甚至是富集幔源岩浆直接侵位形成夏茂辉绿岩脉等基性岩（Wang et al.，2013a）。

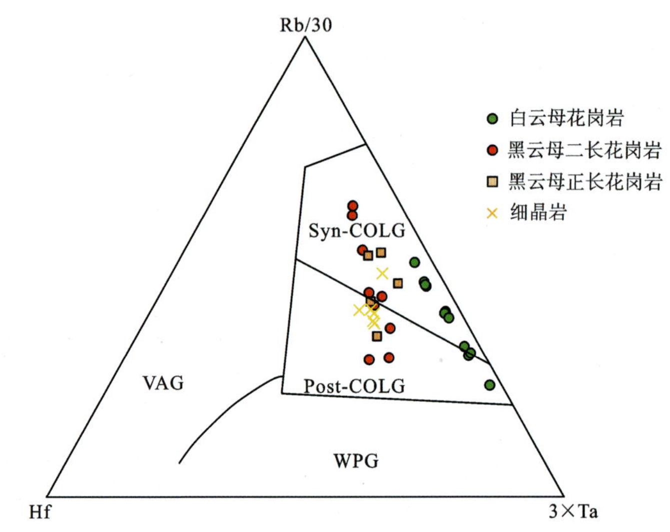

图 4-19 小坑高岭土矿区侵入岩 Rb/30 - Hf - 3×Ta 判别图（底图引自 Harris et al.，1986）

第五章　矿床成因与成矿规律

风化型高岭土矿床的形成，主要受原岩、构造、气候、地形、水文地质条件等因素控制。小坑矿区成矿地质条件良好，具有独特之处。其中含电气石钠长石化白云母花岗岩奠定了矿床形成的物质基础，适宜的温度和湿度气候条件为高岭土矿的形成创造了必不可少的弱酸性水介质条件，低温热水加速了原生矿物的分解和高岭石族矿物的形成，平缓的低山丘陵和相对封闭的地质构造环境为高岭土矿的形成和保存创造了良好的条件。

第一节　小坑高岭土矿床成因

一、成矿条件

1.成矿母岩

成矿母岩的化学成分、矿物组合和结构构造是风化残积型高岭土成矿的先决条件（阴江宁等，2022）。富硅铝酸岩矿物而贫铁的白云母花岗岩和二云母花岗岩是优质高岭土的有利成矿原岩，这些岩石普遍发育白云母化和钠长石化（周国平，1990）。例如福建东宫下（李绪章，1991）、广东沙尾（周国平，1990）、江西丹元（钟学斌，2020）、老安背（阴江宁等，2022）、大岗山（简平和朱瑞辰，2019）、棠阴（姜智东等，2019）和小寨背（郑翔等，2018）等高岭土矿床的形成均与白云母花岗岩、白云母二长花岗岩、二云母花岗岩或二云母二长花岗岩有关，其化学成分中铁和钛含量较低。此外，电气石化的酸—中酸性岩体也往往易形成优质高岭土矿床，如广西十字路超大型高岭土矿床（熊培文，1991）和江西棠阴（姜智东等，2019）高岭土矿床就由含电气石化的侵入岩风化形成，这极有可能与电气石是铁的主要载体矿物有关。

与小坑高岭土成矿作用有关的岩体为晚三叠世白云母花岗岩，为过铝质钙碱性岩类，原岩含 Al_2O_3 14.51%～15.81%、$Fe_2O_3{}^t$ 0.18%～1.73%、TiO_2 0.06%～0.09%，矿物组合中含石英（约35%）、钠长石（约35%）、钾长石（约15%）、白云母（约10%）及电气石（约5%）。蚀变作用主要有钠长石化、云英岩化、电气石化等。其中，电气石化为小坑高岭土矿床中特征性的蚀变作用。在电气石化作用过程中，Fe等着色元素在电气石中富集，有利于后期在选矿过程中除铁，是形成优质高岭土矿的重要蚀变。小坑高岭土成矿母岩多具碎裂结构，岩石含许多微裂隙，孔隙度的相对增大有利于水溶液的运移和蚀变作用发生，铝硅酸盐矿物易转化为高岭石、埃洛石等蚀变矿物，矿石质量较佳。综上所述，母岩由于高铝、低铁钛的化学成分结合矿物组合和矿石构造的自身条件，在风化蚀变过程中得以向优质高岭土转化。

2. 气候条件和化学风化作用

气候条件决定了地表水、地下水性质和植被的发育程度，这些因素直接影响风化作用的进行程度。小坑高岭土矿区所处的赣南地区属亚热带季风区，气候温暖潮湿、雨量充沛、植被繁茂、有机酸作用强烈（年均温度 16.3～19.5℃，年降水量 1341～1943mm），为风化作用进行提供了有利气候条件。

小坑地区地下水的水质类型以中—低矿化度的重碳酸盐型为主，部分地区为硫酸—重碳酸盐型，常富含有机酸，pH 较低，易促使铝硅酸盐造岩矿物的水解蚀变向生成高岭石类方向发展，并使原岩中的有害元素逐渐淋失。前人研究表明（苏瑞其，2006），偏酸性水介质条件作用于富铝钙碱性岩石，碱和碱土金属元素离子 K^+、Na^+、Ca^{2+}、Mg^{2+} 等大量流失，长石逐渐解体，由架状铝硅酸盐结构向层状硅酸盐结构的黏土矿物转变：

$$KAlSi_2O_8 + H_2CO_3 + H_2O \longrightarrow KHCO_3 + Al_2O_3 \cdot 2SiO_2 \cdot nH_2O + SiO_2 \cdot nH_2O$$

$$KAlSi_2O_8 + H_2SO_4 + H_2O \longrightarrow KAl(SO_4) + Al_2O_3 \cdot 2SiO_2 \cdot nH_2O + SiO_2 \cdot nH_2O$$

风化作用过程中元素的迁移顺序：

$Na > Ca > Fe^{2+} > Mg > Si > Mn > Fe^{3+} > K > Ti > Al$

$Na > Ca > Mg > Fe > Mn\text{-}K\text{-}Si > Al$

Al 为最后残留物，主要以高岭石矿物形式存在，其次为埃洛石、水云母等黏土类矿物，形成高岭土矿床。

3. 构造条件和物理风化作用

构造活动所产生的断裂、裂隙、破碎带等为地下水流动提供了良好的通道，有利于水介质对岩石进行充分的淋滤、破碎。

小坑高岭土矿区地处诸广山复式花岗岩体中，从加里东期至燕山期持续、频繁的构造岩浆活动，不仅为成矿热液的形成提供了必要热源，也造成岩体内部结构的复杂化。小坑矿区处于北东向构造带与东西向构造带交接部位，东西向构造活动时期，成组成带出现次生或派生断裂，而北东向构造活动对东西向构造形迹进行了叠加改造，成组成带出现次级派生节理裂隙，使该区域的构造形态复杂化。岩石的自重力、风化残积物的填塞力、膨胀力、风力、流水冲击力等外动力及热胀冷缩作用，进一步促使岩石裂缝的加深扩大，进而加速物理风化作用的进行。如此反复，使岩石风化残积层不断加深加厚，在剥蚀速率小于风化速率的条件下，残积成高岭土矿床。

4. 地形地貌条件

风化残积型高岭土矿是产于潜水面之上渗透带的矿产，故地形地貌对矿体的发育程度、保存或流失有重要影响。凡矿体厚、规模大、成矿好的高岭土矿床均产在地势相对平缓开阔的汇水凹地。由于漫长的地质年代蚀变所分离出的碱金属等元素不断地被淋滤带走。同时，相对平缓的地形地貌剥蚀冲刷作用相对缓慢，有利于残积层的不断加厚，最终形成厚大的高岭土矿。

江西省内广大的丘陵—中低山地区尤其是赣南地区自第四纪以来处于间歇性缓慢上升状态。在地壳缓慢上升的过程中，潜水面相对下降，致使风化作用逐渐向深部发展，形成较厚的风化壳。江西绝大多数高岭土矿床、矿点分布在中低山丘陵地区，与地质时期形成的夷平面和河湖阶地等地貌单元有关。小坑高岭土矿区为低山地貌（标高＋560～＋1046.6m），本区侵蚀基准面标高＋400m，水系总体流向由北西往南东，风化带和高岭土矿体呈"面型"层状覆盖，倾向明显受地形控制。缓坡侵蚀作用微弱，山麓和凹地尚有少量的堆积，因而有利于厚大风化壳和矿体的形成和保存。

5. 成矿温度、压力条件

钠长石化白云母花岗岩样品中石英颗粒广泛发育富液相流体包裹体，成群分布（图 5-1），气泡成圆形、椭圆形或不规则状，大小 6～20μm。激光拉曼显微探针分析显示，包裹体的流体成分主要以 H_2O、CO_2 为主（图 5-2）。结合包裹体岩相学和成分分析结果可知，小坑高岭土矿的成矿流体为 H_2O-CO_2-NaCl 体系。

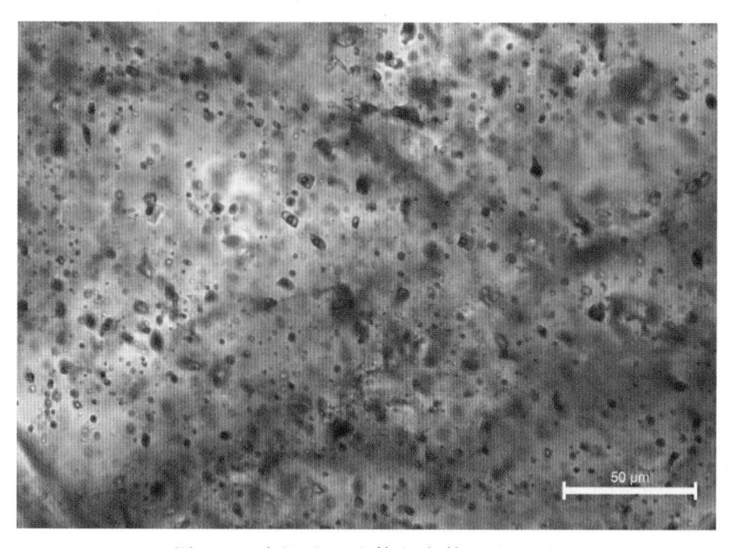

图 5-1 小坑矿区流体包裹体显微照片

流体包裹体充填度为 80%～90%，均一温度为 185.9～287.7℃，冰点温度为－6.6～－2.9℃。计算获得流体盐度为 4.80%～9.98% $NaCl_{eqv}$，密度为 0.48～0.56g/cm³，摩尔质量浓度为 0.86～1.90mol/kg。流体包裹体均一温度主要集中在 210～260℃，盐度主要集中在 5%～9% $NaCl_{eqv}$（图 5-3）。

6. 成矿流体特征

白云母花岗岩中石英颗粒 H-O 同位素测试结果列于表 5-1。5 件石英样品 $\delta^{18}O_{V\text{-}SMOW}$ 值为8.3‰～10.7‰，$\delta D_{V\text{-}SMOW}$ 值为－72.7‰～－65.8‰。利用公式 $1000\ln\alpha_{石英-水}=3.306\times$

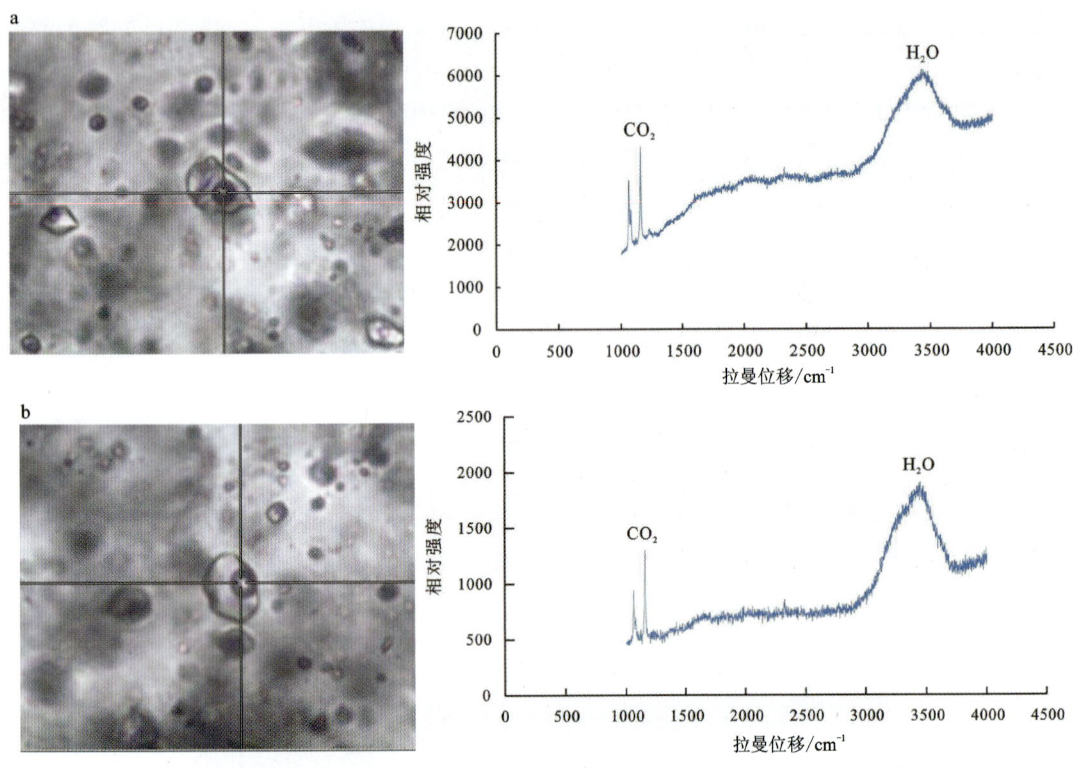

图 5-2　XCK-1-2(a)和 XCK-1-3(b)流体包裹体显微照片与激光拉曼图谱

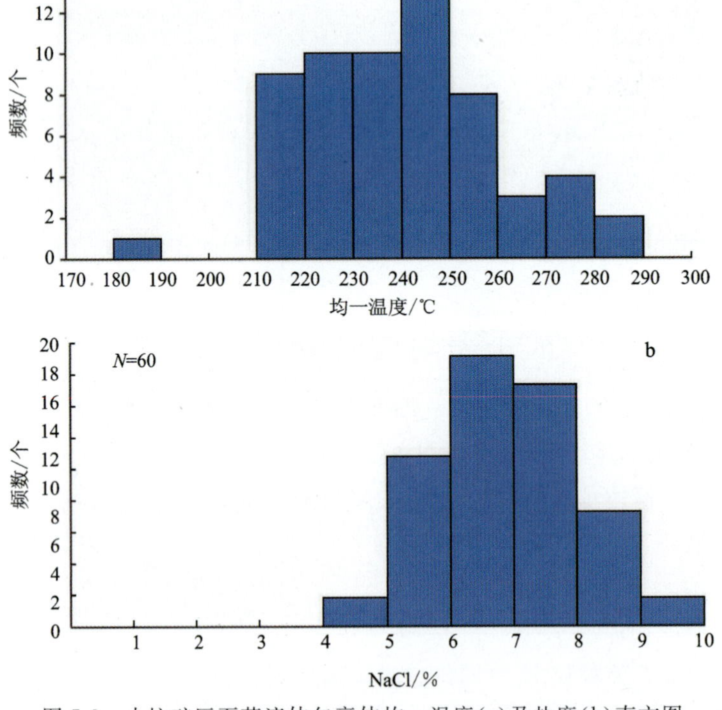

图 5-3　小坑矿区石英流体包裹体均一温度(a)及盐度(b)直方图

$10^6T^{-2}-2.71$(Clayton et al.,1972)计算获得 $\delta^{18}O_{H_2O}$ 值为1.33‰～－1.07‰，其中 T 为均一温度均值(250℃)。在 $\delta^{18}O_{H_2O}$－$\delta D_{V\text{-}SMOW}$ 图解(图5-4)中，样品均于岩浆水附近且偏向大气降水方向，表明成岩过程中经历大气降水来源的热液流体的交代作用。这与白云母花岗岩经历了强钠长石化相对应。

表5-1　小坑白云母花岗岩H-O同位素分析结果

样品	$\delta^{18}O_{V\text{-}PDB}$/‰	$\delta^{18}O_{V\text{-}SMOW}$/‰	$\delta D_{V\text{-}SMOW}$/‰	$\delta^{18}O_{H_2O}$/‰
ZK	－20.4	9.9	－69.0	0.53
KSD-2	－21.4	9.0	－65.8	－0.37
KSD-5	－20.6	9.6	－70.5	0.23
KD-3	－19.6	10.7	－72.7	1.33
XA-2	－22.0	8.3	－70.6	－1.07

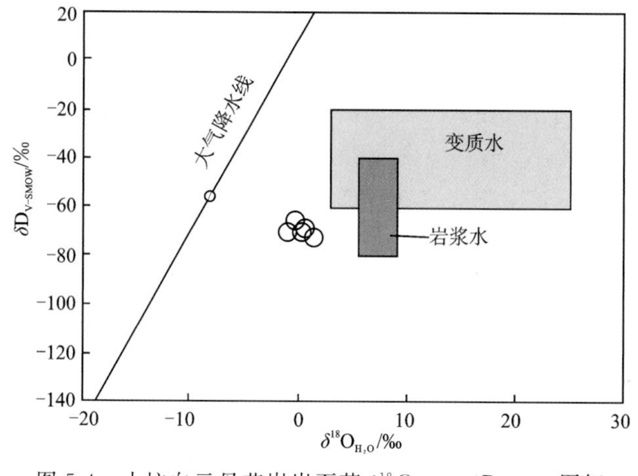

图5-4　小坑白云母花岗岩石英 $\delta^{18}O_{H_2O}$－$\delta D_{V\text{-}SMOW}$ 图解

二、成矿作用

小坑高岭土矿床中矿体直接产于白云母钠长石化花岗岩风化壳中并具有明显的垂直分带性，矿体规模、产状和矿石质量与风化壳的发育程度密切相关。高岭土矿床的成矿作用除受有利于风化作用成矿的母岩、构造、气候、地貌和水介质条件等控制以外，还明显受我国华南地区大地构造环境下内生岩浆分异作用及岩浆期后热液蚀变作用的影响。因此矿床的成矿过程主要为以下三大地质作用。

1. 内生岩浆分异作用

我国风化残积型高岭土矿成矿母岩主要有花岗岩、酸性岩脉及凝灰岩等，优质高岭土矿的原岩多为分异较好的岩浆活动晚期花岗岩脉。本次研究统计发现江西省优质高岭土矿均发育在花岗岩风化壳(脉)中。赣南地区岩浆活动强烈，在分异演化过程中，早期侵入或喷发形成的岩浆岩一般偏基性，原岩中 Fe、Ti 含量相对较高，所形成的高岭土矿暗色矿物含量也偏高，难以形成优质高岭土矿。晚期形成的岩浆岩一般偏酸性，基性组分 FeO、TiO_2、MgO 等减少，如小坑矿区印支期、燕山期岩浆活动中晚期形成的中酸性花岗岩，原岩 Fe、Ti 等有害成分含量低，对于花岗岩的热液蚀变并进一步风化形成优质高岭土矿床十分有利。

2. 岩浆期后热液蚀变作用

小坑岩体在岩浆期后自交代作用过程中，发生气化热液交代蚀变，如钠长石化、白云母化、电气石化等。岩体上部多蚀变为云英岩、钠长石化白云母（绢云母）花岗岩，这些均为优质高岭土矿的成矿母岩。在蚀变作用过程中，原岩中的黑云母被白云母或钠长石所交代，黑云母中 Fe、Ti 被分解出来，暗色矿物消失，使母岩中 Fe 和 Ti 的含量降低，同时由于钠长石比钾长石更易风化，为白云母钠长石花岗岩的后期风化创造了有利条件。此外，岩石在交代作用过程中发生电气石化，Fe、Ti 等元素重新分配形成电气石等含铁的暗色矿物，为后期选矿除铁提供了良好条件。

1）蚀变阶段划分

小坑矿区矿化蚀变从早到晚分为 3 个阶段，即电气石化阶段、钠化阶段和钾化阶段（图 5-5）。

电气石化阶段：形成于中粒白云母花岗岩中，岩石呈灰白色，致密块状，主要矿物有石英、长石，次要矿物为白云母、电气石，其中含石英 30%～35%、钾长石 10%～15%、钠长石 30%～35%、白云母约 10%和电气石约 5%。颗粒较均匀（2～3mm），局部可见少量长石斑晶，斑晶大小 3mm×15mm。石英呈他形不规则粒状，常有连晶现象，最大粒径可达 5mm。钾长石和条纹长石都是半自形粒状，条纹长石往往可见斜长石、钾长石包裹体；钠长石半自形—自形，双晶纹细而密，见有卡斯巴双晶，绢云母化较强。白云母呈片状，都有波状消光，解理纹具挠曲现象。白云母有两种，一种为原生白云母，另一种是交代长石和黑云母的次生白云母，具残留结构。电气石的结晶聚集了岩浆中大量的 Fe 和 Ti 成分。

钠化阶段：形成于中粒钠长石化白云母花岗岩中。钠长石呈他形粒状，粒度大小变化较大，小者仅小于 0.01mm，大者达 1.9mm，低负突起，无色，一级灰白干涉色，一般见不到双晶，粗大晶体见到密集条纹的聚片双晶，具波状消光。白云母呈不规则鳞片状，片径常为 0.4～2.9mm，部分白云母解理弯曲，略呈波状消光，偶见被钠长石交代现象。几乎所有斜长石、正长石和微斜长石被钠长石交代，发生典型的钠长石化蚀变，这有利于白云母花岗岩的风化成高岭土矿。

钾化阶段：形成于中粗粒斑状黑云母正长花岗岩中，岩石呈肉红色，似斑晶为碱性长石，粒径为 2～4cm；基质为粗粒花岗结构，主要由碱性长石（50%～55%）、斜长石（5%～10%）、石英（25%～30%）和黑云母（5%～10%）组成。石英为他形粒状，油脂光泽；碱性长石和斜长石为半自形—自形板状。黑云母正长花岗岩形成略晚于成矿母岩白云母花岗岩，其形成促使白云母花岗岩中裂隙更发育且可对后者进行钾化等叠加，也有利于花岗岩的风化作用。采坑中也常见正长花岗岩细脉侵入白云母花岗岩中，裂隙面两侧发育宽 2～5cm 的纯高岭土。这显示后期钾化对白云母花岗岩的风化及高岭土矿的形成也起到了一定的促进作用。

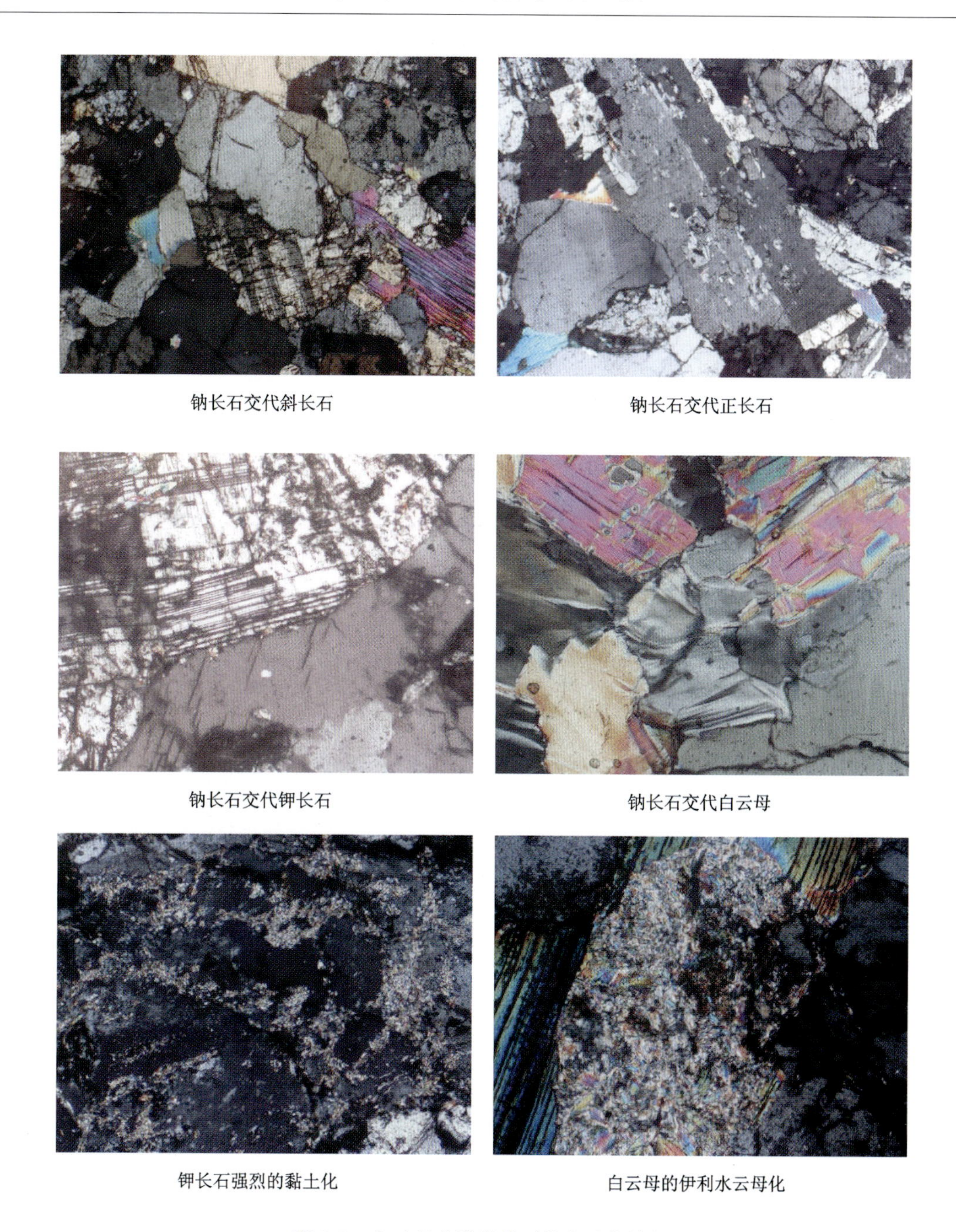

钠长石交代斜长石　钠长石交代正长石

钠长石交代钾长石　钠长石交代白云母

钾长石强烈的黏土化　白云母的伊利水云母化

图 5-5　白云母花岗岩镜下蚀变矿物特征

2)元素迁移特征

利用巴尔特法计算岩石单位晶胞内阳离子的数目进而分析热液蚀变过程中阳离子的带入和带出量,可对比蚀变过程中化学组分的变化。不同蚀变带岩石标准离子数带入和带出图解,指示在蚀变过程中 Al、Mg、Fe、K 的标准离子数有先增加再减少趋势,Si、Na 的标准离子数有先减少再增加趋势。

以矿区附近钻孔岩芯样品(印支期的黑云母正长花岗岩)平均含量作为基准,小坑矿区侵入岩主量元素标准化投图显示(图 5-6),晚期的钠长石化白云母花岗岩中 Fe、Mg、Ti 等元素发生了明显的流失。矿区土壤表面的 pH 测试显示,pH 在 4.02～5.28 之间,整体呈弱酸性环境,有利于高岭土的形成。

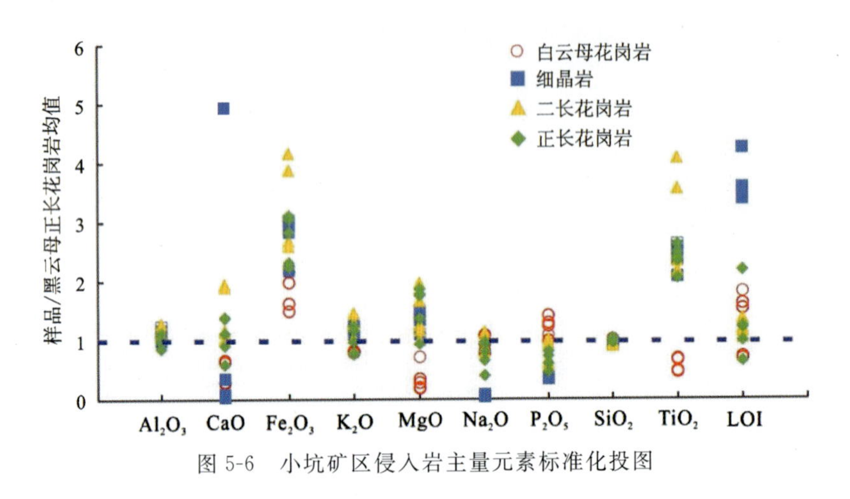

图 5-6 小坑矿区侵入岩主量元素标准化投图

随着风化程度的增强(表 5-2),风化壳化学成分除 TiO_2 含量相对较稳定外,其他元素含量变化明显。溶解度较高的元素 Na、K 风化形成离子随溶液流失,而溶解度较低的 Fe、Al、Si 等元素则相对富集。Na_2O 含量明显降低,K_2O 含量虽有降低,但降低幅度较 Na_2O 小。此外,CaO、MgO 含量减少,但 Al_2O_3、SiO_2、$Fe_2O_3{}^t$ 含量则有所增加(图 5-7)。全风化状高岭土矿中的 Na_2O 含量明显低于半风化状高岭土矿,这也说明长石在风化形成高岭土的过程中,随着风化程度加深长石的 Na 元素流失量加大。

表 5-2 小坑高岭土矿区岩石风化程度与化学成分变化特征表

岩石特征	风化程度	统计样数/个	分析项目及结果/%							
			SiO_2	CaO	MgO	Na_2O	K_2O	$Fe_2O_3{}^t$	Al_2O_3	TiO_2
钠长石化白云母花岗岩	微风化	2	66.59	0.18	0.24	3.58	5.11	1.05	12.77	0.08
	半风化	4	68.48	0.09	0.12	1.07	4.80	1.18	14.27	0.08
	全风化	15	73.46	0.06	0.20	0.22	2.19	1.25	16.32	0.09

风化壳稀土元素配分曲线与成矿母岩稀土配分曲线基本一致(图 5-8),右倾式配分模式,轻稀土富集但四分组效应不明显,显示出较好的地球化学特征继承性。但风化壳土壤稀土总量较母岩高,尤其是 La、Ce、Pr、Nd、Tb、Lu 元素较母岩富集。这可能与风化作用过程中长石类矿化被风化溶解迁移,而稀土元素载体矿物锆石、独居石、褐帘石和磷灰石等副矿物难被风化残留于原地有关。稀土元素在高岭土化过程中从原生矿物中释放,被地表流水从高地带入到地势低洼处聚集,形成聚合物,或者被次生矿物(黏土矿物、氧化物)吸附。但是 Ce 有不同的行为模式,它会部分氧化成 Ce^{4+},与其他三价的稀土元素不同,滞留在土壤剖面的上部。虽然高岭石吸纳稀土元素,尤其是轻稀土元素(Nesbitt,1979),而碱性环境也可造成轻重稀土元素的分离,因重稀土会优先保存在溶液中,并形成可溶性的络合物(Cantrell and Byrne,1987)。

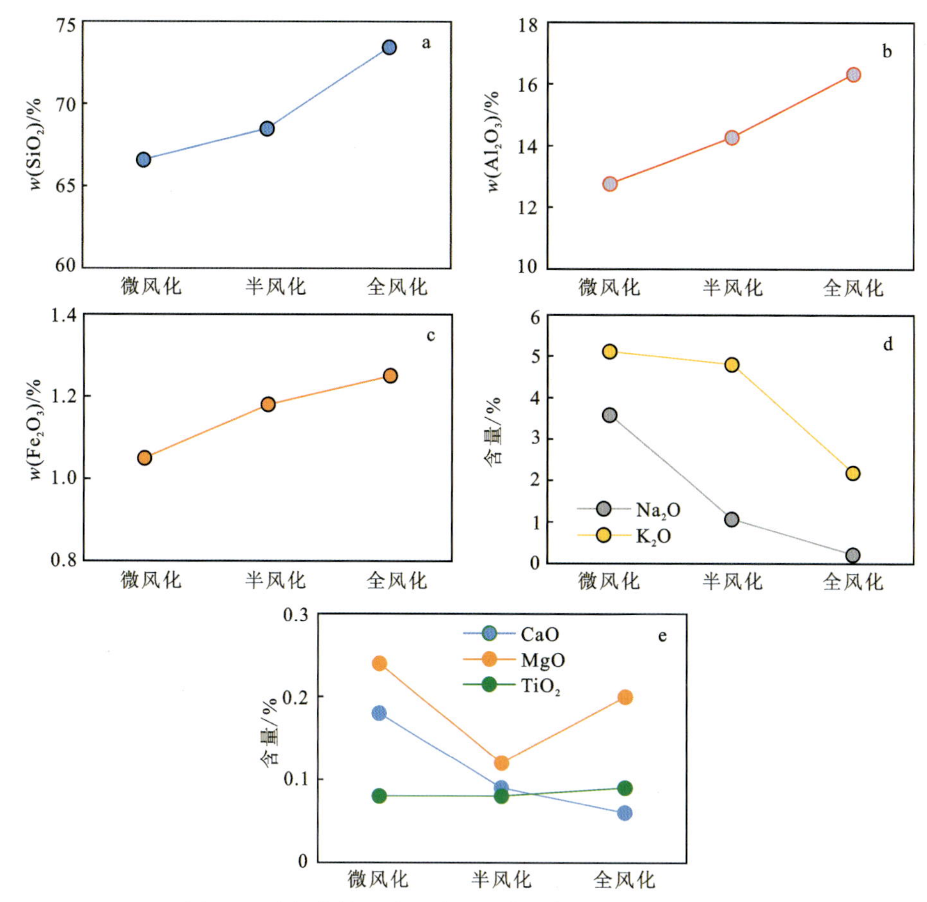

图 5-7　小坑高岭土矿区岩石风化程度与化学成分变化图

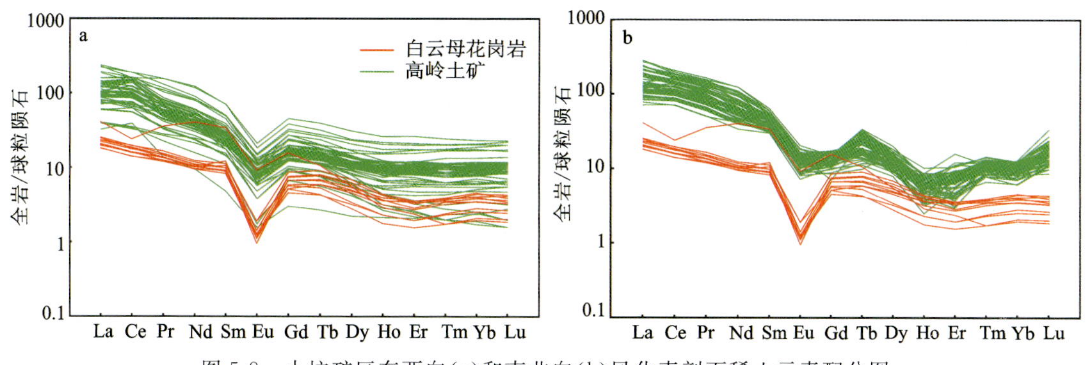

图 5-8　小坑矿区东西向(a)和南北向(b)风化壳剖面稀土元素配分图

3. 表生风化成矿作用

赣南地区湿热多雨、植物繁茂、腐殖质丰富，使水介质经常保持在酸性和中酸性条件下，岩石的化学风化作用相当强烈。当小坑蚀变花岗岩体进入地表环境时，由于物化条件的巨大变化，钾长石转化而成的高岭石是风化残积型高岭土矿床的主要物质组成。小坑矿区地表水

中 H^+ 浓度较高(实测 pH 为 4.02～5.28),H^+ 呈活度甚强的 H_3O^+ 离子促使长石晶格中的碱和碱土金属离子被析出,并随表层水循环迁移。当 H^+ 浓度高的循环水不断作用于长石,其可直接水解成高岭石,其演变过程可用以下化学反应式表示:

$4KAlSi_3O_8$(钾长石)$+2H_2O+2H_2CO_3 \longrightarrow 2Al_2Si_2O_5(OH)_4$(高岭石)$+8SiO_2+2K_2CO_3$

若无充沛的水力循环,或水中 H^+ 浓度不高,则长石向高岭石的演变是缓慢的、分阶段的,即碱和碱土金属离子被 H^+ 不充分交代形成伊利石,可用以下化学反应式表示:

$3KAlSi_3O_8$(钾长石)$+H_2CO_3 \longrightarrow KAl_3Si_3O_{10}(OH)_2$(伊利石)$+6SiO_2+K_2CO_3$

若水介质中 H^+ 浓度不再增加,风化作用就此终止,仅形成以伊利石为主的黏土矿床。若水介质中 H^+ 浓度能继续增加,伊利石中的碱和碱土金属离子亦持续被 H^+ 交代,可使伊利石再向高岭石转化,如以下反应式:

$2KAl_3Si_3O_{10}(OH)_2$(伊利石)$+3H_2O+H_2CO_3 \longrightarrow 3Al_2Si_2O_5(OH)_4$(高岭石)$+K_2CO_3$

云母类矿物也是风化营力下形成高岭石的重要来源。小坑原岩中云母类矿物有白云母及微量铁锂云母、黑云母,多呈不规则的碎片状。原岩经热液蚀变后蚀变花岗岩中含细显微—亚细显微颗粒的黏粒云母(绢云母与伊利石的统称),这是较片状云母更易在风化作用下形成高岭石的云母类矿物。

在小坑高岭土矿床风化壳剖面的上部,出现少量的三水铝石,这是在亚热带—热带的风化作用后期,高岭石在强烈淋滤作用下,多面体解体,硅以无定形氢氧化硅[$Si(OH)_4$]单体或呈硅溶胶溶于水而流失,而铝则以三水铝石沉淀原地,反应式如下:

$Al_2Si_2O_5(OH)_4$(高岭石)$+5H_2O \longrightarrow 2Al(OH)_3$(三水铝石硅溶胶)$\downarrow +2Si(OH)_4$

黑云母在化学风化过程中稳定性略优于钠长石,但远比钾长石、白云母易转化。风化作用下,黑云母层间的碱金属离子先流失,随着水化的加强,八面体中碱土金属及铁离子被逐步释放。黑云母按三八面体伊利石→水黑云母→硅石(或三八面体蒙皂石)序列演化。但在水力循环通畅地区,八面体中的 Mg、Fe 离子通常析出较彻底,常形成一些含铁的黏粒云母,进而亦可演化成高岭石。因而由黑云母花岗岩演变而成的高岭土,常由于 Fe^{3+} 高而影响白度,但当剔除这些由黑云母转化的黏粒云母后,白度可大为改观。小坑高岭土矿基本不含黑云母,为形成高白度高岭土矿提供了先决条件。

在风化作用下,主要造岩矿物的稳定性存在差异,其顺序由强到弱为石英→白云母、钾长石→黑云母→斜长石。长石、云母类矿物转变为黏土矿物的演化序列列于表 5-3。

表 5-3　长石、云母类矿物风化演变序列

原生矿物	水化阶段中间矿物	形成矿物
长石	(富水环境)伊利石→高岭石→埃洛石 (含水环境)伊利石→高岭石	三水铝石
	(碱性水环境)蒙脱石	蒙脱石(少见)
	(贫水环境)伊利石	伊利石

续表 5-3

原生矿物		水化阶段中间矿物	形成矿物
云母类	白云母	(富水环境)伊利石→水白云母→高岭石	三水铝石
		(含水环境)伊利石	高岭石
	黑云母	(富水环境)伊利石→水黑云母→蒙脱石	高岭石
		(碱性水环境)伊利石	
		(含水环境)伊利石→水黑云母	蒙皂石

三、矿床成因与成矿模式

通过成矿地质条件、成矿作用和成矿演化分析研究可知小坑高岭土矿床为钠长石化白云母花岗岩风化残积型高岭土矿床。早三叠世时期古东特提斯海关闭，华南板块与印支板块发生碰撞。华南地区在这一碰撞作用的影响下，陆壳强烈叠置增厚，下地壳物质熔融形成富硅铝质岩浆。同时少量的富集地幔底侵并加入岩浆房中与富硅铝质岩浆混合，后上侵定位于由寒武纪地层构成的复式向斜核部薄弱地段，形成崇义地区印支期黑云母复式花岗岩基(247±2.2Ma)(张万良等，2018)及小坑矿区内的黑云母二长花岗岩。至晚三叠世(约 231Ma)，随着造山作用进入后碰撞阶段，华南地区构造背景逐渐转化为伸展背景，大量的 A 型、I 型和 S 型花岗岩同时形成。小坑地区该时期早阶段的花岗质岩浆仍然混合有少量的地幔来源物质并发生了高程度的演化以及强烈的电气石化、白云母化和钠长石化等自交代蚀变作用，呈岩株状侵位于早期黑云母二长花岗岩基中，形成中粒白云母花岗岩。同时岩体内部残余的碱质组分交代尚未完全结晶的长石和黑云母，析出的 Fe、Ti 等暗色矿物形成电气石，继而形成具有本区特色的电气石化强钠长石化白云母花岗岩(约 231Ma)，为高岭土矿床的形成奠定了物质基础。此后，黑云母正长花岗质岩浆开始侵位(约 229Ma)至黑云母二长花岗岩和白云母花岗岩中，进一步促使白云母花岗岩发育裂隙构造及钾化等蚀变，更有利于发生风化作用，为优质高岭土的形成提供了原岩及构造条件。

小坑矿区地处北东向构造带与东西向构造带交接部位，随着强烈的区域构造活动，地块间歇性缓慢上升，形成中低山丘陵，成矿母岩白云母花岗岩体临近地表，由于物理化学条件的巨大变化，原岩顺着已形成的裂隙发生破碎并伴生强烈的化学风化作用。赣南地区属亚热带季风区，湿热多雨、植物繁茂、腐殖质丰富，水介质富含 CO_2、有机质酸(pH 为 5～7)，当酸性循环水不断作用于碎裂岩石，长石、云母等矿物中的碱和碱土金属元素离子 K^+、Na^+、Ca^{2+}、Mg^{2+} 遭到淋滤流失，长石、云母类矿物强烈水解，形成高岭石、三水铝石、埃洛石和少量水云母等黏土类矿物。随着板块间歇性地缓慢抬升，风化作用向纵深方向发展，形成了自地表向下深度数米至百余米的巨厚高岭土矿体。总的来说，小坑高岭土矿床的形成经历了晚三叠世 S 型花岗岩的形成及自蚀变作用和后期风化作用，其成矿模式具体见图 5-9。

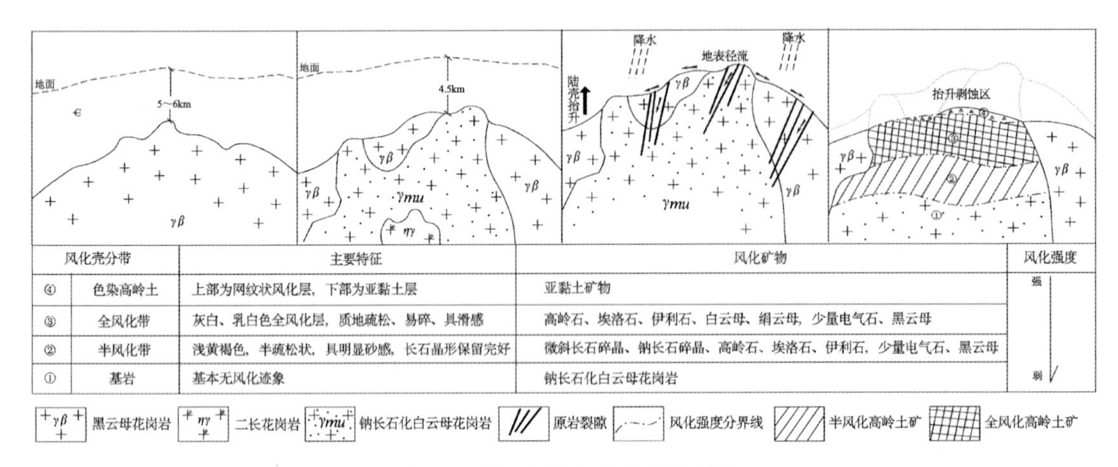

风化壳分带		主要特征	风化矿物	风化强度
④	色染高岭土	上部为网纹状风化层，下部为亚黏土层	亚黏土矿物	强
③	全风化带	灰白、乳白色全风化层，质地疏松、易碎、具滑感	高岭石、埃洛石、伊利石、白云母、绢云母，少量电气石、黑云母	
②	半风化带	浅黄褐色，半疏松状，具明显砂感，长石晶形保留完好	微斜长石碎晶、钠长石碎晶、高岭石、埃洛石、伊利石，少量电气石、黑云母	
①	基岩	基本无风化迹象	钠长石化白云母花岗岩	弱

图 5-9　小坑高岭土矿成矿模式图

第二节　风化残积型高岭土矿成矿规律

江西省处于扬子和华夏两大古板块及结合带，地壳构造十分复杂，伴随多期陆海开合，发生了多旋回的岩浆活动。在晋宁、加里东、印支、燕山等期造山作用下，特别是在晚三叠世—早白垩世强烈的大陆碰撞造山作用下，原有地壳受到强烈改造，形成了大量 S 型、A 型和 I 型花岗质岩石，构成陆壳的低密度富铝岩石圈（江西省地质矿产勘查开发局，2017b）。江西省多旋回 S 型花岗质侵入岩多期次演化及侵位，成矿元素逐步分异浓缩和聚集。各时代花岗岩类的物质组分随着时间的推移发生了有规律的变化，这对于指导风化残积型高岭土矿产分布规律研究具有重要的理论和实践意义。

一、S 型多旋回花岗岩高岭土成矿序列

1. S 型花岗岩成岩成矿序列演化

根据《中国区域地质志·江西志》研究成果（江西省地质矿产勘查开发局，2017b），多旋回 S 型花岗岩成矿演化可分为 4 期。

1）晋宁预成矿期

青白口纪早期末（约 820Ma）华南洋消亡，扬子与华夏古板块碰撞造山形成了由 S 型云英闪长岩-花岗闪长岩-二长花岗岩组成的江南岩浆弧。该期同造山 S 型中酸性侵入岩分布具相当规模，但长期未发现与之有关的岩浆热液矿床。2013 年，江西省地质矿产勘查开发局赣中南地质矿产勘查研究院在赣北修水县发现的花山洞钨钼矿床，成矿岩体与矿化时代经同位素测年为晋宁期（刘进先等，2015）。

2）加里东—印支弱成矿期

加里东期同造山 S 型花岗岩分布甚广，主要分布于东南造山带北西前缘和钦杭构造带，大致可分为以下两类：①造山带下部或根部近源地深成侵入-交代型 S 型花岗岩，岩性为英云

闪长岩、花岗闪长岩、黑云母二长花岗岩、黑云母正长花岗岩和二云母花岗岩，仅发现与之有关的风化壳离子型稀土矿床；②造山带中上部中深成侵入型S型花岗岩，岩性分异程度高岩相发育，出现英云闪长岩-花岗闪长岩＋黑云母二长花岗岩-黑云母正长花岗岩＋二云母花岗岩组合。丰顶山序列花岗岩显示W、Sn、U矿化富集现象，少数成为富铀花岗岩体，于白垩纪形成淋积型铀矿床。在南岭地区可形成风化壳离子型稀土矿床，如上犹县陡水花岗岩风化壳堆积层中发现有砂锡矿。

印支期同造山S型花岗岩在赣中南分布较广，大致分为3个成岩阶段，相应形成3个岩石序列：第一阶段为隘高序列，时代有待进一步研究；第二阶段为富城序列，由花岗闪长岩（导体）-黑云母二长花岗岩（主体）-正长花岗岩（补体）组成，年龄为240～231Ma；第三阶段罗珊序列为花岗闪长岩（导体）-黑云母二长花岗岩（主体）-正长花岗岩（补体），年龄为220～192Ma。该期花岗岩的热液成矿作用总体稍强，但形成矿床数不多，该期主要成矿作用为如下几种类型：一是成钨锡锂铌矿；二是成铀母岩，如诸广山、富城印支期含铀花岗岩，后期（晚白垩世—古近纪）形成热水淋积型铀矿床；三是赣南风化壳离子型轻稀土矿的母岩，赣南印支期花岗岩离子型稀土矿床占各期花岗岩离子型稀土矿床总量的6.33%（江西省地质矿产勘查开发局，2017a）。根据勘查工作最新进展，赣中新余市-上高县蒙山硅灰石矿田形成于印支期，矿床达超大型规模，正在开展勘查工作的摇篮窝硅灰石矿床亦具超大型远景、浒溪硅灰石矿床远景也较好。此外，热变质型大理石、透辉石、透闪石等非金属矿产也在蒙山岩体周边富集。

3）燕山成矿大爆发期

燕山期S型花岗岩在隆起带呈岩基或大型岩株出露，沿深大断裂带主要形成串珠状小型岩体，在坳陷带出露稀少且规模较小。江西燕山期S型花岗质岩石初步划分为南岭、江南、武夷3个组合和代表性序列：

（1）南岭组合S型花岗岩以中深成岩为主，分为西华山、葛仙山两个序列。早期侵入的少量石英闪长岩、花岗闪长岩为成矿预富集岩石；中期侵入构成主体的黑云母二长花岗岩为W、Sn、Bi、Mo、U、（Pb、Zn、Au、Ag）主要成矿岩石；晚期侵入的强分异正（碱）长二（白）云母花岗岩，主要形成Sn、Ta、Nb、Li、Rb、Cs等矿床。

（2）江南组合S型花岗岩以中浅成花岗岩为主，包括早白垩世早中期的大湖塘、鹅湖、怀玉山、灵山等序列，著名的九岭燕山晚期大湖塘序列，成矿除钨外还富铜；鹅湖序列成矿以金为主。与南岭组合花岗岩相比，侵位一般稍浅而且超酸性浅色花岗岩较多，中浅成花岗岩中二（白）云母增多，Sm、Nb、Ta、Li成矿有增强趋势，如早白垩世晚期形成深度较浅的晶洞正（碱）花岗岩（灵山），形成伟晶岩脉型Nb、Ta矿床，其附近松树岗隐伏的正（碱）长花岗岩形成了特大型蚀变花岗岩型Ta、Nb、（W、Sn）矿床。

（3）武夷组合S型火山-潜火山杂岩，主要形成Sn、Ag、Pb、Zn、U等斑岩型矿床和火山热液型矿床。

4）喜马拉雅表生成矿期

喜马拉雅期与S型花岗岩有关的成矿作用主要表现为表生风化、淋滤作用。成矿时代为晚白垩世—新生代，是江西稀土元素、高岭土、粉石英、岩盐、石膏矿产的主要成矿期。其中，风化壳型高岭土矿床成矿母岩多为燕山期花岗岩，部分为酸性火山岩、脉岩、长石石英砂岩等。矿床广布全省，成矿方式分为残积型高岭土矿和风化淋积型高岭土矿两类，前者代表性矿床有高岭村式和雅山式；后者代表性矿床有北冲式。

高岭村式高岭土矿：位于江西东北部浮梁县境，成矿母岩为燕山期晚期S型淡色花岗岩和伟晶岩。高岭土矿体产于岩体风化带和构造裂隙带中，呈条带状分布，似层状、透镜状产出。主矿体长1000m、宽20～300m，厚5～30m。矿石以砂状高岭土为主，矿石矿物以高岭石、埃洛石为主。

雅山式高岭土矿：位于江西西部宜春市境内，成矿岩体为雅山燕山早期S型钠化淡色花岗岩株。高岭土产于岩体风化带中，呈面型断续分布。主矿体长180～380m、宽200～350m，矿石矿物以高岭石为主。

北冲式高岭土矿：位于江西西部萍乡境内，高岭土矿体呈囊状、透镜状、团块状产于上三叠统安源组下部紫家冲段硅质角砾岩中。主矿体长400m，延深350m，厚8～31.96m，主要矿石矿物为埃洛石和高岭石。

2. 与S型花岗岩有关的风化残积型高岭土序列

小坑高岭土矿床的发现使江西形成了多旋回S型花岗岩印支期罗珊序列，燕山早期西华山序列，燕山晚期大湖塘序列、鹅湖序列三期淡色花岗岩风化残积型高岭土成矿序列。

1）印支期罗珊序列

印支期罗珊序列岩体主要侵位于南华纪—寒武纪地层、寻乌岩组变质岩及晋宁期—加里东期花岗岩中，岩体锆石SHRIMP U-Pb年龄214±4Ma、单颗粒锆石U-Pb同位素年龄207±9Ma、220±2Ma，形成时代为晚三叠世。罗珊序列花岗岩类以二云母二长花岗岩和白云母二长花岗岩为主，含少量黑云母二长花岗岩，岩石学特征如下。

（1）细粒白云母二长花岗岩：主要矿物成分有斜长石、钾长石、石英、黑云母、白云母等，岩石常含石榴子石、电气石等，电气石部分集合体或晶体包有铌钽铁矿，石英含较多尘状物包体、气液包体和粒状磷灰石包体。

（2）细—中粗粒似斑状二云母二长花岗岩：主要矿物成分为斜长石、钾长石、石英、黑云母、白云母等，岩石蚀变以高岭土化为主，常有不同程度的硅化、钠化和云英岩化，对铌钽、钨锡及风化成高岭土成矿有利。

罗珊序列各岩体主量元素含量变化范围相似，SiO_2含量为70.44%～72.57%，属超酸性岩，总体表现为高硅富钾、碱，贫铁、钠特点。该序列属亚碱性和高钾钙碱性-钾玄岩系；A/NK-A/CNK图解中均位于过铝花岗岩区。随着SiO_2含量升高，Fe_2O_3+FeO含量减少岩浆向富钾、贫钙方向演化。罗珊序列花岗岩类微量元素含量表明，各岩性微量元素含量都较低，富集Rb、Th、U、Zr、Hf，具明显的Ba、Sr、P、Ti亏损，具壳源花岗岩特征（图5-10）。

罗珊序列花岗岩类稀土总量变化较大，各岩性稀土标准化配分模式呈右缓倾的“V”字形曲线（图5-11），反映其具有同源性。各期次花岗岩稀土分布模式均为轻稀土相对富集，重稀土分馏均不明显，并具中等—强负Eu异常，这些特征接近地壳重熔S型花岗岩类型。

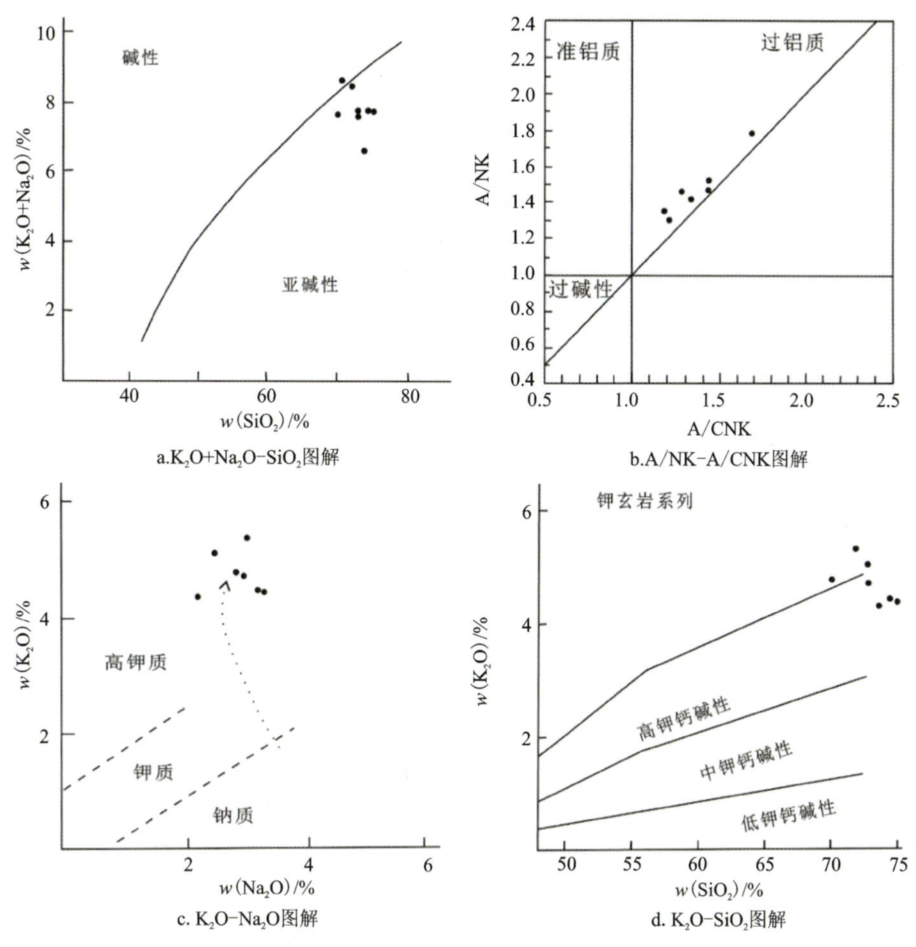

图 5-10　罗珊序列花岗岩类代表性岩体的岩石化学图解

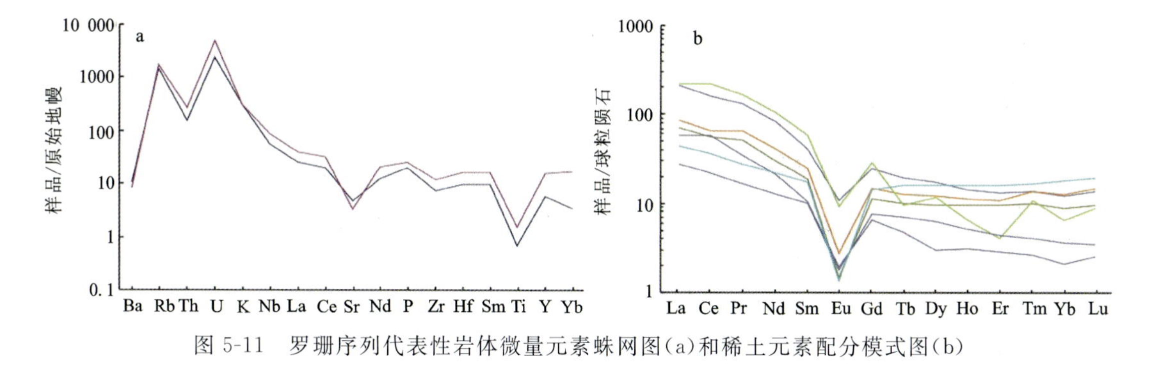

图 5-11　罗珊序列代表性岩体微量元素蛛网图(a)和稀土元素配分模式图(b)

印支晚期,江西省内S型花岗岩以酸性岩占主导地位,岩石类型以黑云母二长花岗岩或二(白)云母二长花岗岩为主体,少量岩体由正长花岗岩作为补体。印支期S型花岗岩继承早期弱成矿特点,成矿主要发生在晚期,成矿岩体仅确认蒙山岩体(富城序列)一处。小坑高岭土成矿母岩为晚三叠世钠长石化白云母花岗岩,具有高硅、高铝、高钠、$Na_2O>K_2O$特征,属于过铝质高钾钙碱性系列,可归为罗珊序列花岗岩类,小坑大型高岭土矿的发现实现了江西省乃至华南印支期花岗岩中找寻高岭土矿的重大突破，表明晚三叠世岩浆岩也可形成优质风化型高岭土矿床。

2)燕山早期西华山序列

西华山序列为南岭组合花岗岩的高分异相，锆石 U-Pb 成岩年龄为 163～126Ma，岩体主要侵位于新元古代变质岩、古生代—早侏罗世地层及前期花岗岩中。岩体内接触带普遍发育有细粒冷凝边，常有捕虏体。岩体自变质及后期蚀变有钠长石化、云英岩化、高岭土化、叶蜡石化等。

西华山序列主体为黑云母花岗岩和二云母花岗岩，少量白云母花岗岩(尾体)。主要矿物是钾长石、斜长石、石英、黑云母、白云母等。斜长石聚片双晶发育，部分已蚀变为绢云母和高岭土，常被石英、钾长石溶蚀交代。

西华山序列主量元素含量变化范围相似，具有较高的 SiO_2(70.45%～79.18%)、碱含量，总体表现为高硅富碱，贫铁、镁、钙的特点。该序列总体属高钾钙碱性-钾玄岩系。A/NK-A/CNK图解中样品位于过铝-过碱花岗岩区，属准铝质-过铝质花岗岩(图 5-12)。SiO_2 含量与 TiO_2、Al_2O_3、FeO^t、CaO、MgO 呈负相关关系，表明同源岩浆经不同程度结晶分异过程中向富钾、贫铁和钠方向演化。微量元素分析结果显示此类岩体富集 Rb、U、Zr、Hf、La，明显的 Ba、Nb、Sr、P、Ti 和 Eu 亏损，属壳源花岗岩类(图 5-12)。

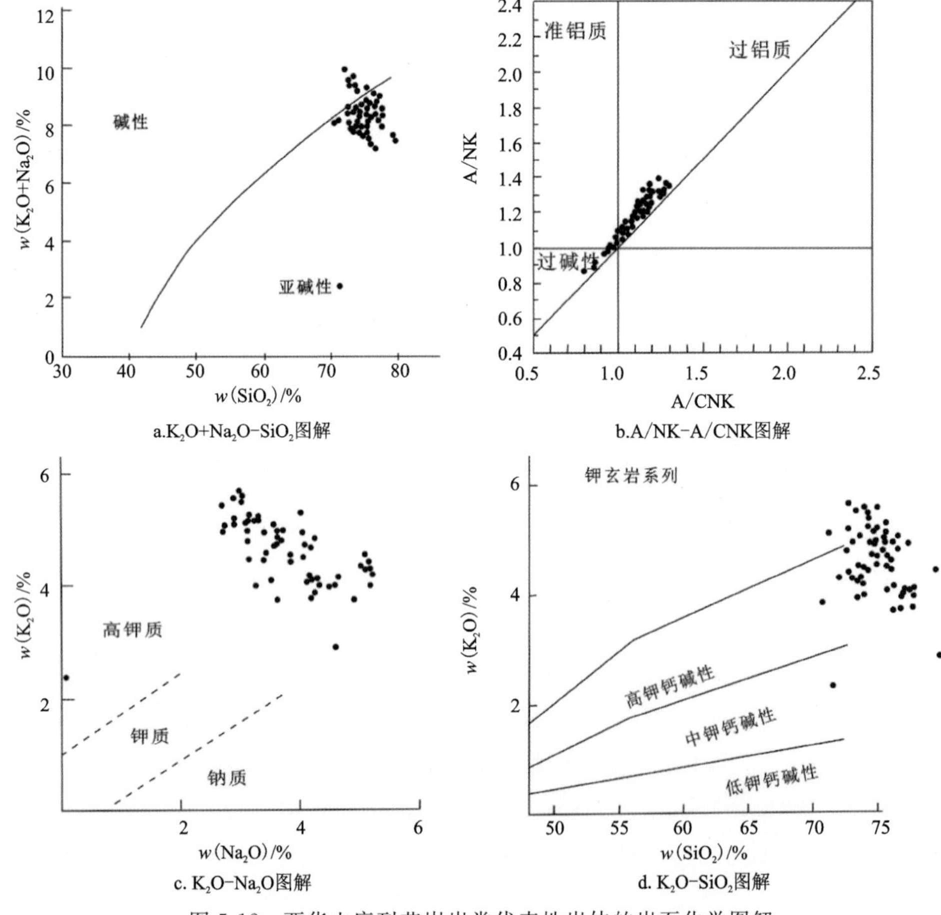

图 5-12 西华山序列花岗岩类代表性岩体的岩石化学图解

西华山序列花岗岩类稀土总量变化较大标准化配分曲线相似，多为右倾斜的“海鸥”形曲线，反映出其同源性。各期次花岗岩稀土分布模式均为轻稀土相对富集且分馏明显，重稀土部分分馏不明显，并具中等—强负 Eu 异常（$Eu/Eu^{*}<0.61$），表明岩浆为壳源熔融的 S 型花岗岩类（图 5-13）。

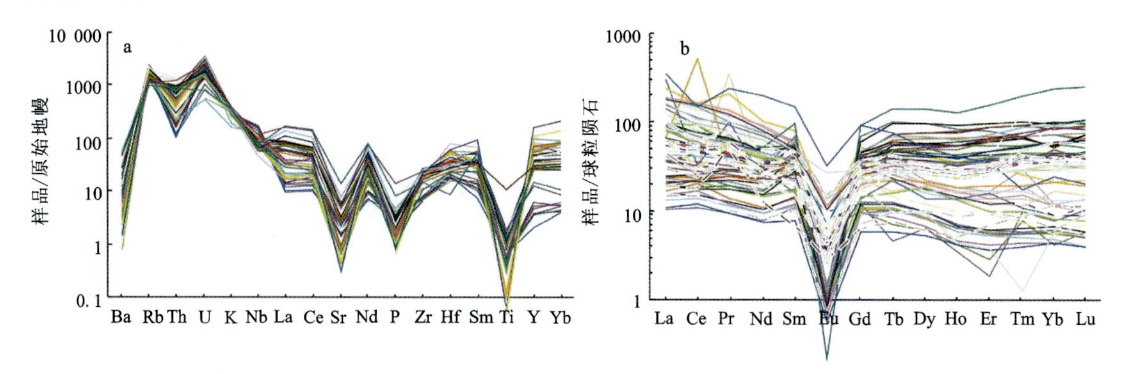

图 5-13 西华山序列代表性岩体微量元素蛛网图(a)和稀土元素配分模式图(b)

与该时期淡色花岗岩有关的雅山高岭土矿床是与钠长花岗岩型钽铌矿床共生的大型高岭土矿床。原岩雅山岩体属西华山序列，呈岩株状侵入于新元古代浅变质岩中。岩体自中心往边缘岩相分带明显：黑云母花岗岩→二云母花岗岩→锂(白)云母钠长石花岗岩→似伟晶岩壳带。其中铌、钽矿化与锂白云母钠长石花岗岩密切相关，而高岭土由钠长石化花岗岩和白云母花岗岩风化而成。成矿岩体为酸性—超酸性，SiO_2 含量为 67.94%～73.84%，富铝[$w(Al_2O_3)=13.35\%$]，富碱[$w(K_2O+Na_2O)=7.83\%\sim8.66\%$]，富钠（$K_2O/Na_2O=0.79\sim2.28$），$A/CNK=1.27\sim1.35$，为过铝富碱（钠）花岗岩。岩石富含 Ta、Nb、Li、Cs、Rb 等成矿元素，同时 W、Sn、Mo 等元素含量亦较高，为成矿提供了丰富物源。稀土元素标准化配分模式呈右倾“V”字形，Eu 亏损明显（$Eu/Eu^{*}=0.36\sim0.52$），具较典型稀土元素四分组效应。岩石 $^{87}Sr/^{86}Sr$ 初始值为 0.712，$\varepsilon_{Nd}(t)$ 为 −13.4，具 S 型花岗岩特征。钠长石化花岗岩型主矿体表壳呈似层状展布（图 5-14），钽矿达超大型规模，铌、锂、铷、铍和高岭土达大型或超大型规模，均已充分综合利用。

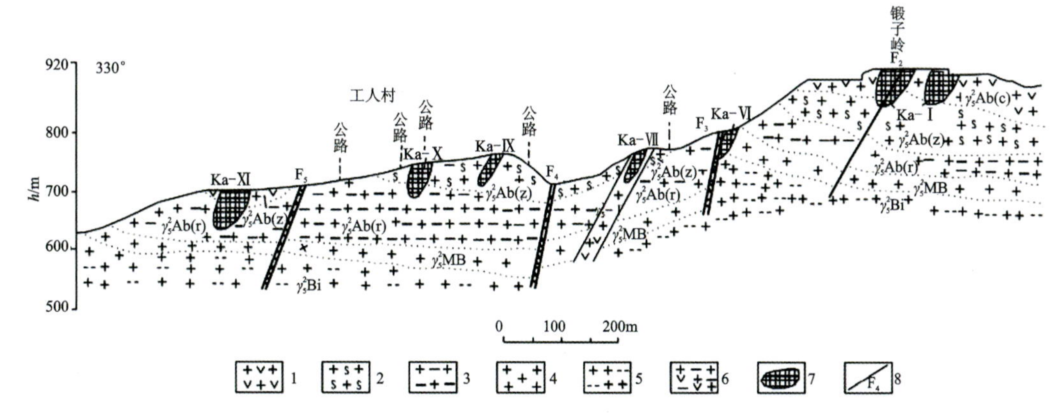

1. γ_5^2Ab(c)锂云母化强钠长石化中细粒花岗岩；2. γ_5^2Ab(z)锂云母化中钠长石化中细粒花岗岩；3. γ_5^2Ab(r)锂云母化弱钠长石化中细粒花岗岩；4. γ_5^2MB 中粒二云母花岗岩；5. γ_5^2Bi 中粗粒黑云母花岗岩；6. γ_5^2-I 强钠长石化中细粒白云母花岗岩；7. 高岭土矿体及编号；8. 断层及编号。

图 5-14 宜春雅山高岭土矿区剖面图

3)燕山晚期大湖塘序列

大湖塘序列花岗岩类主要分布于钦杭结合带以北,形成近东西向的江南淡色花岗岩带,主要岩石类型为黑云母花岗岩、二云母花岗岩和白云母花岗岩,多侵位于基底变质岩或加里东岩体中,锆石 U-Pb 年龄约 133Ma。岩石组合类型如下。

(1)似斑状结构的黑云母花岗岩组合:灰白色,似斑状花岗结构,块状构造。似斑晶为钾长石、斜长石和石英,基质矿物成分有钾长石、斜长石、石英、黑云母等,偶见白云母,次生矿物为绿泥石、绢云母等。钾长石呈板状,具卡斯巴双晶,交代条纹;斜长石早期呈板状,聚片双晶,晚期呈他形并交代钾长石。副矿物主要有钛铁矿、石榴子石、锆石、黄玉、磷灰石等。

(2)黑云母花岗岩-白云母花岗岩组合:灰白色,花岗结构,块状构造。斑晶含量较少或无。岩石矿物成分有钾长石、斜长石、石英、黑云母、白云母,钾长石半自形—他形呈板状,具卡斯巴双晶;斜长石呈板状,聚片双晶,偶见被石英交代成残晶。副矿物主要有钛铁矿、石榴子石、锆石、锡石、铌钽铁矿等。

大湖塘序列花岗岩类具有以下岩石化学特征(图 5-15):主量元素 SiO_2 含量为 69.8%~76.2%,K_2O+Na_2O 含量为 6.54%~8.31%,$K_2O/Na_2O=1.14\sim2.01$,为高钾钙碱性岩石。样品在 A/NK-A/CNK 图解中均位于过铝质花岗岩区。SiO_2 含量与 Al_2O_3、$FeO_3{}^t$、CaO 和 MgO 呈负相关关系,表明岩浆经不同程度结晶分异过程中随向富碱贫铁方向演化。各岩性样品富集大离子亲石元素 Rb 和 Th 但 Nb、Sr、P、Ti 含量相对较低。稀土元素总量较低,属贫稀土型,标准化配分曲线为右倾的"V"字形(图 5-16),轻稀土富集且分馏较好,Eu 负异常明显,与重熔型 S 型花岗岩特征类似。

4)燕山晚期鹅湖序列

鹅湖序列多与大湖塘序列花岗岩类相伴产出,侵位于基底变质岩及新元古代—寒武纪地层中,接触面较平整,总体外倾。锆石 U-Pb 年龄为 143~127Ma,岩性主要为花岗闪长岩、二长花岗岩和正长花岗岩。

主体岩性为二长花岗岩,中细—中粗粒花岗结构,块状构造。岩石中主要矿物成分有斜长石、钾长石、石英、黑云母等。斜长石呈半自形板柱状—他形粒状,见卡-钠复合双晶,局部有熔蚀;钾长石为微斜条纹长石,半自形板状—他形,常见斜长石包裹体,局部熔蚀交代斜长石;石英他形粒状,裂纹发育,具波状消光;黑云母片状,内有磷灰石包裹体。

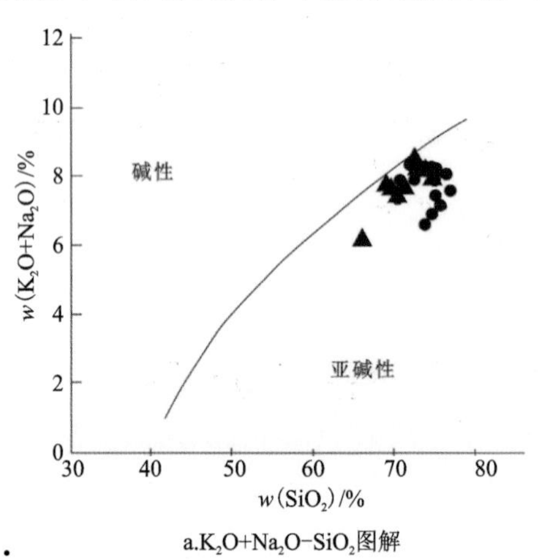

a.$K_2O+Na_2O-SiO_2$图解

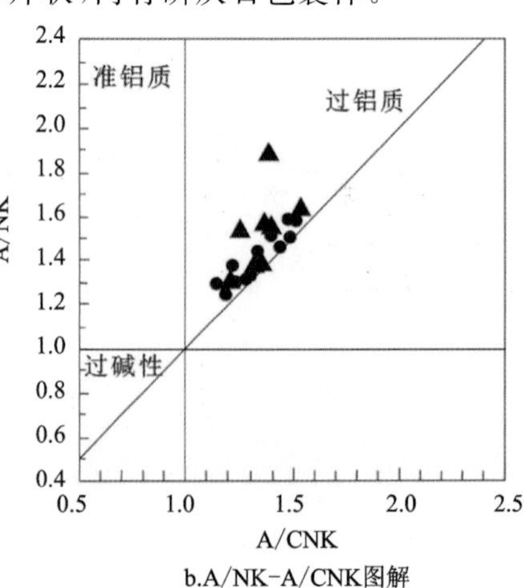

b.A/NK-A/CNK图解

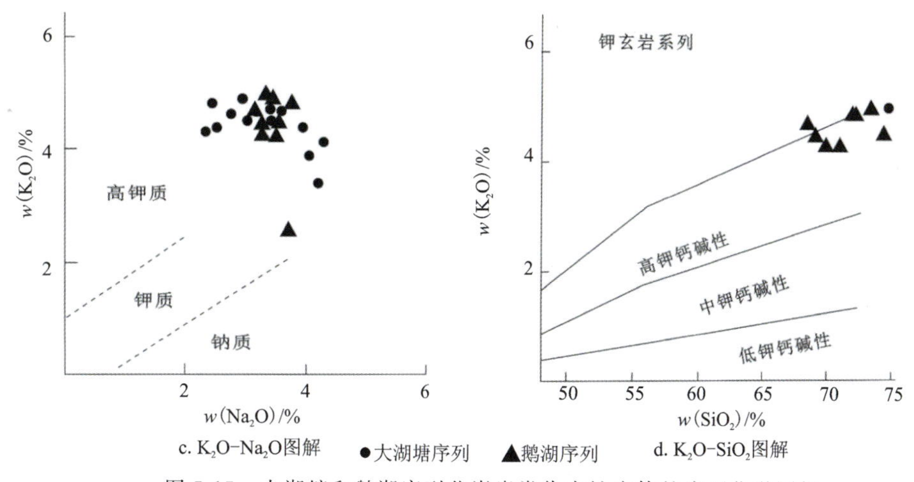

图 5-15　大湖塘和鹅湖序列花岗岩类代表性岩体的岩石化学图解

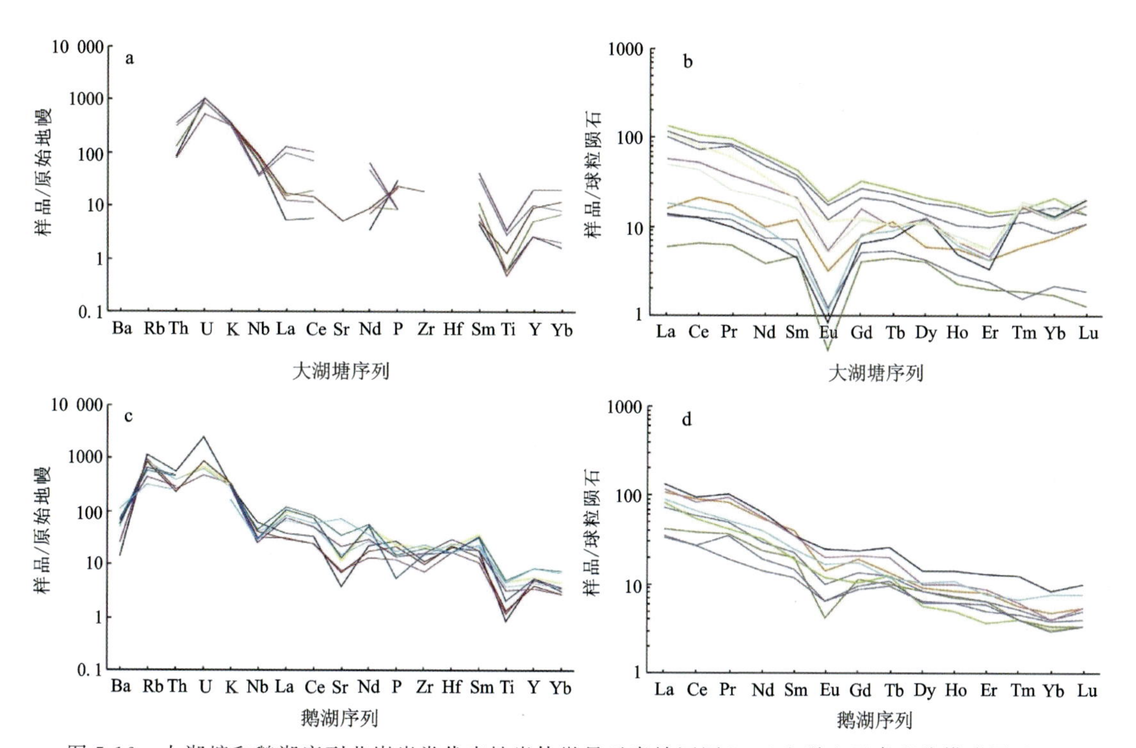

图 5-16　大湖塘和鹅湖序列花岗岩类代表性岩体微量元素蛛网图(a、c)和稀土元素配分模式图(b、d)

鹅湖序列花岗岩 SiO_2 含量为 68.07%～73.96%，CaO 含量为 0.445%～3.72%，属钙碱性岩石系列。K_2O+Na_2O 含量为 6.1%～8.44%，具富碱特征。Al_2O_3 含量为 13.26%～16.39%，A/CNK 为 1.16～1.50，显示过铝质特点。在 A/NK-A/CNK 图解中均位于过铝质花岗岩区(图 5-15)。SiO_2 含量与 Al_2O_3、$FeO_3{}^t$、CaO、MgO 呈负相关关系，表明同源岩浆结晶分异过程中随着 SiO_2 含量升高，$FeO_3{}^t$ 含量减少，岩浆向富碱贫铁方向演化。鹅湖序列各岩体微量元素蛔网图相似，体现其同源特点。LILEs 丰度高于稀土元素(REE)及高场强元素(HFSEs)，富集 Rb、Ba、Th 和 Ce，亏损 Nb 和 Hf。鹅湖序列岩体稀土标准化配分模式为向右倾的浅“V”字形曲线(图 5-16)。稀土总量随着演化过程递增,Eu 负异常较弱(Eu/Eu^* = 0.49～0.82),轻稀土较富集。

在景德镇—九江一带,大湖塘序列和鹅湖序列的淡色花岗岩体发育,形成风化残积型的东埠、鹅湖、大洲等高岭土矿床。其中,大洲岩体和鹅湖岩体与高岭土成矿关系密切。

大洲岩体浅部为二长花岗岩和白云母花岗岩,向深部过渡为黑云母花岗岩,且含有较多的黄玉和电气石等副矿物,表明岩体形成时富含挥发分,岩石类型归属大湖塘序列。岩石化学成分以贫钙富铝为特征,原始岩浆由富含泥质、黏土质的地壳物质经部分熔融而成。板溪群变质岩常以顶盖形式置于白云母花岗岩之上,围岩已角岩化。岩体和围岩之间常见似伟晶岩壳和石英壳,即所谓的“硅帽”断续出现,其厚度一般在 15cm 左右。矿区还发育一条长达 7.8km,宽 14～32m 的硅化带,该带与高岭土矿化常伴生。大部分高岭土矿体产于大洲岩体的内接触带,形态以似带状、似层状、团块状等为主,厚度极不均匀,平均厚度为 10m(图 5-17)。

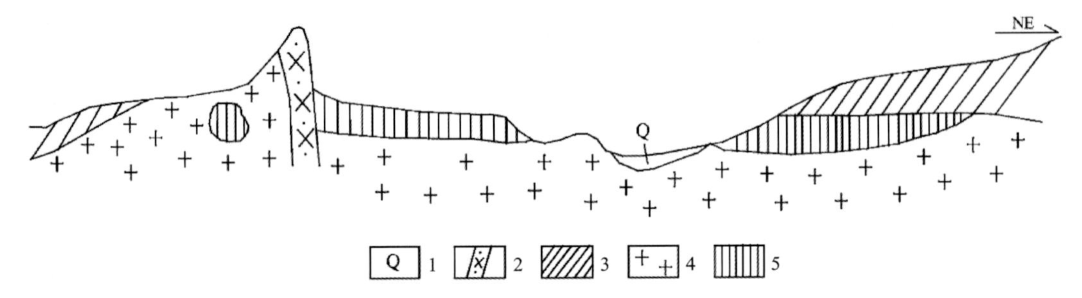

1.第四系;2.硅化带(硅帽);3.板溪群角岩;4.白云母花岗岩;5.高岭土矿。

图 5-17 大洲高岭土矿床剖面示意图

鹅湖岩体为鹅湖序列代表性岩体,其侵入于双桥山群浅变质岩系中,并被一系列花岗斑岩脉侵入。岩石类型有二长花岗岩、正长花岗岩和碱长花岗岩。岩体 SiO_2 含量为 69.47%～73.30%,碱含量 Na_2O+K_2O 为 6.52%～7.98%。铝饱和指数 A/CNK=1.15～1.68,属强过铝质花岗岩。稀土元素总量(∑REE)为 54.5×10^{-6}～96.5×10^{-6},轻稀土富集(LREE/HREE=8.18～12.13),Eu 负异常不显著。岩石相对亏损 Ba 和 Sr,高场强元素含量也相对较低(Zr+Nb+Ce+Y 为 110×10^{-6}～196×10^{-6})。黑云母二长花岗岩基周边还出露有桃岭和金村花岗闪长岩、洞里花岗岩等小岩体,以及沿北东向断裂构造侵入的岩脉群,沿断裂带有高岭土、瓷石等陶瓷原料矿产和大型金、钨矿产出。鹅湖岩基中至南东部的细—中细粒花岗斑岩脉群与高岭土矿关系密切,平行产出几十条,为一组沿北东向断裂产出的岩脉群。罗坞—东埠等地区均有分布,此类岩脉风化后形成残积型高岭土矿床。此外,区内细—中细粒白云母二长花岗岩株也可形成风化壳型高岭土矿床,浮梁县高岭村高岭土即属此类。

二、风化残积型高岭土矿时空分布规律

1. 高岭土矿成矿时间规律

江西省高岭土矿床形成时代以中、新生代为主(表 5-4)。风化残积型高岭土矿为江西省

优质高岭土最主要的成因类型，矿床主要形成于新生代的第四纪，如浮梁高岭村、宜春雅山、星子温泉、萍乡北冲等地高岭土矿。沉积(煤系、碎屑)型高岭土矿床主要形成于晚古生代的石炭纪—二叠纪，如乐平钟家山、吉水县黄桥、安远县寨下及吉安县竹马桥等高岭土矿床。热液蚀变型高岭土矿床主要形成于中生代的侏罗纪，如上饶高洲高岭土矿。

表 5-4　江西省主要高岭土矿床成矿母岩时代

矿床名称	成矿母岩	成岩年龄	参考文献
江西景德镇大洲高岭土矿	白云母花岗岩	燕山期(100Ma)	彭亚鸣和徐红，1990
江西抚州砂子岭高岭土矿	白云母花岗岩	燕山期	《中国矿床发现史·江西卷》编委会，1996
江西景德镇高岭村高岭土矿	白云母花岗岩	燕山期(121.7±2.9Ma)	赵鹏等，2010
江西庐山市华林高岭土矿	白云母花岗岩	燕山期(127Ma)	胡安国，1993
江西兴国上垄高岭土矿	二云母花岗岩	燕山期	《中国矿床发现史·江西卷》编委会，1996
江西铜鼓西向高岭土矿	白云母花岗岩	燕山期	《中国矿床发现史·江西卷》编委会，1996
江西宜春雅山高岭土矿	白云母花岗岩	燕山期(150.2±1.4Ma)	杨泽黎等，2014
江西崇义小坑高岭土矿	白云母花岗岩	印支期(约 231Ma)	本书，2023
江西遂川高坪高岭土矿	白云母花岗岩	燕山期(155.0±0.5Ma)	李献华，1990

对高岭土矿赋矿层位或风化成因的成矿母岩，江西省高岭土成矿母岩多为燕山期中酸性花岗岩，主要为燕山晚期江南组合晚期侵入的浅色 S 型花岗岩体。此外，加里东期也是华南风化残积型高岭土成矿母岩的重要形成期(表 5-5)，如十字路和耀康等超大型—大型高岭土矿床的成矿母岩均形成于加里东期(熊培文，1991；叶张煌等，2016)。本次研究的小坑高岭土矿床已经锆石和独居石 U-Pb 定年厘定成矿母岩形成于晚三叠世，实现了江西省在印支期探获大型高岭土矿的重要突破。

表 5-5　华南加里东期成矿母岩高岭土矿床

矿床名称	成矿母岩	成岩年龄	参考文献
江西分宜大岗山高岭土矿	白云母花岗岩	加里东期	简平和朱瑞辰，2019
江西宜黄棠阴高岭土矿	电气石伟晶岩脉	加里东期	姜智东等，2019
江西上犹小寨背高岭土矿	白云母花岗岩、二云母花岗岩	加里东期	郑翔等，2018
广西合浦十字路高岭土矿	钾长花岗岩	加里东期	熊培文，1991
广西合浦清水江高岭土矿	钾长花岗岩	加里东期	王苑等，2008
广西合浦新屋面高岭土矿	钾长花岗岩	加里东期	瞿思思等，2010
广西合浦耀康高岭土矿	钾长花岗岩	加里东期	叶张煌等，2016

2. 高岭土矿空间分布规律

风化残积型高岭土矿床的分布与 S 型多旋回浅色花岗质侵入岩分布范围吻合，同时分布受控于区域隆起。

江西省约90%的风化残积型高岭土矿分布于隆起区，以九岭隆起区最为重要。成矿母岩中断裂、裂隙和破碎带，尤其是几组构造交会部位，是水介质渗透、循环的良好通道，有利于风化作用进行，因而控制了矿体的规模、形态及质量。

壳源花岗质岩浆侵位增加了岩石圈的刚性，从而使得华南地区的构造运动较为稳定。这种稳定的地壳活动，进一步优化了高岭土风化和保存的环境。第四纪以来，我国南方大部分地区属于热带和亚热带气候区，满足此类矿床形成需要温暖或湿热的气候条件和起伏微缓的地形条件，并提供了充沛的雨量和繁茂的植物，产生各种有机酸和碳酸等，促使成矿原岩发生强烈的化学分解。再由于后期构造和岩脉侵入的影响，原岩发生不均匀的蚀变作用，主要是钠长石化和白云母化。这些蚀变作用为长石和云母向高岭石转化创造了有利的条件（吴宇杰等，2020）。

第三节　风化残积型高岭土矿找矿方向

一、找矿标志

1. 岩浆岩标志

形成高岭土矿床的母岩主要是富含长石和云母类的中酸性岩浆岩、混合岩、花岗片麻岩、伟晶岩、次火山岩及火山岩等。钠长石化（电气石化）白云母花岗岩是寻找优质高岭土矿的重要母岩。粗粒花岗岩比细粒花岗岩更有利，且白云母花岗岩比含黑云母多的花岗岩有利。

2. 矿化蚀变标志

钠长石化、白云母化、高岭石化和电气石化是优质高岭土矿床形成的原岩的有利蚀变。

3. 地表露头标志

天然露头是高岭土矿最直接的找矿标志。风化壳中黑云母含量少，高岭土矿呈灰白色、淡黄色等色调时，往往是优质高岭土的重要找矿标志。

4. 土壤地球化学异常标志

土壤元素地球化学特征显示，Li、Cs、F对于小坑高岭土成矿母岩（含电气石钠长石化白云母花岗岩）具有较好的指示性。Li、Cs、F元素含量从岩浆分异作用、热液蚀变作用到风化成矿作用是一个逐步富集的过程，且易被土壤中的黏土矿物吸附而得以保留。因此，在重覆盖区利用土壤化探找矿时，可选择Li、Cs、F作为指示元素来寻找花岗岩风化残积型高岭土矿床。

二、找矿方向

通过对小坑高岭土矿系统研究，发现印支期和燕山期钠长石化（电气石化）白云母花岗岩是寻找风化残积型高岭土的重要方向之一。该类成矿原岩的共同特征是富含 Al_2O_3，且 TiO_2、$Fe_2O_3^t$ 等有害杂质含量低或含铁矿物易被选矿去除，其矿物成分以含长石类矿物较多，含暗色矿物较少为特征。因此，在隆起带中断裂构造发育部位，中酸性花岗岩、伟晶岩（脉）分布区，尤其是印支期和燕山期 S 型淡色花岗岩出露地带，将是寻找风化残积型优质高岭土的有利地段。

从江西省高岭土资源分布看，优质高岭土资源主要集中在赣东北景德镇、赣西宜春和赣南崇-余-犹等地区。赣东北和赣西地区制瓷历史悠久、开采量大，高岭土找矿研究程度相对赣南地区高，为支撑赣南地区高岭土找矿工作提供了丰富的理论资料和实践经验。以往工作发现，赣南崇-余-犹地区分布着大面积二长花岗岩、二云母花岗岩、白云母花岗岩（表 5-6），这些花岗岩富含 Al_2O_3，且 TiO_2、$Fe_2O_3^t$ 等有害杂质含量低，其矿物成分含长石类矿物较多，暗色矿物较少。且赣南地处亚热带季风区，气候温湿、雨量充沛、植被繁茂，有机酸作用强烈、腐殖质丰富，使水介质经常保持在酸性和中酸性条件下，岩石的化学风化作用强烈，且局部为中低山丘陵地貌，地势相对平缓，从母岩条件和地形条件来看都是形成优质高岭土矿床的绝佳场所。

表 5-6　赣南崇-余-犹地区部分花岗岩的主要化学成

地区	地名（岩体编号）	岩性	面积/km^2	Al_2O_3/%	K_2O/%	Na_2O/%	Fe_2O_3/%	FeO/%	TiO_2/%	Fe+Ti/%	分布区域
鹅形圩	茶坑（J_3c）	碱长（二长）花岗岩	1.80	18.16	2.38	0.08	0.57	1.17	0.05	1.79	茶坑、仙人脚迹
	乌地（J_3w）	中粗粒黑云二长花岗岩	16.50	13.59	5.00	2.85	0.74	0.72	0.08	1.54	�竹坝、乌地、信地
鹅形圩	中新地（J_3z）	黑云母二长花岗岩	58.20	12.38	5.06	2.88	0.37	1.50	0.11	1.98	十八垒、中新地、乳姑峰
上犹-崇义	鳌鱼（J_3a）	细粗黑云母二长花岗岩	3.55	13.27	3.80	4.75	0.64	0.27	0.04	0.95	张天堂、鳌鱼、坝坑、姜屋
桥头	算坪山（$K_1Sn\gamma$）	白云碱长花岗岩、二长花岗岩	20.00	14.61	4.30	3.93	0.17	1.14	0.05	1.36	算坪山、闪上
	野猪窝（$Tyn\gamma$）	细粒白云母二长花岗岩	0.50	14.00	5.10	3.21	0.44	0.77	0.07	1.21	野猪窝、烟竹垅

续表 5-6

地区	地名（岩体编号）	岩性	面积/km^2	Al_2O_3/%	K_2O/%	Na_2O/%	Fe_2O_3/%	FeO/%	TiO_2/%	Fe+Ti/%	分布区域
社溪圩	蒙岗（γ_5^{2-1b}）	含斑二云母花岗岩	2.00	12.76	4.43	3.36	0.41	1.08	0.08	1.57	蒙岗村
	大禾坑（γ_5^{2-1b}）	中细粒斑状二云母花岗岩	1.00	13.45	4.46	0.27	0.72	0.85	0.13	1.70	大禾坑
	石岙里（$n\gamma_5^{2-1b}$）	细粒白云母花岗岩	1.20	13.82	4.45	3.10	0.57	0.93	0.06	1.56	石岙里
左安	紫阳（K_1z）	细粒斑状黑云二长花岗岩	28.00	13.48	5.26	3.28	0.66	0.76	0.14	1.56	紫阳、下佐、东坑垇
	观前（J_3g）	细粒斑状黑云二长花岗岩	6.00	13.00	4.69	3.28	0.75	0.69	0.13	1.57	观前、石下、黄谢、南坑、石孜坝等
横井市	铜锣形（$S_3\eta\gamma$）	云英岩化含电气石二长花岗岩	18.00	14.27	4.52	2.99	0.30	1.43	0.27	2.00	铜锣形

第六章　矿石物理性能与加工技术工艺

第一节　矿石物理性能

一、白度

白度是高岭土工艺性能的主要参数之一，纯度高的高岭土为白色。高岭土白度分自然白度和烧成白度。对陶瓷原料而言，煅烧后的白度更为重要，煅烧白度越高则质量越好。肉眼观察发现高岭土原矿含有色矿物杂质，白度不高；而初选后的高岭土基本不含有色矿物杂质，白度则相对较高。在1270℃高温下，高岭土原矿烧成的瓷片含有色矿物杂质较多，白度甚至要低于高岭土原矿（表6-1）。粗选后的高岭土基本不含有色矿物杂质，烧成白度高于煅烧前高岭土的白度，这是由于随着煅烧温度升高，颗粒表面形成的固体反应层变薄，热传导更容易穿过这层反应层，到达颗粒内部而使产品的脱羟基作用更完全、彻底，因此白度越高。

表6-1　小坑高岭土矿样白度分析结果

矿物类型	样品编号	自然白度	烧成白度
原矿物	ZK1306	71.0～71.5	38.4～43.1
	ZK907	74.6～76.0	42.5～44.6
	ZK2102	70.4～72.0	68.9～73.1
	ZK1705	74.5～75.0	72.0～72.5
	ZK905	72.8～73.2	68.8～71.7
	ZK1701	72.9～74.5	58.8～65.2
粗选后矿物	混合淘洗精矿	56.3～58.8	68.1～71.7
	XK-XC-6	/	74.2
	XK-XC-7	/	73.4
	XK-XC-8	/	74.4
	XK-XC-9	/	83.0

二、可塑性

高岭土的可塑性大小与矿物颗粒表面的水化膜厚度相关，水化膜厚度的增加会致使持水量的上升，提高高岭土的可塑性，反之则变差（夏欣鹏等，2006）。区内淘洗精矿样品的可塑性指数为26.8～37.0（表6-2），属强可塑性泥料。小坑高岭土淘洗精矿中高岭石含量较高，其中高岭石矿物经扫描电镜分析多为叠片状结构，这样的物相与结构使其具有厚度较大的水化膜，具有良好的可塑性。

表6-2　小坑高岭土矿样可塑性分析结果

性能	混合淘洗精矿	XK-XC-6	XK-XC-7	XK-XC-8	XK-XC-9
可塑性指数	37.0	31.6	32.3	28.0	26.8

三、干燥收缩性

高岭土的干燥收缩性指泥料因失水而出现不可逆的收缩。粒度越细，比表面积越大，可塑性越好，干燥收缩越大，并且与掺水量有关。区内淘洗精矿样品的干燥收缩率较小（2.7～8.6）（表6-3），说明其含水率较低，干燥后的强度较低，不容易变形。

表6-3　小坑高岭土矿样干燥收缩性分析结果

性能	混合淘洗精矿	XK-XC-6	XK-XC-7	XK-XC-8	XK-XC-9
干燥收缩率/%	5.08	5.5	8.6	3.5	2.7

四、耐火度

耐火性是指高岭土抵抗高温不致熔化的能力，在高温作业下发生软化并开始熔融时温度称耐火度。耐火度与高岭土的化学组成有关，纯的高岭土耐火度一般在1700℃左右，当水云母、长石含量多，钾、钠、铁含量高时，耐火度降低，高岭土的耐火度最低不小于1500℃。

测试结果表明高岭土耐火度高达1790°C以上，品质良好（表6-4）。

表6-4　小坑高岭土矿样耐火度分析结果

性能	XK-XC-6	XK-XC-7	XK-XC-8	XK-XC-9
耐火度/℃	>1790	>1790	>1790	>1780

第二节　矿石加工技术工艺

一、高岭土提纯试验

经过对原矿筛析水析分析可知原矿中粗砂（+74μm）含量较高，首先采取螺旋分级机来除去大量的粗砂，然后采用水力旋流器组来进行精细除砂，以获得符合标准要求的高岭土产品。

提纯试验的原则流程包括：原矿→捣浆→螺旋分级机→水力旋流器。因为是捣浆提纯联合流程，所以以水力旋流器提纯效果来考察捣浆试验的效果，捣浆试验主要考察捣浆浓度的试验，而螺旋分级机的参数根据以往类似高岭土加工试验结果来确定，本次试验未单独进行螺旋分级机试验。

提纯试验主要考察不同规格水力旋流器的组合，以及进浆浓度、进浆压力、旋流器沉沙口等条件试验。

1.旋流器组合试验

捣浆试验条件：200L 捣浆桶，分散剂用量 0.5‰。分级试验条件：螺旋分级机分级试验采用 Φ150×1200 螺旋分级机，以螺旋分级机溢流作为旋流器的进浆，考察不同旋流器组合对于高岭土提纯效果的影响。

1)旋流器组合一

试验条件：捣浆浓度 50%，捣浆时间 20min，分散剂用量 0.5‰。Φ75 旋流器进浆压力 0.3MPa，沉沙口直径 7mm；Φ10 旋流器进浆压力 0.45MPa，沉沙口直径 1mm。按照如下原则流程进行试验：原矿→捣浆→螺旋分级机→Φ75 旋流器→Φ10 旋流器，考察各旋流器溢流产品质量。试验结果见表 6-5。

表 6-5 旋流器组合一试验结果

溢流产品	螺旋分级机溢流	Φ75 旋流器溢流	Φ10 旋流器溢流
产率/%(对原料)	36.62	15.87	4.04
Al_2O_3/%	31.85	34.97	38.74
$Fe_2O_3{}^t$/%	0.88	0.53	0.44

2)旋流器组合二

试验条件：捣浆浓度 50%，捣浆时间 20min，分散剂用量 0.5‰。Φ75 旋流器进浆压力 0.3MPa，沉沙口直径 7mm；Φ25 旋流器进浆压力 0.40MPa，沉沙口直径 1mm；Φ10 旋流器进浆压力 0.45MPa，沉沙口直径 1mm。按照如下原则流程进行试验：原矿→捣浆→螺旋分级机→Φ75 旋流器→Φ25 旋流器→Φ10 旋流器。试验结果见表 6-6。

表 6-6 旋流器组合二试验结果

溢流产品	螺旋分级机溢流	Φ75 旋流器溢流	Φ25 旋流器溢流	Φ10 旋流器溢流
产率/%(对原料)	36.62	15.87	8.19	2.80
Al_2O_3/%	31.85	34.97	37.86	39.26
$Fe_2O_3{}^t$/%	0.88	0.53	0.56	0.50

3)旋流器组合三

试验条件:捣浆浓度50%,捣浆时间20min,分散剂用量0.5‰。Φ75旋流器进浆压力0.3MPa,沉沙口直径7mm;Φ50旋流器进浆压力0.35MPa,沉沙口直径2mm;Φ10旋流器进浆压力0.45MPa,沉沙口直径1mm。按照如下原则流程进行试验:原矿→捣浆→螺旋分级机→Φ75旋流器→Φ50旋流器→Φ10旋流器。试验结果见表6-7。

表6-7 旋流器组合三试验结果

溢流产品	螺旋分级机溢流	Φ75旋流器溢流	Φ50旋流器溢流	Φ10旋流器溢流
产率/%(对原料)	36.62	15.87	14.01	3.88
Al_2O_3/%	31.85	34.97	36.37	38.52
$Fe_2O_3{}^t$/%	0.88	0.53	0.49	0.45

4)旋流器组合四

试验条件:捣浆浓度50%,捣浆时间20min,分散剂用量0.5‰。Φ75旋流器进浆压力0.3MPa,沉沙口直径7mm;Φ50旋流器进浆压力0.35MPa,沉沙口直径2mm;Φ25旋流器进浆压力0.40MPa,沉沙口直径1mm;Φ10旋流器进浆压力0.45MPa,沉沙口直径1mm。按照如下原则流程进行试验:原矿→捣浆→螺旋分级机→Φ75旋流器→Φ50旋流器→Φ25旋流器→Φ10旋流器。试验结果见表6-8。

表6-8 旋流器组合四试验结果

溢流产品	螺旋分级机溢流	Φ75旋流器溢流	Φ50旋流器溢流	Φ25旋流器溢流	Φ10旋流器溢流
产率/%(对原料)	36.62	15.87	14.01	5.66	1.90
Al_2O_3/%	31.85	34.97	36.37	38.81	39.45
$Fe_2O_3{}^t$/%	0.88	0.53	0.49	0.52	0.46

从表6-5～6-8可以看出,随着不同旋流器种类的增加,得到产品中Al_2O_3含量越高,说明溢流产品中高岭石含量越高,但同时得到产品产率也就越低。

《高岭土及其试验方法》(GB/T14563—2008)规定各类产品中最高等级对于Al_2O_3含量有明确的要求,造纸、搪瓷、催化剂载体行业要求$w(Al_2O_3)\geqslant37.0\%$;陶瓷、涂料、橡塑填料要求$w(Al_2O_3)\geqslant35.0\%$。根据以上要求,可确定生产$w(Al_2O_3)\geqslant35.0\%$的产品,采用一段Φ75旋流器;而生产$w(Al_2O_3)\geqslant37.0\%$的产品,采用一段Φ75旋流器和一段Φ50旋流器的组合。

Φ75旋流器和Φ50旋流器的溢流离标准要求还有差距,可以通过优化旋流器各个参数来调整。

2.旋流器条件试验

旋流器条件试验主要考察Φ75旋流器和Φ50旋流器的进浆浓度、进浆压力和沉沙口直径等对于提纯效果的影响。

1)Φ75 旋流器条件试验

试验条件:从旋流器组合试验中可看出,原矿捣浆浓度在50%时,提纯试验效果没有达到要求。因此,在进行条件试验时,将捣浆浓度确定在40%。考察在不同进浆压力和沉沙口直径条件下,Φ75 旋流器的提纯效果。试验结果见表6-9。

在沉沙口小直径条件下,随着进浆压力的增加,产品中 Al_2O_3 含量有所增加(表6-9);而在沉沙口大直径条件下,随着进浆压力的增加,产品中 Al_2O_3 含量变化不明显。而在沉沙口大直径条件下,产品中 Al_2O_3 含量要大于沉沙口小直径下获得的产品,但溢流产品的产率要远低于小直径条件。这主要是因为沉沙口直径过大,使得大量的高岭石没有得到及时分选就随粗砂排出,浪费资源。综合各方面因素考虑,如果要生产 $w(Al_2O_3)\geqslant 35.0\%$ 的产品,沉沙口直径在4mm即可。同时,为保证产品质量,选择Φ75 旋流器的进浆压力为0.3MPa。

表6-9 不同进浆压力下Φ75 旋流器的提纯效果

进浆压力/MPa	溢流产品			沉沙口直径/mm
	Al_2O_3/%	$Fe_2O_3^t$/%	产率/%	
0.35	37.66	0.50	35.72	11
0.3	37.97	0.45	36.55	
0.25	37.11	0.44	37.84	
0.2	37.67	0.52	38.59	
0.35	35.35	0.45	70.42	4
0.3	35.12	0.52	70.67	
0.25	35.07	0.64	74.26	

2)Φ50 旋流器条件试验

经过Φ75 旋流器后,溢流产品中 Al_2O_3 已经达到35.0%。如想生产 $w(Al_2O_3)\geqslant 37.0\%$ 的产品,需要将Φ75 旋流器溢流产品再经过Φ50 旋流器进行精细除砂。

试验条件:原料为Φ75 旋流器溢流,沉沙口直径2min,不同进浆压力下Φ50 旋流器溢流产品的质量试验结果见表6-10。

表6-10 不同进浆压力下Φ50 旋流器的提纯效果

不同进浆条件	溢流产品		
	Al_2O_3/%	$Fe_2O_3^t$/%	产率/%
进浆	35.12	0.52	/
0.30MPa	36.89	0.59	92.07
0.35MPa	37.09	0.57	89.60
0.40MPa	37.14	0.57	85.34
0.45MPa	37.29	0.67	78.30

随着压力的增加，溢流产品中的 Al_2O_3 的含量略有增加（表 6-10），当压力增加至 0.35MPa时，产品中的 Al_2O_3 含量已经达到 37.09%。再增加压力，虽然 Al_2O_3 含量有所增加，但溢流产品的产率也随之降低。综合考虑，选择 Φ50 旋流器的压力为 0.35MPa。

3. 旋流器试验小结

此次原矿提纯试验最佳试验条件：

(1)捣浆浓度 40%，捣浆时间 20min，分散剂用量 0.5‰。

(2)螺旋分级机溢流产率：38.57%。

(3)Φ75 水力旋流器。进浆压力：0.3MPa。沉沙口直径：4mm。Φ75 水力旋流器溢流产品：产率 27.25%。SiO_2 含量为 48.38%，Al_2O_3 含量为 35.13%，$Fe_2O_3{}^t$ 含量为 0.52%，白度 74.8%。

(4)Φ50 水力旋流器。进浆压力：0.35MPa。沉沙口直径：2mm。Φ50 水力旋流器溢流产品：产率 24.42%。SiO_2 含量为 45.83%，Al_2O_3 含量为 37.29%，$Fe_2O_3{}^t$ 含量为 0.54%，白度 76.0%。

二、高岭土增白试验

高岭土产品一般要求具备较高的自然白度，陶瓷原料还有烧成白度要求。提高物料白度的主要方法采用磁选和漂白工艺。提纯后 Φ75 水力旋流器溢流和 Φ50 水力旋流器溢流产品的白度分别只有 74.8%和 76.0%，需要对其进行增白处理。本次试验采用电磁高梯度磁选和化学漂白法对其进行增白处理，考察两种增白工艺对于提高产品白度的效果。

1. 磁选试验

试验条件：磁选试验采用电磁高梯度磁选机。磁场强度 5.5T，磁选原料为 Φ75 水力旋流器溢流和 Φ50 水力旋流器溢流产品，磁选浓度 15%，主要考察不同矿浆流速对于磁选效果的影响。试验结果见表 6-11 和表 6-12。

无论 Φ75 水力旋流器溢流还是 Φ50 水力旋流器溢流产品，随着矿浆流速的降低，产品中 Fe_2O_3 含量降低，而产品的白度增加。当矿浆流速最低时，Φ75 水力旋流器溢流磁选后白度可达到 82.4%，Φ50 水力旋流器溢流磁选后白度则可达到 84.0%。

表 6-11　不同矿浆流速下 Φ75 水力旋流器溢流磁选效果

流速/($cm \cdot s^{-1}$)	精矿			尾矿		
	$Fe_2O_3{}^t$/%	白度/%	产率/%	$Fe_2O_3{}^t$/%	白度/%	产率/%
0	0.43	74.8	100.00	/	/	/
0.4	0.19	82.4	81.67	1.50	62.1	18.32
0.8	0.25	81.6	82.52	1.28	68.8	17.48
1.2	0.28	81.3	84.04	1.22	68.5	15.96

表 6-12　不同矿浆流速下 Φ50 水力旋流器溢流磁选效果

流速/($cm \cdot s^{-1}$)	精矿			尾矿		
	$Fe_2O_3{}^t$/%	白度/%	产率/%	$Fe_2O_3{}^t$/%	白度/%	产率/%
0	0.49	76.0	100.00	/	/	/
0.4	0.11	84.0	81.08	2.11	68.3	18.92
0.8	0.18	83.8	83.06	2.01	69.0	16.94
1.2	0.32	82.1	89.76	1.98	64.6	10.24

2. 漂白试验

利用化学漂白法考察产品白度的增加效果，实验结果如下。

1）漂白药剂用量

试验条件：漂白药剂为连二亚硫酸钠，矿浆 pH 为 2～3，漂白浓度 15%，漂白时间 30min，室温进行。以 Φ50 水力旋流器溢流为原料，考察不同药剂用量下的漂白效果。试验结果见表 6-13。

表 6-13　Φ50 水力旋流器溢流在不同药剂用量下的试验结果

参数	药剂用量*					
	0%	0.25%	0.5%	1.0%	1.5%	2.0%
白度/%	76.0	80.2	84.1	84.1	84.0	84.1

*：药剂用量以干矿计，下同。

随着药剂用量的增加，产品的白度随之增加，当药剂用量超过 0.5%时，产品白度几乎不再增加，因此确定药剂用量为 0.5%。

2）漂白时间

试验条件：漂白药剂为连二亚硫酸钠，用量为 0.5%，矿浆 pH 为 2～3，漂白浓度 15%，室温进行。以 Φ50 水力旋流器溢流为原料，考察不同漂白时间下的漂白效果。试验结果见表 6-14。

表 6-14　Φ50 水力旋流器溢流在不同漂白时间下的试验结果

参数	漂白时间					
	0min	15min	30min	45min	60min	75min
白度/%	76.0	83.5	84.1	84.2	84.3	84.3

随着漂白时间的增加，产品的白度随之增加，当反应时间超过 30min 时，产品白度几乎不再增加，因此确定漂白时间为 30min。

3）其他漂白试验

根据 Φ50 水力旋流器溢流漂白试验得到的最佳漂白试验条件，将以下物料进行漂白试验,考察其他工艺得到的产品的漂白效果。

试验条件:漂白药剂用量0.5%,漂白时间30min,漂白浓度15%,考察不同物料的漂白效果。试验结果见表6-15。

表6-15　不同物料的漂白效果

漂白原料	漂白前白度/%	漂白后白度/%
Φ75水力旋流器溢流	74.8	82.0
Φ75水力旋流器溢流磁选精矿	82.4	86.6
Φ50水力旋流器溢流磁选精矿	84.0	88.4

不同原料经过漂白工艺后,均可以较大幅度提高产品的白度。Φ75水力旋流器溢流经过磁选再经过漂白时,白度可由最初的74.8%提高至86.6%。Φ50水力旋流器溢流经过磁选再经过漂白时,白度可由最初的76.0%提高至88.4%,极大提高了产品的质量。

4)烧成试验

将不同工艺处理后的产品作为原料进行烧成试验,考察最佳生产陶瓷原料的生产工艺。烧成温度1280℃,保温60min。试验结果见表6-16。

表6-16　不同物料的烧成试验结果

烧成试验原料	煅烧前白度/%	煅烧后白度/%
A样Φ75旋流器溢流	74.8	85.6
A样Φ75旋流器溢流(−325目)	75.1	85.1
A样Φ75旋流器溢流漂白产品	82.0	86.2
A样Φ75旋流器溢流磁选产品	82.4	92.6
A样Φ75旋流器溢流磁选+漂白产品	86.6	92.8

从表6-16中可以看出不同原料经过煅烧后,白度均有所提高。但漂白后的产品没有磁选后产品的烧成白度高,这主要是因为在漂白工艺中并没有真正把含铁等显色物质除掉,部分含铁杂质仍旧夹杂在高岭土颗粒之间。另外,磁选加漂白联合工艺得到产品的烧成白度仅比磁选后产品的烧成白度提高0.2%,变化不大。因此,如要生产较高烧成白度的陶瓷原料,应采用磁选工艺。

3. 增白试验小结

(1)磁选工艺和漂白工艺均能提高产品的自然白度,两者工艺提高的幅度相当。

磁选工艺可以使Φ75旋流器溢流产品白度从74.8%提高至82.4%,精矿产率为81.67%;Φ50旋流器溢流产品白度从76.0%提高至84.0%,精矿产率为81.08%。

漂白工艺可以使Φ75旋流器溢流产品白度从74.8%提高至82.0%;Φ50旋流器溢流产品白度从76.0%提高至84.1%。

(2)磁选工艺和漂白工艺均能提高产品的烧成白度,其中磁选工艺提高产品的烧成白度效果要好于漂白工艺。

磁选工艺可以使Φ75旋流器溢流产品烧成白度从85.6%提高至92.6%。

三、高岭土超细试验

Φ75水力旋流器溢流产品和Φ50水力旋流器溢流产品中粒度较粗。其中,Φ75水力旋流器溢流产品$d(90)=76.0\mu m$,$-2\mu m$含量约为3%;Φ50水力旋流器溢流产品$d(90)=54.0\mu m$,$-2\mu m$含量约为5%。

根据标准GB/T14563—2008要求,拟将Φ75旋流器溢流超细磨至$-10\mu m$含量≥90%作为涂料产品;拟将Φ50旋流器溢流超细磨至$-2\mu m$含量≥81%作为催化剂载体产品;拟将Φ50旋流器溢流超细磨至$-2\mu m$含量≥90%作为造纸产品。

试验采用超细磨。超细磨设备采用BP-10剥片机,超细磨浓度50%,分散剂用量0.5%。试验结果见表6-17和表6-18。

表6-17　不同超细磨时间下Φ75旋流器溢流产品的粒度

参数	超细磨时间				
	4h	6h	8h	10h	12h
$-10\mu m$含量/%	/	/	85	90	90.1

表6-18　不同超细磨时间下Φ75旋流器溢流产品的粒度

参数	超细磨时间				
	6h	12h	18h	24h	30h
$-2\mu m$含量/%	9	16	23	28	29

以Φ75旋流器溢流产品为原料,经过10h后可以得到$-10\mu m$含量占90%的产品,达到涂料产品要求;而以Φ50旋流器溢流产品为原料,经过30h后产品中$-2\mu m$含量仍小于30%,很难达到80%以上。因此,采用超细磨,可以得到符合涂料产品要求的产品,而很难得到粒度符合造纸涂料和催化剂载体要求的产品。如想得到符合造纸涂料和催化剂载体要求的产品还需设计其他方案。

综上所述,高岭土原矿经过提纯、磁选、漂白、超细磨等工艺试验可提供以下几种产品原料:

(1)原矿经过Φ75旋流器提纯、磁选后得到陶瓷原料产品。

(2)原料经过Φ75旋流器提纯、超细磨、漂白后得到涂料产品。

(3)原料经过Φ75旋流器提纯、磁选、超细磨后得到橡塑产品。

(4)原料经过Φ50旋流器提纯、磁选后得到搪瓷产品。

小坑高岭土精矿高铝(>38%)、富锂(>0.04%)、低铁钛(<0.3%)、高白度(>90),产品达到最优等级的TC-0级陶瓷原料和TL-1级涂料原料要求,也可用于橡胶、搪瓷和造纸等行业。

第七章　矿石工业应用试验研究

第一节　日用陶瓷成瓷试验

一、试验原料与方法

运用正交试验和单因素试验法设计配方体系，经配料、成型、施釉和烧成等工艺制成日用瓷器样品。对配方泥料进行可塑水、可塑性指数、干燥线收缩率和干燥抗折强度等物理性能检测，并对成瓷样品进行白度、光泽度、釉面硬度、热稳定性等物理性能检测，以判断成瓷试验效果。

1. 试验用原料

1）坯用原料

本次试验采用的原料除了小坑高岭土混合样淘洗精矿之外，为使配方泥料适应陶瓷生产、降低成本的要求，其他原料尽量选用本地或附近原料，如弋阳高岭土、星子石英、弋阳瓷石等陶瓷原料。坯用原料化学组成见表 7-1 所示。

表 7-1　坯用原料化学组成　　单位：%

原料	SiO_2	Al_2O_3	$Fe_2O_3{}^t$	CaO	MgO	Na_2O	K_2O	TiO_2	烧失量
淘洗精矿	44.10	36.22	1.00	0.14	0.33	0.66	3.12	0.07	13.50
星子长石	75.62	13.90	0.25	0.31	0.19	4.72	4.33	微	0.44
星子石英	98.17	0.83	0.07	0.14	0.56	/	/	/	0.18
弋阳瓷石	78.10	14.03	0.68	0.68	0.36	0.14	3.78	微	2.55
龙岩高岭土	48.60	34.00	0.30	0.47	0.22	0.94	2.00	微	13.44

2）釉用原料

由于 $Fe_2O_3{}^t$ 和 TiO_2 等着色氧化物会直接降低釉面的白度，所以釉料配方试验中尽量选用 $Fe_2O_3{}^t$ 和 TiO_2 含量较低的陶瓷原料，如星子石英、高安长石、高白瓷粉、广西烧滑石、石灰石、煅烧氧化锌、工业碳酸锶等。各种釉用原料的化学成分见表 7-2。

表 7-2　釉用原料化学组成　　单位:%

原料	SiO_2	Al_2O_3	$Fe_2O_3^t$	CaO	MgO	Na_2O	K_2O	ZnO	SrO	烧失量
龙岩碓泥	44.21	38.00	0.35	0.44	0.23	0.81	1.79	/	/	14.16
高白瓷粉	72.38	22.19	0.36	0.36	0.37	1.62	2.79	/	/	0
高安长石	65.27	18.91	0.16	0.43	0.21	3.04	11.9	/	/	0
星子石英	98.17	0.83	0.07	0.14	0.56	/	/	/	/	0
广西烧滑石	65.57	0.61	0.14	0.51	33.56	/	/	/	/	0
碳酸锶	/	/	/	/	/	/	/	/	70.19	29.81
氧化锌	/	/	/	/	/	/	/	100	/	/
石灰石	1.0	0.24	/	54.66	0.22	/	/	/	/	43.04

2. 试验方法

基于陶瓷生产实践经验,以“K_2O-Al_2O_3-SiO_2”三元系统相图(图 7-1)为基本依据,采取正交实验和单因素实验相结合方法设计坯料配方。并通过对原料用量、烧成温度、产品收缩率、成型合格率等多种因素综合评价,调整原料的配比,最后确定原料用量。

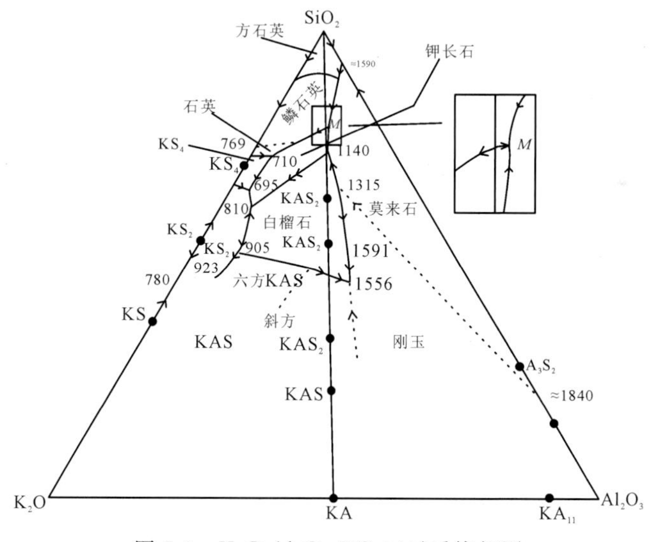

图 7-1　K_2O-Al_2O_3-SiO_2 三元系统相图

坯料配方组成范围处于三元系统相图(图 7-2)右上角莫来石区域(SiO_2-$K_2O \cdot Al_2O_3 \cdot 6SiO_2$-$3Al_2O_3 \cdot 2SiO_2$所围成的范围),并在莫来石($m$ 点)与低共熔点(M 点)连线两侧。此区域中物相是玻璃态物质、莫来石晶体、残余 SiO_2 多相混溶物,冷凝后成瓷。尽管瓷的成分复杂多变,所不同的只是所处的位置不同,物相组成和形成温度不同。如图 7-1 所示,长石、石英和莫来石之间于 985±20℃形成最低共熔点(M 点)。瓷的组成愈靠近低共熔点,其成瓷温度愈低,液相量愈多莫来石量愈少。反之,愈靠近莫来石组成点,成瓷温度愈高,莫来石晶相量增多，而液相量减少。

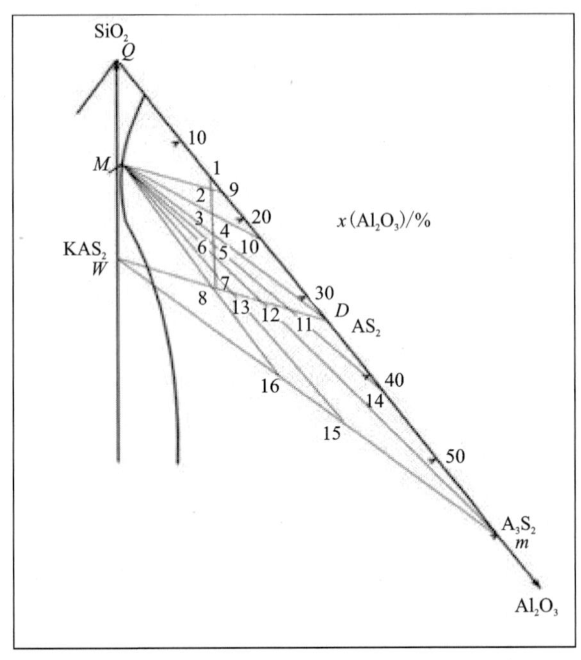

图 7-2　莫来石区域

1)坯料制备

将石英和长石等块状原料预先经颚式破碎机破碎，之后与高岭土等其他粉状原料按配方要求准确称量，一起放入球磨机中搅拌研磨，球磨机中的原料、球子和水的比例为 1∶1.2∶1.8，球磨时间 24h，球磨后坯泥料细度控制在 200 目筛筛余≤0.5%，再经除铁、榨泥、练泥、陈腐 3d 后精炼备用。工艺流程如图 7-3 所示。

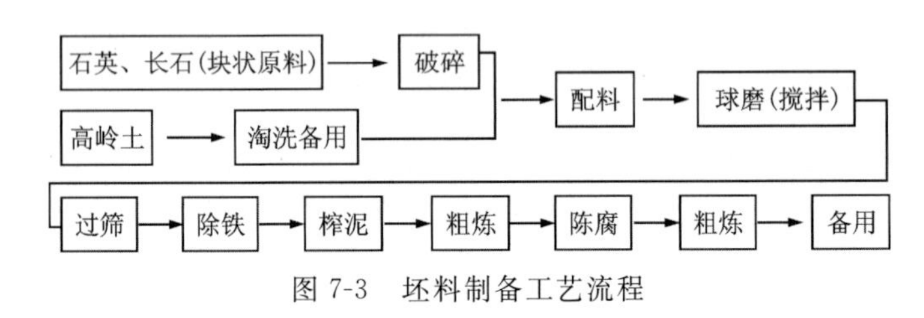

图 7-3　坯料制备工艺流程

在工业生产试验中，我们采用生产效率较高的滚压成型方法，其坯泥水分控制在 23%左右。

2)成型

试验中采用滚压和注浆两种成型方法。

(1)滚压成型。滚压成型时，盛放泥料的模型和滚压头分别绕自己的轴线以一定速度同方向旋转。滚压头一边旋转一边逐渐靠近盛放泥料的模型，并对泥料进行“挤”和“压”作用而成型。滚压成型设备为湖南醴陵生产的无级变速滚压成型机，主轴转速为 350rad/min，主轴与滚头的转速比为 1∶0.5～1∶0.7。滚压成型的泥料含水率在 23%左右。

(2)注浆成型。注浆成型是基于多孔石膏模具能够吸收水分的物理特性，将陶瓷粉料配成具有流动性的泥浆，然后注入多孔模具(常用石膏模)内。在石膏模具的毛细管力作用下吸收泥浆中的水，靠近模壁的泥浆中水分首先被吸收，泥浆中的颗粒开始靠近。随着水分进一步被吸收，其扩散动力为水分的压力差和浓度差，薄泥层逐渐变厚，泥层内部水分向外部扩散，泥层厚度达到注件厚度。之后，石膏模继续吸收水分，雏坯开始收缩，表面的水分开始蒸发，待雏坯干燥形成具有一定强度的生坯后脱模，即完成注浆成型。本试验中，将含水率 38% 的流动性较好的泥浆注入石膏模内，生坯厚度达到 3.5mm 左右脱模。

3)干燥

为保证坯体具有一定强度，减少磨坯、运输等成瓷操作过程中所造成的破损，坯体须经干燥。通过比较不同温度下坯体含水率与干燥时间的关系后，确定坯体干燥温度 60～80℃，干燥时间 2h。

4)釉料的制备

将长石和石英经颚式破碎机破碎后备用，广西烧滑石是工业原料。氧化锌和碳酸锶为工业纯氧化物，氧化锌在烧成过程中会有较大的体积收缩，在陶瓷釉中使用时多会造成缩釉缺陷，故在使用前要先经过 1310℃高温煅烧。

各种釉用原料按比例称量后，经球磨机细磨混匀，原料、球子和水的比例为 1∶1.5∶0.65，球磨时间 30h，细度(250 目筛筛余)0.02%～0.05%。釉料制备工艺流程如图 7-4 所示。

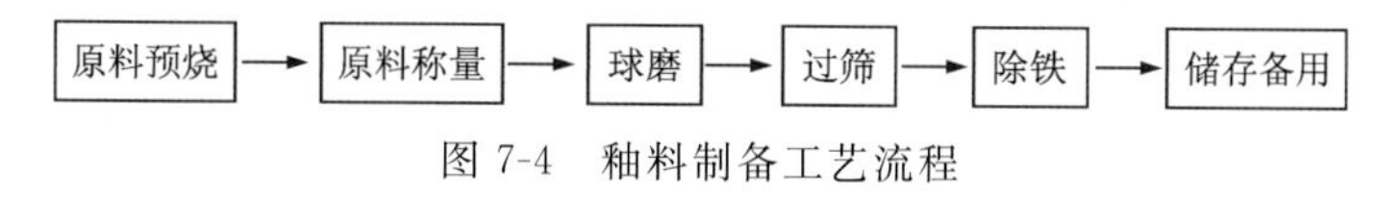

图 7-4　釉料制备工艺流程

5)烧成

根据坯料系统的 K_2O-Al_2O_3-SiO_2 相图、烧成线收缩率、吸水率和原料热分析等测试数据，通过分析坯料在加热过程中的形状变化，可初步得出坯体在各温度阶段可以允许的升、降温速率。在实验室获得成功的坯料配方烧成制度再经工业生产条件重复来加以验证。还原焰 1310℃烧成制度如图 7-5 所示。

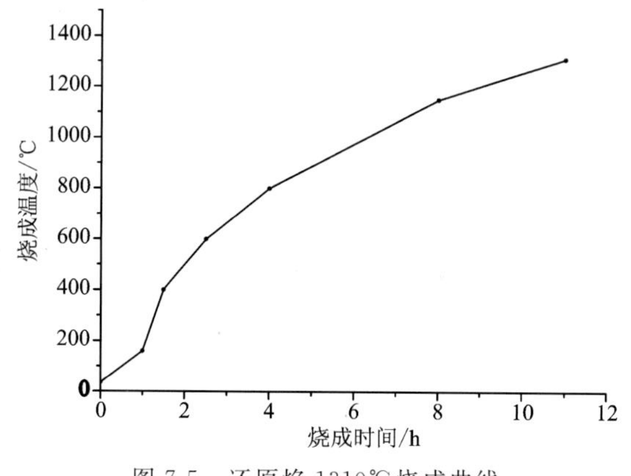

图 7-5　还原焰 1310℃烧成曲线

6）泥料（坯泥）及成瓷产品性能检测

泥料（坯泥）是陶瓷原料经过配料和加工后，得到的具有成形性能的多组分混合物。坯泥和瓷坯的物理性能指标有可塑水、可塑性指数、弯曲强度、干燥收缩率、烧成收缩率等，其主要决定于固相与液相的性质和数量。固相性质主要是指固体物料类型、颗粒形状、颗粒大小及粒度分布、颗粒的离子交换能力等。液相性质主要是指液相对固相浸润能力和液相的黏度。一般来说固体分散相的颗粒愈小，分散度愈高，比表面积愈大，可塑性就愈好。而液相，尤其是对黏土颗粒具有较大浸润能力的液相，一般都是含有羟基的（如水）液体，与黏土拌和后就具较高的可塑性。

检测泥料（坯泥）及成瓷产品的各项物理性能，是分析判断产品性能，调整陶瓷配方和工艺参数的依据。

二、日用瓷坯釉料配方试验

1. 还原焰 1310℃坯料配方

先后设计坯料配方试验 10 余批次，通过对原料种类、用量等多种因素的综合评价，在配方中的小坑高岭土混合样淘洗精矿用量大于 28%，其主要试验配方如表 7-3 所示。

表 7-3　坯料试验配方及试验结果

序号	崇义县小坑高岭土精矿/%	龙岩高岭土/%	星子石英/%	星子长石/%	弋阳瓷石/%	试验结果
1	35	/	20	25	20	白度较差，透光度一般，惊釉
2	30	10	20	25	15	白度、光泽度均一般
3	30	10	25	20	15	白度较好，透光度一般，沉底
4	30	12	20	28	10	白度一般，透光度较好，沉底
5	30	10	30	25	5	白度、透光度一般，黏棚板
6	30	13	31	26	/	白度好，透光度一般
7	28	14	34	24	/	白度、透光度均较好，沉底
8	28	16	34	22	/	白度、透光度较好，成品率高

由于配方泥料的可塑性一般、干燥抗折强度较低，配方中需加入了坯体强化剂（羧甲基纤维素钠、腐植酸钠）。综合考虑泥料工艺性能和成瓷物理性能等方面，最后确定试验中代表性坯料配方和化学成分见表 7-4 和表 7-5。

表 7-4 坯料代表性配方 单位：%

参数	崇义县小坑高岭土精矿	龙岩高岭土	星子长石	星子石英	羧甲基纤维素钠	腐植酸钠
占比	28	16	22	34	0.2	0.2

表 7-5 代表性坯料的化学成分 单位：%

参数	SiO_2	Al_2O_3	$Fe_2O_3{}^t$	CaO	MgO	Na_2O	K_2O
占比	74.66	20.77	0.43	0.23	0.38	1.31	2.18

代表性坯料配方的坯式如下：

$$\left.\begin{matrix}0.0199\ CaO\\0.0464\ MgO\\0.1024\ Na_2O\\0.1122\ K_2O\end{matrix}\right\}\left.\begin{matrix}0.9869\ Al_2O_3\\0.0131\ Fe_2O_3{}^t\end{matrix}\right\}6.0201\ SiO_2$$

2. 还原焰 1310℃ 高白釉

考虑日用陶瓷应具有良好的透光性、白度、光泽度，通过以往成功的生产经验，结合各种原料的特点、烧成条件、坯釉适应性等工艺指标，经过十几次调整和试验，最终确定在 1310℃ 烧成的高白釉配方，其配方及化学成分见表 7-6 和表 7-7。

表 7-6 釉料配方 单位：%

参数	星子石英	高安长石	熟滑石	龙岩碓泥	瓷粉	氧化锌	碳酸锶
占比	22	45	12	8	10	2	1

表 7-7 釉料的化学成分 单位：%

参数	SiO_2	Al_2O_3	Fe_2O_3	CaO	MgO	Na_2O	K_2O	ZnO
占比	70.30	14.33	0.21	0.33	4.36	1.76	5.88	2.04

釉料配方的釉式如下：

$$\left.\begin{matrix}0.0248\ CaO\\0.4608\ MgO\\4.9770\ SiO_2\\0.1066\ ZnO\\0.1205\ Na_2O\\0.2654\ K_2O\end{matrix}\right\}\left.\begin{matrix}0.5975\ Al_2O_3\\0.0056\ Fe_2O_3{}^t\end{matrix}\right\}$$

3. 泥料及成瓷样品性能检测

从检测结果(表 7-8)可知,小坑高岭土混合样淘洗精矿用量达 28%,采用还原焰 1310℃烧成的成瓷配方获得的成瓷样品白度、光泽度等物性均达到或优于国家标准日用瓷一等品的要求。成瓷产品的釉面硬度为 6.5GPa,比市场上的优等骨质瓷的釉面硬度 5.7GPa 高,具有较高的耐磨性能。

表 7-8　泥料成瓷样品性能检测

性能	检测结果	检测依据
可塑水	25.5%	QB/T1322—2010
可塑指数	0.33	QB/T1322—2010
干燥抗折强度	3.1MPa	GB/T4741—1999
干燥收缩	3.4%	QB/T1548—1992
成瓷样品		
白度	60.1～62.5	QB/T1503—2011
光泽度	87.2～88.0	QB/T3295—1996
釉面硬度	6.5GPa	QB/T3731—1999
吸水率	0.17%～0.22%	QB/T3299—2011
抗热震性	180℃/20℃热交换一次,5 件均未裂	QB/T3298—2008

第二节　建筑陶瓷成瓷试验

根据国家标准《陶瓷砖》(GB/T 4100—2015)的划分,建筑陶瓷砖(干压成型)分为瓷质和炻质两大类,吸水率(E)小于 0.5%的为瓷质砖,3%<E≤6%为细炻砖。

陶瓷砖的生产一般采用低温一次快烧,其对坯体有较高要求:①坯体应具有较高的生坯强度和干坯强度,以减少破损率;②坯体的干燥收缩、烧成收缩应尽量小,避免开裂、变形和尺寸不一;③坯体灼减量小,以减少黑芯、起泡和针孔;④坯体具有良好导热性能,坯体也不应太厚,以免因温度而变形、开裂;⑤坯料颗粒尽量细,游离石英要小而少,以免因石英晶形转变而炸坯;⑥尽量增强坯釉结合力,减少后期龟裂等。

坯用原料主要有小坑高岭土混合样、星子高岭土、乐平瓷石、熟滑石和膨润土等,其化学成分见表 7-9。

表 7-9　坯用原料的化学成分　　单位：%

原料编号或名称	SiO_2	Al_2O_3	$Fe_2O_3{}^t$	TiO_2	CaO	MgO	K_2O	Na_2O	LOI
ZK2102	63.97	21.89	0.88	0.06	0.09	0.06	3.18	0.48	8.29
ZK1306	68.48	18.27	1.18	0.08	0.09	0.12	4.80	1.07	4.84
ZK1701	73.46	16.32	1.25	0.10	0.06	0.20	2.19	0.22	5.29
ZK1705	78.40	16.26	0.70	0.05	0.04	0.09	2.88	0.16	3.18
ZK905	78.48	13.63	0.90	0.06	0.06	0.14	1.64	0.18	4.06
ZK907	70.64	17.18	1.10	0.08	0.06	0.18	3.97	0.55	4.92
星子高岭土	50.37	34.36	1.01	微	0.02	0.41	2.22	0.16	11.15
乐平瓷石	71.06	14.24	1.63	微	2.86	0.39	3.90	2.2	4.36
熟滑石	65.57	0.61	0.14	微	0.51	33.56	/	/	0
膨润土	47.95	21.43	3.86	微	1.79	2.07	1.0	0.3	21.48

工艺流程：分为配料、球磨、干燥等多步，具体见流程图 7-6。

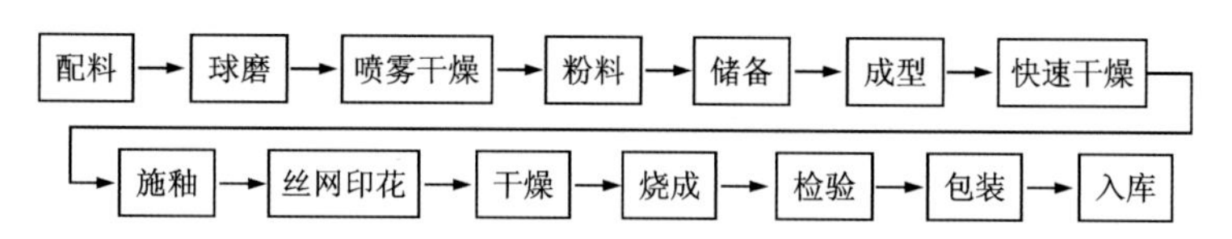

图 7-6　试验工艺流程图

球磨细度：250 目筛余＜4%。

干坯强度：$32kg/cm^2$。

烧成周期：45min。

烧成温度：1150℃。

第八章　尾砂利用

第一节　尾砂成分及粒度筛析

一、尾砂成分

小坑高岭土矿尾砂成分主要以长石、石英、云母、高岭石等矿物为主。本研究采集了2个尾砂化学测试样品，分别送至烟台鑫海矿业研究设计有限公司和佛山市陶瓷研究所检测有限公司进行测试，主要检测项目为常规的9项化学成分（Al_2O_3、SiO_2、$Fe_2O_3{}^t$、CaO、MgO、K_2O、Na_2O、TiO_2和烧失量），测试结果见表8-1。

表8-1　小坑高岭土矿尾矿成分分析结果　　单位：%

样品编号	SiO_2	Al_2O_3	$Fe_2O_3{}^t$	CaO	MgO	TiO_2	K_2O	Na_2O	烧失量
1	74.84	14.58	1.33	0.66	0.60	0.14	2.49	0.15	3.68
2	74.98	15.90	1.28	0.11	0.18	0.12	2.59	0.17	4.57

尾矿主要化学成分为SiO_2、Al_2O_3、K_2O、Fe_2O_3和TiO_2，其中SiO_2和Al_2O_3占主导，含量分别为74.84%～74.98%和14.58%～15.90%。K_2O含量为2.49%～2.59%，$Fe_2O_3{}^t$和TiO_2含量分别为1.28%～1.33%和0.12%～0.14%，但CaO、MgO和Na_2O含量均较低。总体杂质成分含量较高，需进一步提纯。

二、粒度筛析

在烟台鑫海矿业研究设计有限公司对尾矿进行了+9目、-9～+16目、-16～+32目、-32～+60目、-60～+100目、-100～+140目、-140～+200目和-200目等粒度筛析，具体结果见表8-2。总体上尾砂粒度以-16～+60目为主，-16～+32目和-32～+60目产率分别为29.14%和26.52%。粗粒度（+16目）颗粒产率低，仅为8.96%。随着粒度减小，尾砂成分中SiO_2含量逐渐降低，但Al_2O_3、K_2O、Fe_2O_3和TiO_2等含量逐渐升高，表明尾砂中粗粒度以石英为主，细粒度含有较多的高岭土。

粒度筛析结果可知+9目的物料产率为2.98%，但因为Al_2O_3含量较高（11.20%）（表8-3），高于建筑用砂子技术要求（Al_2O_3<10%）（表8-4），不能直接作为砂子产品。+32目的物料

因为 K_2O+Na_2O 含量(2.14%)>2%,也不能直接作为砂子产品。而+16 目的物料符合砂子的成分要求(表 8-3),以下试验采用 16 目分级,筛上物料直接作为产品,筛下物料进入后面磁选和浮选作业。

表 8-2 尾砂粒度筛析试验结果 单位:%

粒级	产率	含量							
		SiO_2	Al_2O_3	$Fe_2O_3{}^t$	CaO	MgO	TiO_2	K_2O	Na_2O
+9 目	2.98	80.11	11.20	1.01	0.76	0.52	0.09	1.79	0.10
−9~+16 目	5.98	85.21	8.13	0.80	0.74	0.40	0.09	1.62	0.09
−16~+32 目	29.14	81.47	9.06	1.07	0.67	0.80	0.13	2.03	0.11
−32~+60 目	26.52	78.01	12.27	1.42	0.67	0.56	0.14	2.74	0.15
−60~+100 目	12.79	74.06	13.77	1.86	0.45	0.64	0.14	2.98	0.18
−100~+140 目	5.86	70.35	17.17	1.80	0.67	0.48	0.13	3.05	0.19
−140~+200 目	4.09	66.96	19.88	1.70	0.54	0.63	0.13	3.18	0.19
−200 目	12.64	49.73	32.10	1.37	0.78	0.56	0.097	2.68	0.15

表 8-3 尾砂粒度筛析累积试验结果 单位:%

粒级	产率	含量							
		SiO_2	Al_2O_3	$Fe_2O_3{}^t$	CaO	MgO	TiO_2	K_2O	Na_2O
+9 目	2.98	80.11	11.20	1.01	0.76	0.52	0.09	1.79	0.10
+16 目	8.96	83.51	9.15	0.87	0.75	0.44	0.09	1.68	0.09
+32 目	38.10	81.95	9.08	1.02	0.69	0.72	0.12	1.95	0.11

表 8-4 砂子技术要求 单位:%

参数	SiO_2	Al_2O_3	$Fe_2O_3{}^t$	CaO	MgO	SO_3	K_2O+Na_2O	烧失量	含泥量
含量	>75	<10	<3	<5	<2	<3	<2	<5	<3

第二节 尾砂提纯

尾矿样品分别送至烟台鑫海矿业研究设计有限公司、合肥万泉非金属矿科技有限公司和蚌埠玻璃工业设计研究院等单位实验室进行了 4 套提纯方案试验,分别是浮选(提纯方案一)、磁选+Ⅲ级浮选(提纯方案二)、永磁+强磁+Ⅱ级浮选(提纯方案三)和Ⅲ段强磁+Ⅱ段浮选+Ⅱ次擦洗(提纯方案四)。

一、提纯方案一

该方案在烟台鑫海矿业研究设计有限公司完成。原矿浮选探索试验流程及条件见图 8-1，依次分选出粗砂产品、泥、铁质成分、云母和石英精矿等成分，试验结果见表 8-5。原矿经 16 目分级，得到的粗砂产品，产率为 8.96%。细粒级经脱泥作业，脱泥后产品经两段反浮选除铁，除铁后产品经三段反浮选除云母，可获得产率为 62.19%，SiO_2 含量为 89.79%，Al_2O_3 含量为 6.00%，$Fe_2O_3{}^t$ 含量为 0.83%，CaO 含量为 0.70%，MgO 含量为 0.57%，TiO_2 含量为 0.067%的石英精矿，石英精矿烧失量为 1.56%，SO_3 含量为 0.38%。将石英精矿进行粒度筛析，石英精矿粒度筛析石英结果见表 8-6。

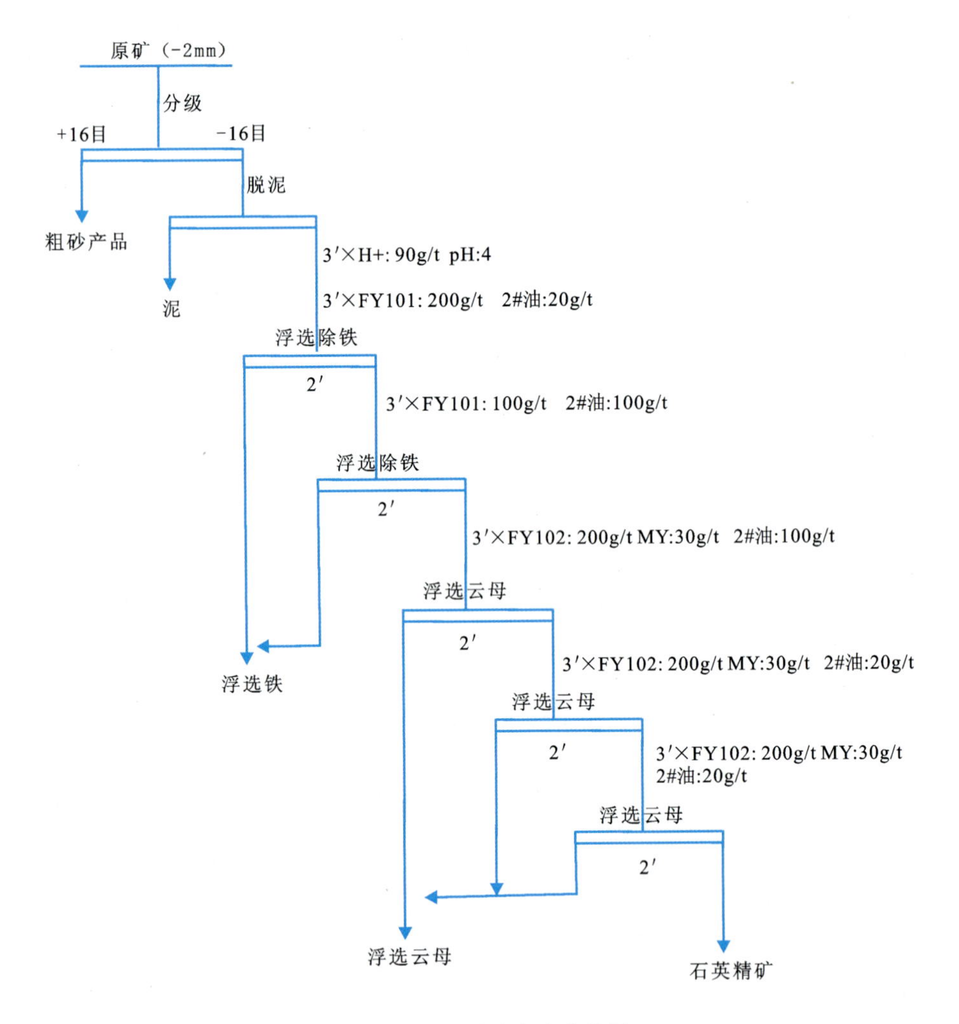

图 8-1 尾矿浮选实验流程图

表 8-5 尾矿浮选探索试验试验结果　　单位：%

产品名称	产率	含量							
		SiO_2	Al_2O_3	$Fe_2O_3{}^t$	CaO	MgO	TiO_2	K_2O	Na_2O
石英精矿	62.19	89.79	6.00	0.83	0.70	0.57	0.07	1.28	0.11
浮选云母	22.87	45.15	33.36	3.28	0.58	0.70	0.29	6.91	0.43
浮选铁	0.76	34.02	41.44	1.97	0.45	0.72	0.12	2.31	0.16
泥	5.22	41.71	37.49	1.17	0.81	0.40	0.08	2.56	0.10
粗砂产品	8.96	83.53	9.26	0.87	0.54	0.47	0.09	1.81	0.10

表 8-6 石英精矿粒度筛析试验结果　　单位：%

粒级	产率		含量					
	对作业	对原矿	SiO_2	Al_2O_3	$Fe_2O_3{}^t$	CaO	MgO	K_2O
−16～+32 目	36.89	22.94	90.95	5.57	0.78	0.56	0.59	1.36
−32～+60 目	32.22	20.04	90.47	5.74	0.95	0.68	0.60	1.27
−60～+100 目	14.92	9.28	91.53	5.89	0.83	0.82	0.54	1.18
−100～+140 目	6.06	3.77	92.54	5.06	0.28	0.28	0.60	1.07
−140～+200 目	3.69	2.29	90.82	6.08	0.22	0.22	0.52	0.89
−200 目	6.22	3.87	70.39	12.94	0.75	0.75	0.40	0.98
石英精矿	100.00	62.19	89.69	6.12	0.79	0.79	0.57	1.25
−32～+140 目	53.20	33.09	91.00	5.70	0.84	0.84	0.58	1.22

二、提纯方案二

该方案在烟台鑫海矿业研究设计有限公司完成。磁选＋Ⅲ级浮选试验流程及条件见图 8-2，依次分选出粗砂产品、泥、铁物质、云母和石英精矿等成分，试验结果见表 8-7。

从试验结果可以看出，原矿经 16 目分级，得到粗砂产品产率为 8.96%；细粒级经脱泥作业，脱泥后产品经磁选作业，磁选后产品经三段反浮选除云母，可获得石英精矿产率为 39.69%。石英 SiO_2 含量为 93.46%、Al_2O_3 含量为 2.06%、Fe_2O_3 含量为 0.23%，CaO 含量为 0.59%、MgO 含量为 0.54%、TiO_2 含量为 0.015%。将石英精矿进行粒度筛析，石英精矿粒度筛析石英结果见表 8-8。石英精矿符合平板玻璃用硅质原料Ⅱ类产品级别（$SiO_2 \geqslant$ 90.50%、$Al_2O_3 \leqslant$4.50%、$Fe_2O_3{}^t \leqslant$0.30%）。

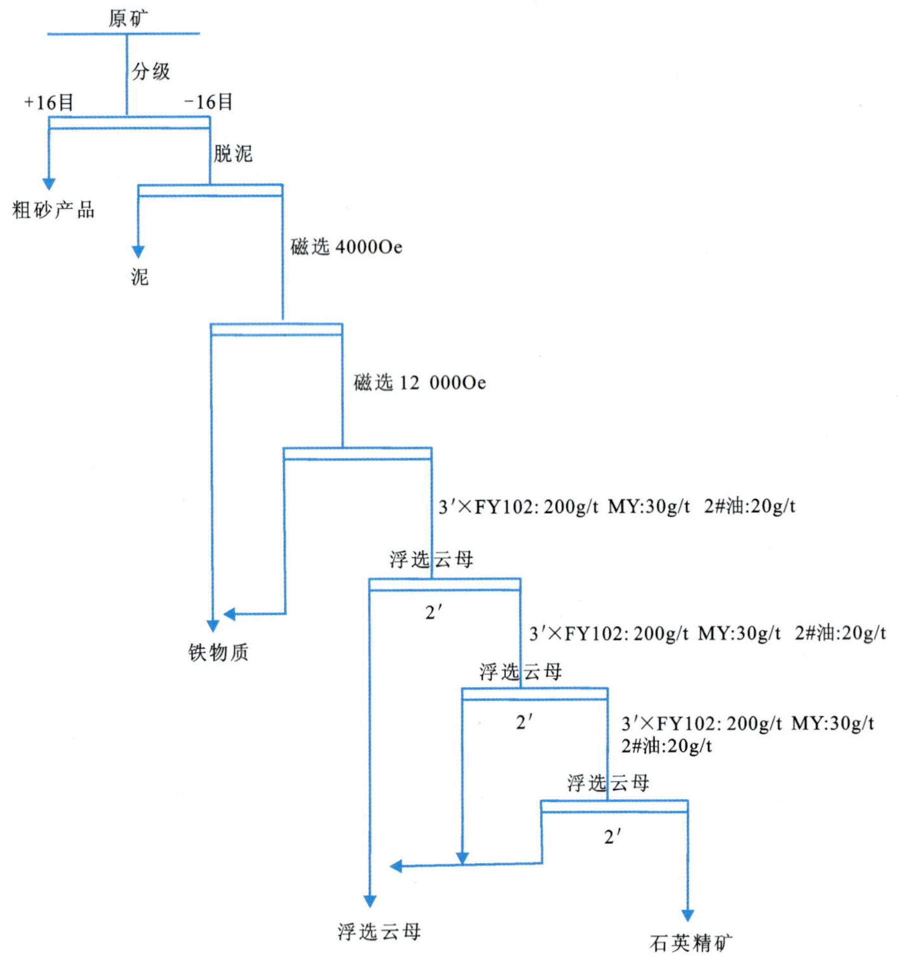

图 8-2 尾矿磁选+Ⅲ级浮选实验流程图

注：1Oe=79.577 5A/m。

表 8-7 尾矿浮选探索试验试验结果 单位：%

产品名称	产率	含量							
		SiO_2	Al_2O_3	$Fe_2O_3{}^t$	CaO	MgO	TiO_2	K_2O	Na_2O
石英精矿	39.69	93.46	2.06	0.23	0.59	0.54	0.015	0.30	0.14
浮选云母	3.75	43.31	35.36	1.18	0.78	0.32	0.073	3.18	0.25
浮选铁	39.28	64.13	20.81	3.07	0.71	0.86	0.30	4.48	0.28
泥	8.32	41.51	37.20	1.17	0.88	0.32	0.072	2.72	0.20
粗砂产品	8.96	83.53	9.26	0.87	0.54	0.47	0.094	1.81	0.10
总量	100.00	74.85	14.24	1.52	0.66	0.63	0.14	2.39	0.20

表 8-8　石英精矿粒度筛析试验结果

粒级	产率/%	
	对作业	对原矿
−16～+32 目	38.25	15.18
−32～+60 目	35.20	13.97
−60～+100 目	14.00	5.56
−100～+140 目	4.90	1.94
−140～+200 目	3.78	1.50
−200 目	3.88	1.54
石英精矿	100.00	39.69
−32～+140 目	54.10	21.03

三、提纯方案三

1. 磁选试验

将原矿样混匀，取代表性矿样经擦洗，去除−140 目细粒级物料，+40 目入磨机磨矿，取−40～+140 目物料用永磁去除强磁性铁，除铁后的产品进入 SLon-500 强磁机，进行一粗一精强磁选别流程试验，试验条件及结果见表 8-9。强磁选设备采用赣州金环公司自主研发的 SLon-500 立环脉动高梯度磁选机。尾矿原矿样经永磁+强磁一粗一精(1.0～1.5T)选别流程分选后得到的强磁非磁性产品 $Fe_2O_3^t$ 品位从 0.97%降至 0.071%，非磁性产品的作业产率为 70.36%。因此，采用永磁+强磁一粗一精选流程试验可有效降低精矿中的铁含量。

表 8-9　强磁试验结果

名称	产率/%	$Fe_2O_3^t$/%	试验条件
非磁性产品	70.36	0.071	永磁：0.4T 强磁一粗一精选别流程 粗磁选场强：1.0T 精磁选场强：1.5T 介质：1.5mm
弱磁产品	0.67	/	
二次磁性产品	13.24	/	
一次磁性产品	15.73	/	
给矿	100.00	0.97	

2. 浮选试验

赣州金环公司磁选后的样品送至合肥万泉非金属矿科技有限公司进行浮选试验，编号为 QCM-2634。浮选采用酸性浮选(用 10%浓度 H_2SO_4 调 pH=2.5)，浮选药剂为万泉公司专利药剂 WQ-33(捕收剂)和 W36(起泡剂)，浮选流程图见图 8-3。

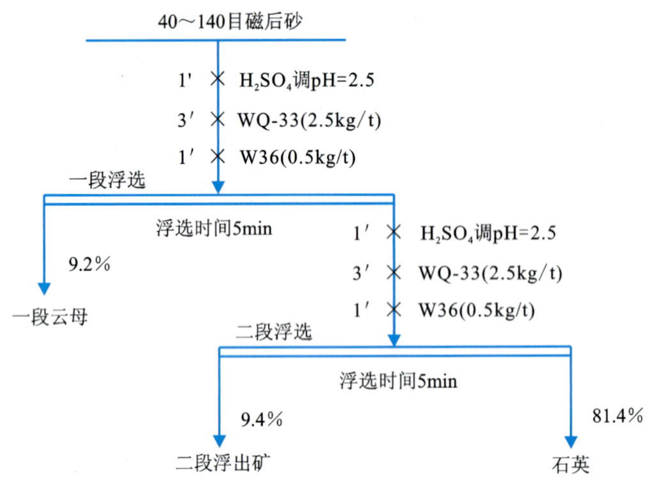

图 8-3 尾矿 QCM-2634 浮选流程图

经Ⅱ段浮选先后选出云母和浮出矿后，可得到产率为 81.4%的石英精矿。石英精矿 SiO_2含量为 99.54%、Al_2O_3含量为 0.11%、Fe_2O_3含量为 0.003 9%、Na_2O含量为 0.11%、K_2O、CaO、MgO 和 TiO_2品位均小于 0.01%(表 8-10)。精矿 SiO_2品位显著提高，且杂质也显著降低。石英砂指标满足生产电子玻璃要求。

表 8-10 尾矿磁选后浮选试验结果 单位：%

检测项目	样品名称			
	QCM-2634 磁后砂	QCM-2634 石英	QCM-2634 一段云母	QCM-2634 二段浮出矿
SiO_2	95.48	99.54	59.79	97.98
Al_2O_3	2.59	0.11	25.23	1.08
Fe_2O_3	0.063	0.003 9	0.53	0.014
CaO	<0.01	<0.01	0.09	<0.01
MgO	<0.01	<0.01	0.09	<0.01
K_2O	0.38	<0.01	3.62	0.11
Na_2O	0.16	0.01	0.25	0.04
TiO_2	<0.01	<0.01	0.07	<0.01
烧失量	1.17	0.19	9.73	0.65
Li_2O	—	—	0.08	—

四、提纯方案四

该方案试验主要采用磁选、浮选和擦洗等手段开展研究，以期确定适宜的原则流程。方案在蚌埠玻璃工业设计研究院完成，具体流程见图 8-4。为除去尾矿中的含铁杂质，选用三段强磁除铁。然后采用一段浮选、二段浮选、二段浮选+热擦洗、二段浮选+冷擦洗 4 个工艺进行尾砂进一步提纯。各试验结果获得精矿产品成分见表 8-11。石英砂精矿产率可达 50%，所产生的尾矿中云母含量达 30%，另外还含有少量的长石。

选用“二段浮选＋冷擦洗”与“二段浮选＋热擦洗”工艺流程相比其他流程来说，能获得更好品质的石英砂精矿。石英精矿 SiO_2 含量为 99.75%、Al_2O_3 含量为 0.13%、$Fe_2O_3{}^t$ 含量为 0.008 1%、K_2O 含量为 0.02%、MgO 含量为 0.01%，Na_2O、CaO 和 TiO_2 品位均小于 0.01%(表 8-10)。

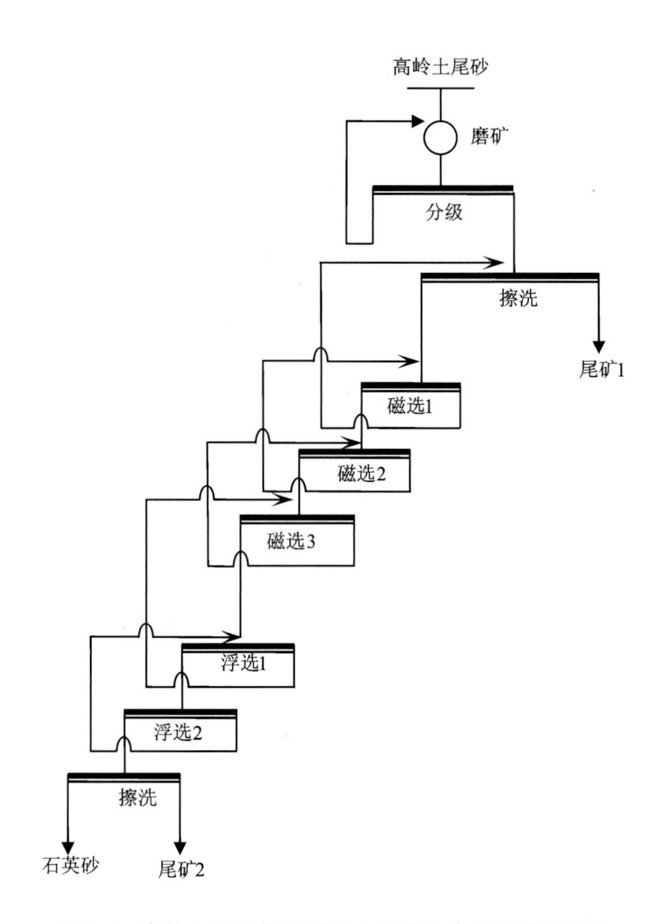

图 8-4　高岭土尾矿提纯磁选＋浮选＋擦洗工艺流程图

表 8-11　四种工艺流程获得精矿产品测试结果　　单位：%

样品	烧失量	Al_2O_3	SiO_2	$Fe_2O_3{}^t$	CaO	MgO	K_2O	Na_2O	TiO_2
一段浮选	0.38	0.34	99.16	0.012	<0.01	0.02	0.04	<0.01	<0.01
二段浮选	0.14	0.15	99.61	0.009 2	<0.01	0.03	0.02	<0.01	<0.01
二段浮选＋热擦洗	0.31	0.1	99.47	0.006 8	<0.01	0.03	0.02	<0.01	<0.01
二段浮选＋冷擦洗	<0.05	0.13	99.75	0.008 1	<0.01	0.01	0.02	<0.01	<0.01

第三节 石英精矿品质对比

提纯方案一可获得石英精矿产率为62.19%，SiO_2含量为89.79%，Al_2O_3含量为6.00%，$Fe_2O_3{}^t$含量为0.83%，CaO含量为0.70%，MgO含量为0.57%，TiO_2含量为0.067%，烧失量为1.56%，仅可用于普通砂子。

提纯方案二可获得石英精矿产率为39.69%，SiO_2含量为93.46%，Al_2O_3含量为2.06%，$Fe_2O_3{}^t$含量为0.23%，CaO含量为0.59%，MgO含量为0.54%，TiO_2含量为0.015%，符合平板玻璃用硅质原料 Ⅱ 类产品级别。

提纯方案三可得到石英精矿产率为81.4%，SiO_2含量为99.54%，Al_2O_3含量为0.11%，$Fe_2O_3{}^t$含量为0.003 9%，Na_2O含量为0.11%，K_2O、CaO、MgO和TiO_2含量均小于0.01%。

提纯方案四能获得更好品质的石英砂精矿，SiO_2含量为99.75%，Al_2O_3含量为0.13%，$Fe_2O_3{}^t$含量为0.008 1%，K_2O含量为0.02%，MgO含量为0.01%，Na_2O、CaO和TiO_2含量均小于0.01%。

对照《玻璃工业用石英砂的分级》(QB/T 2196—1996)(表8-12)及《光伏玻璃用硅质原料》(JC/T 2314—2015)(表8-13)，提纯方案三和提纯方案四两个工艺所生产精矿能满足光伏玻璃用石英砂的二级品，亦能满足晶质玻璃石英砂的要求。这大大提高了小坑高岭土矿的附加利用价值。

表8-12 玻璃工业用石英砂分级标准

级别	名称	SiO_2不低于值/%	杂质不高于值/$\times10^{-6}$							烧失量不高于值/%
			$Fe_2O_3{}^t$	Cr	Al	Ti	Li	Na	K	
1	超纯石英砂	99.98	2.0	0.5	30	2.0	3.0	3.0	3.0	0.1
2	高纯石英砂	99.98	4.0	0.5	70	3.0				
3	浮选石英砂	99.95	20	1.0		5.0				
4	光学酸洗石英砂	99.6	50	2.0		300				
5	晶质玻璃石英砂	99.0	200	2.0						
6	仪器玻璃石英砂	99.0	300	2.0						
7	普通石英砂	98.5	400	6.0						
8	一般石英砂	98.5	600	6.0						
9	抵挡石英砂	97.0	2000							

表 8-13　生产光伏玻璃所用天然产出的硅质原料

原料	SiO_2/%	Al_2O_3/%	TiO_2/$\times10^{-6}$	$Fe_2O_3^t$/$\times10^{-6}$	Cr_2O_3/$\times10^{-6}$	1.0mm 筛余量/%	0.6mm 筛余量/%	1.0mm 筛下量/%	吸附水/%
一级品	≥99.5	≤0.20	≤10	≤60	≤2	0	≤1.5	≤5.0	≤5.0
二级品	≥99.0	≤0.50	≤20	≤80	≤5	0	≤1.5	≤5.0	≤5.0

第九章 结 论

本书在充分利用前期地质勘查成果和矿山开发资料基础上，对赣南崇义县小坑高岭土矿及矿区主要侵入岩开展了系统的锆石和独居石 U-Pb 年代学、成矿母岩（含电气石钠长石化白云母花岗岩）云母 K-Ar 和 Ar-Ar 定年、岩石学和 Sr-Nd-Hf 同位素分析，厘定了岩浆活动期次、成因及构造背景，分析总结了花岗岩风化壳元素迁移和物质组分的变化规律，并探讨了优质高岭土成矿的地质、物理化学和环境条件，建立了小坑风化残积型高岭土矿成矿模式，对高岭土矿石进行了工艺性能和工业应用试验研究，取得了一批重要成果。

（1）纠正了小坑高岭土矿床成矿原岩形成时代（J_3）的划分，以往研究成果认为成矿母岩钠长石化白云母花岗岩时代为晚侏罗世。本书通过 LA-ICP-MS U-Pb 法直接对高岭土矿石中的锆石和独居石进行了年代学研究，精确限定成矿原岩形成时代为(231±2)～(230±1)Ma，属于晚三叠世。这是华南地区首次精确厘定的由晚三叠世花岗岩风化而成的优质高岭土成矿事件，突破了以往华南地区优质高岭土矿与加里东期和燕山期岩浆岩有关的认识，同时实现了在江西乃至华南印支期花岗岩中找寻优质高岭土矿的重大突破。

（2）系统的锆石 U-Pb 定年法厘定小坑高岭土矿区内黑云母二长花岗岩成岩时代为 240±2 Ma，黑云母正长花岗岩形成时代为 229±2 Ma。采坑中的细晶岩脉形成时代应为 190±3 Ma，且具有大量的晚三叠世（约 230Ma）捕获锆石。成矿母岩白云母花岗岩锆石 U-Pb 年龄为 231±2 Ma，而白云母 K-Ar 和 $^{40}Ar/^{39}Ar$ 表观年龄和坪年龄分别为 212.2±3.9 Ma 和 212.8±1.5Ma，表明蚀变作用也形成于晚三叠世。这些年龄数据表明小坑矿区内侵入岩形成于中—晚三叠世和中侏罗世，理顺了岩浆演化期次及年龄谱系。

（3）小坑高岭土矿区内主要侵入岩均具有高硅富铝低镁铁含量特征，铝饱和指数 A/CNK（>1.10）高，富集稀土元素（LREE）和大离子亲石元素（LILE）富集，亏损重稀土元素（HREE）和高场强元素（HFSE），具有强—中等程度的 Eu 负异常。岩相学和岩石学特征表明这些花岗质岩石均为 S 型花岗岩。黑云母二长花岗岩 $\varepsilon_{Nd}(t)$ 和 T_{DM2} 值分别为－10.0～－9.2 和 1.82～1.76Ga，白云母花岗岩 $\varepsilon_{Nd}(t)$ 和 T_{DM2} 值分别为－12.2～－10.6 和 2.00～1.87Ga。高岭土矿锆石 $\varepsilon_{Hf}(t)$＝－10.6～－4.5 和二阶段 Hf 模式年龄 T_{DM2}＝1720～1392Ma。黑云母二长花岗岩、白云母花岗岩及黑云母正长花岗岩 $\varepsilon_{Hf}(t)$＝－13.9～－3.1，T_{DM2}＝1901～1303Ma。且白云母花岗岩测点 XMSG-1-8 的 $^{176}Hf/^{177}Hf$ 比值为 0.282 863，$\varepsilon_{Hf}(t)$＝7.9，T_{DM2}＝609 Ma。中—晚三叠世岩体 Hf 同位素组成主要位于华夏新元古代基底锆石范围中上部，表明其主要由基底物质部分熔融而成，但有部分幔源物质的加入。

（4）小坑矿区中—晚三叠世黑云母二长花岗岩、白云母花岗岩和黑云母正长花岗岩形式时代与华南地区印支期 S 型花岗岩、I 型花岗岩和 A 型花岗岩同时代，且具有同碰撞-后碰撞花岗岩性质，形成于伸展构造背景。这种伸展背景与东古特提斯构造演化有关，由中—晚三叠世时期印支板块北向向华南板块俯冲-碰撞形成的北东向局部伸展。

(5)小坑大型优质高岭土矿床的发现使江西形成了多旋回 S 型花岗岩高岭土成矿系列，印支期罗珊序列，燕山早期西华山序列，燕山晚期鹅湖、大湖塘序列 3 期淡色花岗岩成高岭土序列，为指导高岭土找矿提供了理论基础。江西省优质高岭土矿床分布与 S 型多旋回浅色花岗质侵入岩分布范围吻合，西华山序列雅山岩体、大湖塘序列大洲岩体、鹅湖序列鹅湖岩体均与优质中大型高岭土成矿关系密切。小坑高岭土成矿母岩为晚三叠世钠长石化白云母花岗岩，具有高硅、高铝、高钠、$Na_2O>K_2O$ 特征，属于过铝质高钾钙碱性系列，可归为印支期罗珊序列。

(6)系统总结了江西省风化残积型高岭土时空分布规律与成矿条件，探讨了小坑高岭土矿床成因和成矿过程，提出在内生岩浆分异作用、岩浆期后热液蚀变作用和后期表生风化作用等多期地质因素作用下，于风化壳上部形成具有工业价值的含电气石型高岭土矿体，并建立了小坑风化残积型高岭土矿的成矿模式。总结了优质高岭土矿床的岩浆岩、矿化蚀变类型、地表露头及土壤地球化学异常等找矿标志，明确了印支期和燕山期 S 型淡色花岗岩出露地带是寻找风化残积型优质高岭土的有利地段。

(7)首次对小坑高岭土矿石进行了多角度、多方法的测试研究和工艺试验，取得了丰富的科学证据。试验表明，小坑高岭土精矿高铝(>38%)、富锂(>0.04%)、低铁钛(<0.3%)、高白度(>90)，是江西省首个以叠片状为主的高岭土矿床。产品达到最优等级的 TC-0 级陶瓷原料和 TL-1 级涂料原料要求，也可用于橡胶、搪瓷和造纸等行业，在品质和工业用途上完全可以和广东茂名、福建龙岩的高岭土产品媲美，具有广泛的用途和巨大的经济价值，外销全国乃至世界都有充分的竞争力。

(8)在矿石物质组分研究的基础上，对矿石中含 Fe 等暗色矿物的赋存状态进行研究并开展提纯试验，取得了良好的除铁、增白效果。研究表明，岩体蚀变交代过程中发生电气石化，铁质主要集中在以磁铁矿为主的氧化物和以电气石为主的铝硅酸盐矿物中，采用磁-重联合选别技术，即可剔除主要铁矿物，最终实现大幅度降低高岭土矿石中 Fe 含量，提升产品附加值。

(9)采用了四套方案对高岭土矿尾砂进行了综合利用试验，“Ⅲ段强磁+Ⅱ段浮选+Ⅱ次擦洗”方案可获得高质量的石英精矿，SiO_2 含量为 99.75%，Al_2O_3 含量为 0.13%，$Fe_2O_3{}^t$ 含量为 0.008 1%，K_2O 含量为 0.02%，MgO 含量为 0.01%，Na_2O、CaO 和 TiO_2 含量均小于 0.01%。石英精矿能满足光伏玻璃用石英砂二级品和晶质玻璃石英砂要求。

主要参考文献

陈新跃，王岳军，范蔚茗，等，2011. 海南五指山地区花岗片麻岩锆石 LA-ICP-MS U-Pb 年代学特征及其地质意义[J]. 地球化学，40(5)：454-463.

陈新跃，王岳军，韦牧，等，2006. 海南公爱 NW 向韧性剪切带构造特征及其^{40}Ar-^{39}Ar 年代学约束[J]. 大地构造与成矿学，30(3)：312-319.

陈郑辉，王登红，屈文俊，等，2006. 赣南崇义地区淘锡坑钨矿的地质特征与成矿时代[J]. 地质通报，25(4)：496-501.

邓希光，陈志刚，李献华，等，2004. 桂东南地区大容山-十万大山花岗岩带 SHRIMP 锆石 U-Pb 定年[J]. 地质论评，50(4)：426-432.

胡安国，1993. 中国河南黏土-铝土矿床和江西高岭土、瓷石矿床及应用研究[M]. 北京：地质出版社.

简平，朱瑞辰，2019. 分宜县大岗山高岭土矿地质特征及成因分析[J]. 世界有色金属(18)：297-298.

江西省地质矿产勘查开发局，2017a. 中国矿产地质志・江西卷[M]. 北京：地质出版社.

江西省地质矿产勘查开发局，2017b. 中国区域地质志・江西志[M]. 北京：地质出版社.

姜智东，李昌龙，饶玉彬，2019. 棠阴岩体电气石型高岭土成矿地质特征与找矿前景[J]. 江西煤炭科技(4)：117-120.

蒋少涌，赵葵东，姜海，等，2020. 中国钨锡矿床时空分布规律、地质特征与成矿机制研究进展[J]. 科学通报，65(33)：3730-3745.

瞿思思，周汉文，钟增球，等，2010. 广西合浦新屋面高岭石矿物学特征及其形成途径[J]. 地质科技情报，29(5)：9-14.

李献华，1990. 万洋山-诸广山花岗岩复式岩基的岩浆活动时代与地壳运动[J]. 中国科学(B 辑)(7)：747-755.

李绪章，1991. 福建龙岩东宫下高岭土矿成矿地质条件及矿床形成机理的探讨[J]. 福建地质，10：247-269.

李艳军，魏俊浩，伍刚，等，2013. 海南石碌地区早三叠世闪长玢岩脉 U-Pb 年代学及构造意义[J]. 地球科学，38(2)：241-252.

梁晓，徐亚军，訾建威，等，2021. 独居石成因矿物学特征及其对 U-Th-Pb 年龄解释的制约[J]. 地球科学，47(4)：1383-1398.

刘飏，吴堑虹，孔华，等，2022. 湖南锡田矿田花岗岩时空分布与钨锡成矿关系：来自锆石 U-Pb 年代学与岩石地球化学的约束[J]. 地球科学，47(1)：240-258.

刘进先，陈浩文，刘兴畅，等，2015. 江西修水花山洞钨矿床同位素年代学研究及其意义[J]. 资源调查与环境，36：1-9.

刘明辉，时毓，唐远兰，等，2021. 华南桂东南地区加里东期 I 型花岗岩类的岩石成因及构造意义[J]. 地球科学，46(11)，3965-3992.

卢党军，2009. 我国砂质高岭土资源特点与开发利用现状[J]. 非金属矿，32：52-54.

吕立娜，代凤红，李莉，等，2017. 华南诸广山岩体铀成矿条件及成矿潜力分析[J]. 中国煤炭地质，29：36-40＋87.

罗青，2017. 江西崇义高岭土矿的矿床学和工艺矿物学初探[D]. 南京：南京大学.

罗青，蔡小勇，史冠中，2017. 江西崇义某高岭土矿床矿石中铁的赋存状态及剔除研究[J]. 世界有色金属，40(2)：156-159.

彭亚鸣，徐红，1990. 江西景德镇大洲地区花岗岩的特征、成因及与高岭土矿化的关系[J]. 南京大学学报(地球科学)(2)：42-50.

祁昌实，邓希光，李武显，等，2007. 桂东南大容山-十万大山 S 型花岗岩带的成因：地球化学及 Sr-Nd-Hf 同位素制约[J]. 岩石学报，23(2)：403-412.

沈渭洲，凌洪飞，李武显，等，1999. 中国东南部花岗岩类 Nd-Sr 同位素研究[J]. 高校地质学报，5(1)：23-33.

苏慧敏，蒋少涌，2017. 赣南和赣北-皖南钨成矿带含钨花岗岩及其成矿作用特征对比研究[J]. 中国科学：地球科学，47(11)：1292-1308.

苏瑞其，2006. 浅谈闽南风化残积型高岭土矿的形成[J]. 西部探矿工程，18：130-131.

王凤林，魏俊浩，李小亮，等，2022. 东昆仑造山带东段晚二叠世岩浆作用：来自尕之麻地区花岗岩的制约[J]. 大地构造与成矿学，46(5)：1028-1045.

王浩，2013. 砂质高岭土的工艺矿物学及选矿试验研究[D]. 武汉：武汉理工大学.

王锦荣，周汉文，吴继光，等，2010. 高岭土粒度分布对黏浓度影响的实验研究[J]. 非金属矿，33(4)：5-8.

王苑，周汉文，曾伟能，等，2008. 广西合浦清水江高岭土矿的矿物学研究[J]. 地质科技情报，27(1)：42-46.

王智琳，许德如，吴传军，等，2013. 海南岛晚古生代洋岛玄武岩(OIB 型)的发现及地球动力学暗示[J]. 岩石学报，29(3)：875-886.

温淑女，梁新权，范蔚茗，等，2013. 海南岛乐东地区志仲岩体锆石 U-Pb 年代学、Hf 同位素研究及其构造意义[J]. 大地构造与成矿学，37(2)：294-307.

魏博,吴小缓,刘志勇,等,2019. 国外高岭土产业发展现状研究[J]. 中国非金属矿工业导刊(3):52-55.

吴浩若,咸向阳,邝国敦,1994a. 广西南部晚古生代放射虫组合及其地质意义[J]. 地质科学,29(4):339-345.

吴浩若,咸向阳,李曰俊,等,1994b. 桂南晚古生代放射虫硅质岩及广西古特提斯的初步探讨[J]. 科学通报,39(9):809-812.

吴铁轮,2001. 我国高岭土行业现状及发展前景[J]. 中国非金属矿工业导刊(4):3-5.

吴宇杰,陈从喜,袁峰,2021. 中国高岭土矿床时空分布规律[J]. 地球学报,42(5):628-640.

夏欣鹏,杨云霞,袁双龙,等,2006. 高岭土的可塑性与其矿物组成和颗粒结构的相关性[J]. 耐火材料(1):75-77.

向庭富,孙涛,陈培荣,等,2013. 闽西北罗古岩岩体印支期年龄的厘定及其岩石成因和构造意义[J]. 高校地质学报,19(2):274-292.

熊培文,1991. 广西合浦十字路风化壳型刮刀涂布高岭土矿床地质特征及找矿方向[J]. 广西地质,4:1-11+95.

杨泽黎,邱检生,邢光福,等,2014. 江西宜春雅山花岗岩体的成因与演化及其对成矿的制约[J]. 地质学报,88(5):850-868.

杨宗永,何斌,2013. 华南侏罗纪构造体制转换:碎屑锆石 U-Pb 年代学证据[J]. 大地构造与成矿学,37(4):580-591.

叶张煌,闫强,安建,等,2016. 广西合浦县耀康高岭土矿地质特征和矿床成因[J]. 桂林理工大学学报,36(2):207-213.

阴江宁,丁建华,陈炳翰,等,2022. 中国高岭土矿成矿地质特征与资源潜力评价[J]. 中国地质,49(1):121-134.

张万良,高梦奇,吕川,等,2018. 湘赣边界鹿井地区印支早期花岗岩的发现及意义[J]. 现代地质,32(5):863-873.

赵鹏,姜耀辉,廖世勇,等,2010. 赣东北鹅湖岩体 SHRIMP 锆石 U-Pb 年龄、Sr-Nd-Hf 同位素地球化学与岩石成因[J]. 高校地质学报,16(2):218-225.

郑翔,任国刚,张德志,等,2018,江西上犹小寨背高岭土矿矿床地质特征及矿床成因[J]. 资源环境与工程,32(1):41-47.

《中国矿床发现史·江西卷》编委会,1996. 中国矿床发现史·江西卷[M]. 北京:地质出版社.

钟学斌,2020. 江西省新干县丹元高岭土矿矿床特征及找矿前景[J]. 现代矿业,36(12):44-46+67.

周国平,1990. 沙尾风化壳高岭土矿床的研究[J]. 矿床地质,9(2):167-175.

周新民,2003. 对华南花岗岩研究的若干思考[J]. 高校地质学报,9(4):556-565.

周雪桂，王水龙，龚敏，等，2017. 江西崇义小坑高岭土矿床研究进展[J]. 矿物学报，37(增刊)：153.

周雪瑶，于津海，王丽娟，等，2015. 粤西云开地区基底变质岩的组成和形成[J]. 岩石学报，31(3)：855-882.

周云，赵永山，杜宇晶，等，2021. 海南岛西北部早古生代安山岩的识别及其大地构造意义[J]. 地球科学，46(11)：3850-3860.

朱捌，2010. 地幔流体与铀成矿作用研究——以诸广山南部铀矿田为例[D]. 成都：成都理工大学.

CAI J X，ZHANG K J，2009. A new model for the Indochina and South China collision during the Late Permian to the Middle Triassic[J]. Tectonophysics，467(1-4)：35-43.

CAI Y，LU J J，MA D S，et al.，2015. The Late Triassic Dengfuxian A-type granite，Hunan Province：age，petrogenesis，and implications for understanding the late Indosinian tectonic transition in South China[J]. International Geology Review，57(4)：428-445.

CANTRELL K J，BYRNE R H，1987. Rare earth element complexation by carbonate and oxalate ions[J]. Geochimica et Cosmochimica Acta，51(3)：597-605.

CHAPPELL B W，1999. Aluminium saturation in I- and S-type granites and the characterization of fractionated haplogranites[J]. Lithos，46(3)：535-551.

CLAYTON R N，O'NEIL J R，MAYEDA T K，1972. Oxygen isotope exchange between quartz and water[J]. Journal of Geophysical Research，77(17)：3057-3067.

FAURE M，LEPVRIER C，NGUYEN V V，et al.，2014. The South China block-Indochina collision：Where，when，and how? [J]. Journal of Asian Earth Sciences，79：260-274.

GAO P，ZHENG Y F，ZHAO Z F，2017. Triassic granites in South China：A geochemical perspective on their characteristics，petrogenesis，and tectonic significance[J]. Earth-Science Reviews，173：266-294.

GAO W，WANG Z，SONG W，et al.，2014. Zircon U-Pb geochronology，geochemistry and tectonic implications of Triassic A-type granites from southeastern Zhejiang，South China[J]. Journal of Asian Earth Sciences，96(15)：255-268.

HARRIS N B W，PEARCE J A，TINDLE A G，1986. Geochemical characteristics of collision zone magmatism[J]. Geological Society of London，19(1)：67-81.

HEALY B，COLLINS W J，RICHARDS S W，2004. A hybrid origin for Lachlan S-type granites：the Murrumbidgee Batholith example[J]. Lithos，78(1-2)：197-216.

JIANG Y H，WANG G C，LIU Z，et al.，2015. Repeated slab advance-retreat of the Palaeo-Pacific plate underneath SE China[J]. International Geology Review，57：472-491.

LEPVRIER C,FAURE M,VAN V N,et al.,2011. North-directed Triassic nappes in Northeastern Vietnam (East Bac Bo) [J]. Journal of Asian Earth Sciences,41(1):56-68.

LEPVRIER C,MALUSKI H,VAN TICH V,et al.,2004. The Early Triassic Indosinian orogeny in Vietnam (Truong Son Belt and Kontum Massif); implications for the geodynamic evolution of Indochina[J]. Tectonophysics,393(1-4):87-118.

LI X H,LI Z,LI W,et al.,2007. U-Pb zircon,geochemical and Sr-Nd-Hf isotopic constraints on age and origin of Jurassic I- and A-type granites from central Guangdong,SE China: A major igneous event in response to foundering of a subducted flat-slab? [J]. Lithos,96:186-204.

LI Y J,WEI J H,SANTOSH M,et al.,2016. Geochronology and petrogenesis of Middle Permian S-type granitoid in southeastern Guangxi Province,South China: Implications for closure of the eastern Paleo-Tethys[J]. Tectonophysics,682:1-16.

LI Z X,LI X H,2007. Formation of the 1300-km-wide intracontinental orogen and postorogenic magmatic province in Mesozoic South China: A flat-slab subduction model[J]. Geology,35(2):179-182.

LIN W,WANG Q,CHEN K,2008. Phanerozoic tectonics of south China block: New insights from the polyphase deformation in the Yunkai massif[J]. Tectonics,27(6):68-83.

NABELEK P I,GLASCOCK M D,1995. REE-depleted leucogranites,Black Hills,South Dakota: a consequence of disequilibrium melting of monazite-bearing schists[J]. Journal of Petrology,36(4):1055-1071.

NESBITT H W,1979. Mobility and fractionation of rare earth elements during weathering of granodiorite[J]. Nature,279:206-210.

PAPOULIS D,TSOLIS-KATAGAS P,KATAGAS C,2004. Monazite alteration mechanisms and depletion measurements in kaolins[J]. Applied Clay Science,24:271-285.

PATIÑO-DOUCE A E,HARRIS N,1998. Experimental constraints on Himalayan anatexis[J]. Journal of Petrology,39(4):689-710.

SUN S S,MCDONOUGH W F,1989. Chemical and isotopic systematics of oceanic basalts: implications for mantle composition and processes[J]. Geological Society of Special Publication,42:313-345.

SUN Y,MA C,LIU Y,SHE Z,2011. Geochronological and geochemical constraints on the petrogenesis of late Triassic aluminous A-type granites in southeast China[J]. Journal of Asian Earth Sciences,42(6):1117-1131.

SYLVESTER P J,1998. Post-collisional stronglyperalumious granites[J]. Lithos,45(1):29-44.

WANG K X, SUN T, CHEN P R, et al., 2013a. The geochronological and geochemical constraints on the petrogenesis of the Early Mesozoic A-type granite and diabase in northwestern Fujian province[J]. Lithos, 179(10): 364-381.

WANG Y J, FAN W M, ZHANG G W, et al., 2013b. Phanerozoic tectonics of the South China Block: Key observations and controversies[J]. Gondwana Research, 23(4): 1273-1305.

WEDEPOHL K H, 1969. Handbook of geochemistry[M]. Berlin: Springer-Verlag.

WHALEN J B, CURRIE K L, CHAPPELL B W, 1987. A-type granites: Geochemical characteristics, discrimination and petrogenesis[J]. Contributions to Mineralogy and Petrology, 95(4): 407-419.

WU F Y, JAHN B M, WILDE S A, et al., 2003. Highly fractionated I-type granites in NE China(I): Geochronology and petrogenesis[J]. Lithos, 66(3-4): 241-273.

WU Q, CAO J, KONG H, et al., 2016. Petrogenesis and tectonic setting of the early Mesozoic Xitian granitic pluton in the middle Qin-Hang Belt, South China: Constraints from zircon U-Pb ages and bulk-rock trace element and Sr-Nd-Pb isotopic compositions[J]. Journal of Asian Earth Sciences, 128: 130-148.

XIA Y, XU X, 2020. The epilogue of Paleo-Tethyan tectonics in the South China Block: Insights from the Triassic aluminous A-type granitic and bimodal magmatism[J]. Journal of Asian Earth Sciences, 190(1-4): 104129.

YAN D P, ZHOU M F, WANG C Y, et al., 2006. Structural and geochronological constraints on the tectonic evolution of the Dulong-Song Chay tectonic dome in Yunnan province, SW China[J]. Journal of Asian Earth Sciences, 28(4-6): 332-353.

YANG J, CAWOOD P A, DU Y, et al., 2012a. Large Igneous Province and magmatic arc sourced Permian-Triassic volcanogenic sediments in China[J]. Sedimentary Geology, 261-262: 120-131.

YANG J, CAWOOD P A, DU Y, et al., 2012b. Detrital record of Indosinian mountain building in SW China: Provenance of the Middle Triassic turbidites in the Youjiang Basin[J]. Tectonophysics, 574-575: 105-117.

ZHANG F, WANG Y, CHEN X, et al., 2011. Triassic high-strain shear zones in Hainan Island (South China) and their implications on the amalgamation of the Indochina and South China Blocks: Kinematic and $^{40}Ar/^{39}Ar$ geochronological constraints[J]. Gondwana Research, 19(4): 910-925.

ZHAO L, GUO F, FAN W, et al., 2012. Origin of the granulite enclaves in Indo-Sinian peraluminous granites, South China and its implication for crustal anatexis[J]. Lithos, 150: 209-226.

ZHAO K D, JIANG S Y, CHEN W F, et al., 2013. Zircon U-Pb chronology and elemental and Sr-Nd-Hf isotope geochemistry of two Triassic A-type granites in South China: Implication for petrogenesis and Indosinian transtensional tectonism[J]. Lithos, 160-161: 292-306.

ZHOU X, SUN T, SHEN W, et al., 2006, Petrogenesis of Mesozoic granitoids and volcanic rocks in south China: a response to tectonic evolution[J]. Episodes, 29(1): 26-33.